中等专业学校工业与民用建筑专业系列教材

房屋卫生设备

山东省城市建设学校　高绍远　主编

中国建筑工业出版社

图书在版编目(CIP)数据

房屋卫生设备/高绍远主编．－北京：中国建筑工业出版社，1999
中等专业学校工业与民用建筑专业系列教材
ISBN 978-7-112-03635-6

Ⅰ．房…　Ⅱ．高…　Ⅲ．房屋建筑设备：卫生设备-专业学校-教材　Ⅳ．TU82

中国版本图书馆 CIP 数据核字(98)第 29760 号

本书是建设类中等专业学校工业与民用建筑专业“房屋卫生设备”课程教材，包括建筑给水排水、采暖、通风与空气调节、燃气供应等内容。主要介绍有关系统的组成、主要设备、识图及施工基本知识。本书既可作为本专业教材，也可以供相关专业及建筑行业有关人员参考。

中等专业学校工业与民用建筑专业系列教材
房屋卫生设备
山东省城市建设学校　高绍远　主编
*
中国建筑工业出版社出版、发行(北京西郊百万庄)
各地新华书店、建筑书店经销
北京密东印刷有限公司印刷
*
开本：787×1092 毫米　1/16　印张：9¾　字数：232 千字
1999 年 6 月第一版　　2012 年 10 月第二十一次印刷
定价：**14.00** 元
ISBN 978-7-112-03635-6
(14925)

前　言

本书是根据普通中等专业学校工业与民用建筑专业《房屋卫生设备》教学大纲编写的。本书的特点是以原理构造、系统组成、施工安装及专业安装工程与土建工程配合为重点，增加了施工图内容，力求反映安装工程各专业最新的技术成果。

由于我国幅员辽阔，南北气候条件差异较大，各地生活习惯各不相同，因而对设备要求存在着较大差别。教材编写了建筑给水排水、采暖、通风与空气调节、燃气供应四章，实际教学中可以针对当地的实际情况进行取舍。

本书由山东省城市建设学校高绍远、陆家才、济南市房地产开发总公司孙一红编写，高绍远主编。由黑龙江建筑工程学校黄润甲老师主审，主审人对原稿提出了宝贵的改进意见，对于提高书稿的质量起了巨大作用，编者表示诚挚的谢意。

由于内容繁杂、卫生设备种类多、更新换代快，更由于编者知识水平和驾驭知识能力所限，不妥之处在所难免，恳请广大读者批评指正。

目　录

绪　论

《房屋卫生设备》是工业与民用建筑专业的相关课程之一，它不仅是学习专业课程的基础，同时也是一门不可缺少的应用技术。

课程的内容包括建筑给水排水、采暖、通风与空气调节、燃气供应。

一、建筑给水排水

建筑给水排水系统的主要任务是按照建筑物的需要将生产用水、生活用水、消防用水和生活用热水分送至用水地点，并将经过使用的污水，按其性质，通过建筑排水系统排至城市污水管网，从而为生活和生产提供一定程度的安全和便利条件。

本书第一章介绍室内给排水系统、消防系统、生活热水系统的组成、布置、敷设和安装的知识，并讲述管材、管件、卫生器具和给水设备及常用构筑物的形式和种类。

二、采暖

在我国北方冬季气候寒冷，无论是工业建筑或民用建筑中，均需采取采暖措施。利用区域供热、集中采暖等方式，以热水或蒸汽作为热媒，将热送至生活、工作地点，使其满足人们舒适生活的需要。

本书第二章采暖，讲述热水采暖系统、蒸汽采暖系统的组成、特点及布置安装知识，并介绍了散热器及常用设备的种类及性能，对锅炉房及设备的一般知识也做了介绍。

三、通风及空气调节

为了使人们在日常生活中感到舒适，保证居住、公共建筑的使用要求，满足科学研究及某些生产项目的特殊要求，使建筑物的室内温度、湿度、新鲜程度和气流速度在允许的范围内，必须对建筑物的室内进行通风换气和空气调节。

第三章叙述通风、空调系统的组成、制冷循环的基本原理，并介绍了通风空调系统的主要设备、管道的布置和敷设的一般知识。

四、燃气供应

提高气体燃料在能源结构中的比重，发展城市燃气事业，是合理利用能源，保护城市环境，防止大气污染，改善人们生活条件的有效途径。燃气供应系统的任务就是要安全可靠地将燃气送至用气地点，保证居民和生产用气的需要。

本书第四章就是讲述城市燃气供应的一般知识，主要讲解室内燃气供应系统，并介绍燃气用具及主要设备。

以上各部分内容均介绍了施工图的构成，并针对不同的工程特点介绍了施工图的识读方法。

随着我国改革开放和社会主义市场经济体制的建立，我国的工农业生产有了很大的发展，人们的物质生活水平日益提高。为了使建筑物达到适用、经济、卫生及舒适的要求，建筑物内需要设置完善的给水、排水、生活用热水、供暖通风及空调、燃气、供电、电讯等系统。各专业工程必须注意与其它专业工程紧密配合、协调一致，才能充分发挥建筑物的功能作用。

在土建施工中，如能根据各专业的需要，在基础施工、现浇楼板等施工中，在正确的位置，按规定的尺寸预留孔洞，预埋钢(木)件，从而避免在施工完毕后再打凿孔洞，既保证了土建施工质量，又减少了材料的无为损耗和劳动力的消耗。

工业与民用建筑专业的学生学习建筑给水排水、采暖、通风和空气调节、燃气供应等知识，正是为了充分了解建筑物卫生设备安装和管道施工与土建施工的关系，以便在施工中做好协调和配合。在缺少水暖技术人员时，可以承担其某些工作。

第一章　建筑给水排水

第一节　建筑给水系统

建筑给水系统的任务是根据生活、生产、消防等用水对水质、水温、水量的要求，将室外给水引入建筑物内部并送至各个配水点(如配水龙头、生产设备、消防设备)。

一、建筑给水系统的分类

建筑给水系统按其用途可分为生活、生产和消防给水系统等三类。

1. 生活给水系统

是指供住宅、公共建筑和工业企业建筑内部饮用、烹调、盥洗、洗涤、沐浴等生活用水的建筑给水系统。水质必须符合国家现行的《生活饮用水卫生标准》的要求。水量根据建筑物类型的不同，按《建筑给水排水设计规范》的要求计算确定。

2. 生产给水系统

供生产设备的冷却、原料及产品的洗涤、锅炉及某些工业原料用水等的给水系统称作生产给水系统。生产供水的水量、水压及用水水质应按生产工艺设计的要求确定。在技术经济比较合理时，可采用循环或重复利用给水系统。

3. 消防给水系统

供民用建筑、公共建筑、国家级文物保护单位、古建筑及某些生产车间的消防设备用水的给水系统，称为消防给水系统。消防给水系统对水质要求不高，按《建筑设计防火规范》应保证有足够的水量和水压。

上述三种给水系统，实际并不一定需要单独设置，可以根据建筑物用水设备的要求，结合室外给水系统综合考虑，经技术经济比较组成共用系统。如：生活—生产给水系统；生活—消防给水系统；生产—消防给水系统；生活—生产—消防给水系统等。

二、建筑给水系统的组成

建筑给水系统一般由下列各部分组成，如图 1-1 所示。

1. 引入管

对一幢单独的建筑物而言，引入管是室外给水管网与建筑给水管道系统联络的管段。必须对水量进行计量的建筑物，引入管上应设水表、必要的阀门及泄水装置。

2. 给水管道

给水水平干管将引入管的水送往立管，然后由给水立管将水分送给给水横支管、支管。

3. 用水设备

用水设备包括各种配水龙头或其它用水器具。

4. 升压和贮水设备

在室外给水管网压力不足或对安全供水、水压稳定有要求时，需设置各种附属设备，如

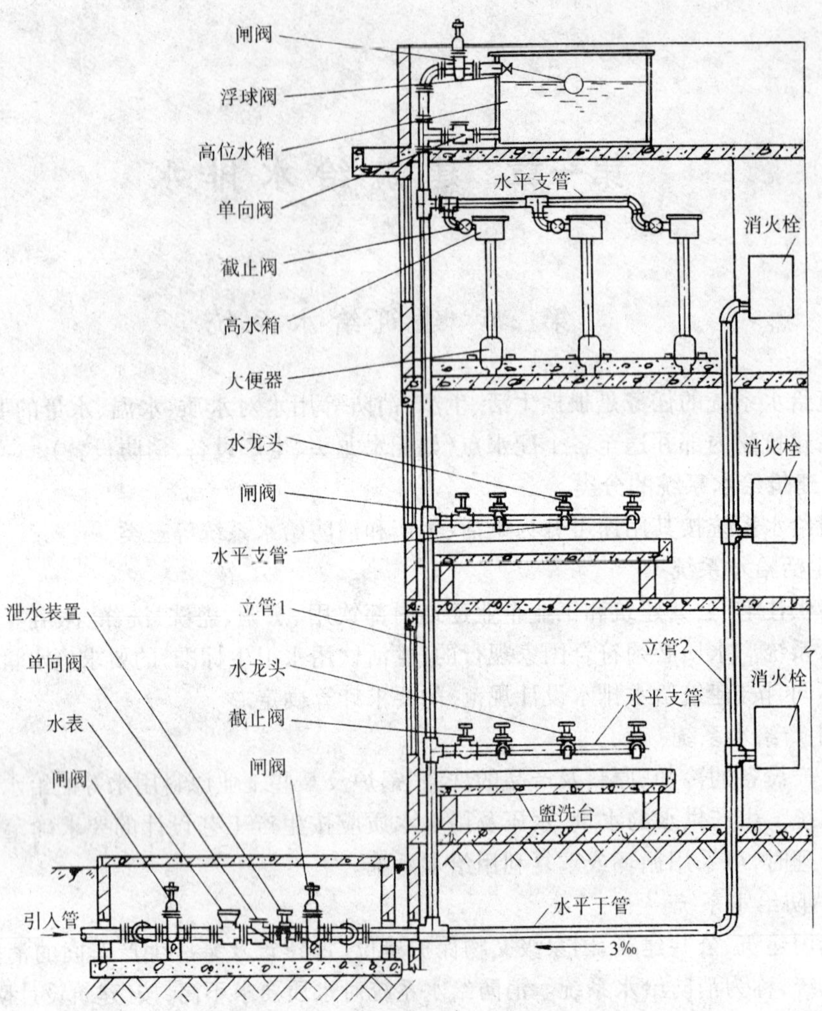

图 1-1 建筑给水系统的组成

水箱、水池、水泵、气压给水装置等。

5. 消防设备

根据建筑防火要求及规定，需要设置消防给水时，一般应设消火栓设备。有特殊要求时，设自动喷洒或雨淋、水幕消防设备。

三、建筑给水方式

建筑物内部的给水方式，宜利用室外给水管网的水压直接供水。如室外给水管网中的水压不足时，应设高位水箱或升压给水装置。

1. 直接给水方式

当室外给水管网压力能满足建筑物内最高最远点用水设备所需压力时，可采用直接给水方式，如图 1-2 所示。这种方式设备简单，投资少，施工维修方便。

2. 设水箱的给水方式

当室外给水管网水压一天内大部分时间满足建筑物所需水压，只是在用水高峰时，不能满足建筑内所需压力，采用仅设水箱的给水方式，如图 1-3 所示。正常情况下室外给水管网向建筑物供水，同时向水箱充水，当室外管网水压不足时，由水箱向用水设备供水。

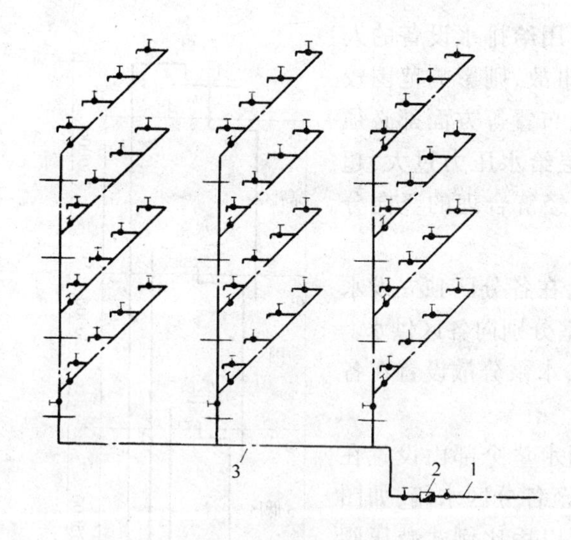

图 1-2　直接给水方式

1—给水引入管；2—水表；3—给水干管

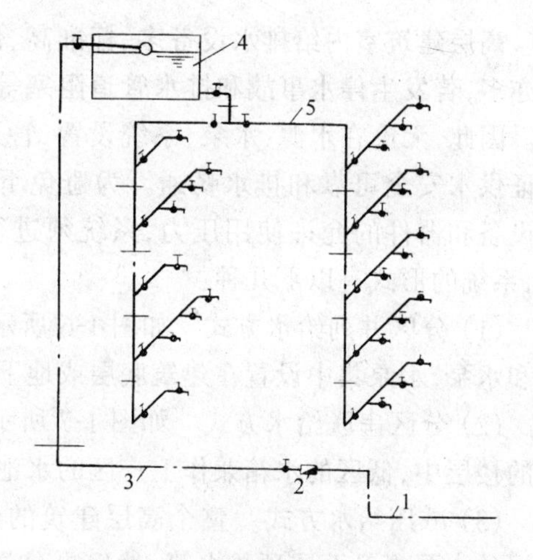

图 1-3　设有水箱的给水方式

1—给水引入管；2—水表；3—给水总干管；4—水箱；5—给水干管

3．设有高水箱、低贮水池（箱）和水泵的联合给水方式

如图 1-4 所示，室外给水管网的水自然流进低位贮水池（箱），水泵自贮水池（箱）吸水向高水箱供水；高水箱充满水时，水泵停止工作，由高水箱向室内管网供水，当高水箱的水位至最低设计水位时，水泵再次启动。

经供水管理部门同意，室外给水管允许直接吸水时可不设贮水池。

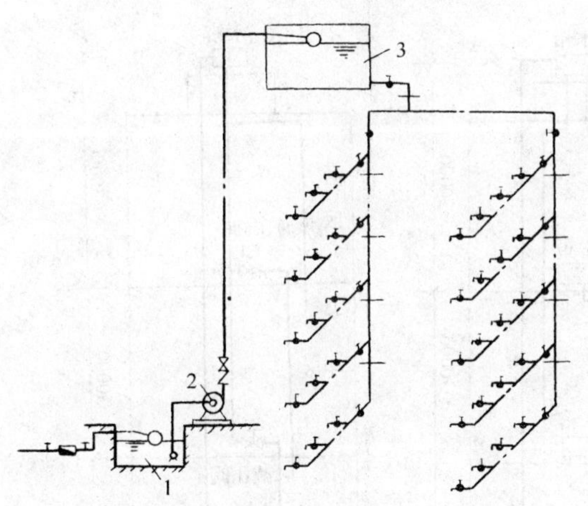

图 1-4　设有贮水池、水泵和水箱的给水方式

1—贮水池（箱）；2—水泵；3—高水箱

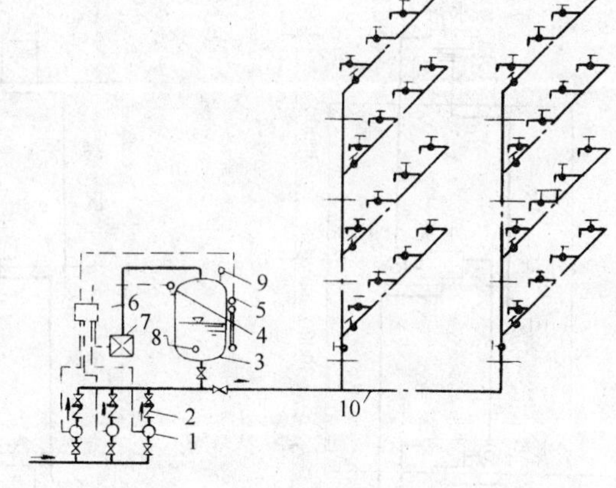

图 1-5　设有气压给水设备的给水系统

1—水泵；2—止回阀；3—气压水罐；4—压力信号器；5—液位信号器；6—控制器；7—补气装置；8—排气阀；9—安全阀；10—给水干管

4．设有气压给水设备的给水方式

如图 1-5 所示，供水压力由气压罐内的压缩气体提供。不需高位水箱，不占高层建筑面积，但由于贮罐容量小，水泵启动频繁，水压变化幅度较大。

5．高层建筑常用的给水方式

高层建筑室内给排水设备多、标准高、使用给排水设备的人数亦多，若发生停水事故和排水管道阻塞等事故，则影响范围较大。因此，无论在水源、水泵、系统设置、管道布置等方面都必须保证供水安全可靠和排水畅通。为避免下层给水压力过大，超出设备和器件的允许使用压力，系统须进行经济合理的竖向分区，系统的形式有以下几种：

(1) 分区并列给水方式　如图 1-6 所示，在各分区独立设水箱和水泵，水泵集中设置在建筑底层或地下室分别向各区供水。

(2) 分区串联给水方式　如图 1-7 所示，水泵分散设置在各区的楼层中，低区的水箱兼作上一区的水池。

(3) 减压给水方式　整个高层建筑的用水量全部由设置在底层的水泵提升至屋顶总水箱，然后再分送至各分区水箱，如图 1-8 所示，分水箱起减压作用，减压水箱也可以用比例式减压阀（水流动时减压，静压时关闭。）替代。

(4) 无水箱给水方式　如图 1-9 所示，在自动控制设备调节下的变速水泵，根据系统中用水量的情况自动改变水泵的转速，使水泵经常处于高效率下运行。

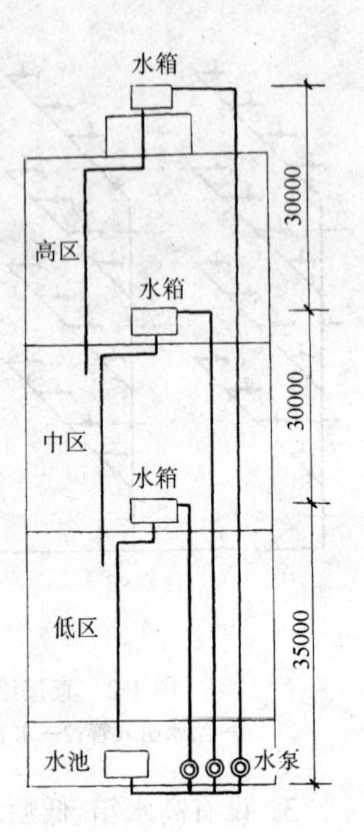

图 1-6　并列供水方式

(5) 气压罐供水方式　图 1-10(a)为气压罐并列供水方式，图 1-10(b)为单气压罐减压阀供水方式。其优点为不需设高位水箱，不占高层建筑面积，缺点为水泵启动频繁，运行动力费用高。

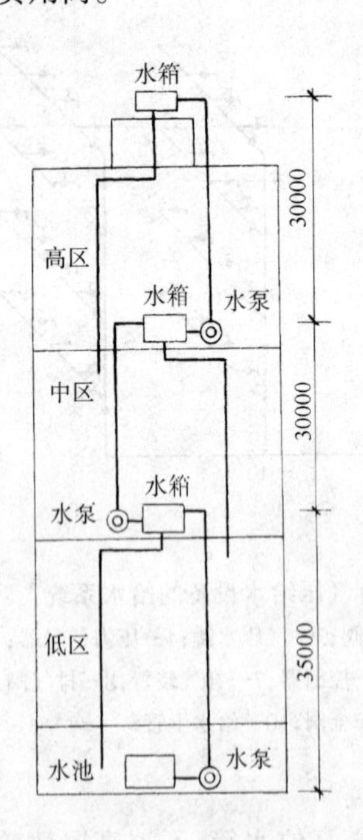

图 1-7　串联供水方式

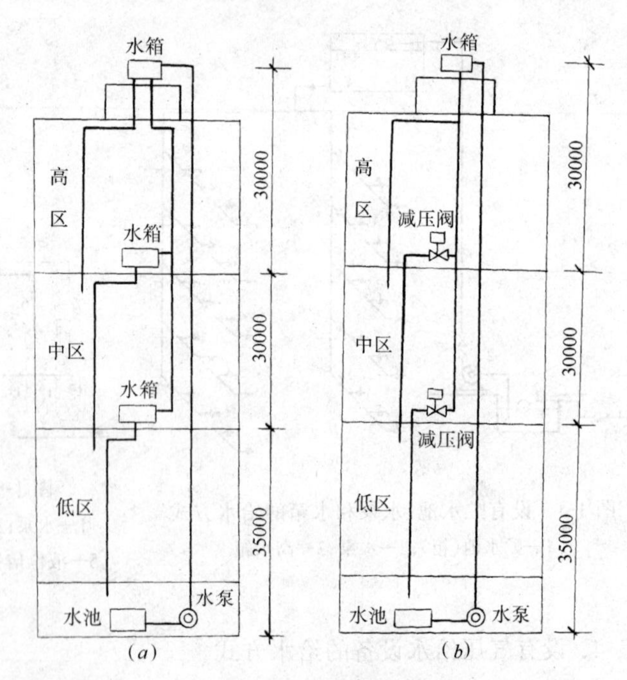

图 1-8　减压供水方式
(a)减压水箱供水；(b)减压阀供水

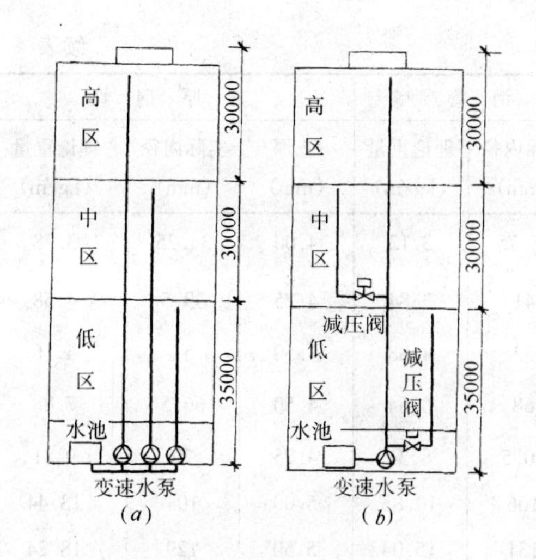

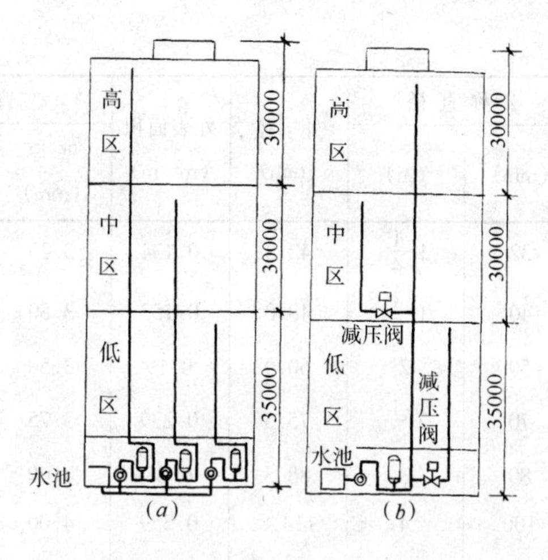

图 1-9 无水箱供水方式

(a)无水箱并列供水方式;(b)无水箱减压阀供水方式

图 1-10 气压罐供水方式

(a)气压罐并列供水方式;(b)气压罐减压阀供水方式

第二节 建筑给水管材、管件及附件

一、常用的管材及管件

建筑给水管道常用的管材有钢管、给水铸铁管和塑料管等。生产和消防管道一般用非镀锌管或给水铸铁管。室内地上生活给水管管径小于或等于 150mm 时应采用镀锌钢管;管径大于 150mm 时可采用给水铸铁管。埋地敷设的生活给水管,管径等于或大于 75mm 时宜采用给水铸铁管。大便器、大便槽和小便槽的冲洗管宜采用塑料管。

1. 钢管

钢管有焊接钢管和无缝钢管两种。

焊接钢管,按壁厚分为普通钢管和加厚钢管两种。每种又分为镀锌管(白铁管)和非镀锌钢管(黑铁管)两种。镀锌钢管在表面进行了镀锌处理,可以保护水质,延长管道使用寿命加厚钢管和普通钢管的径尺寸相同,管壁加厚,实际内径缩小,这样便于连接时使用统一的管件,并保持外观一致。

焊接钢管的规格以公称直径表示,公称直径是为了使用方便而人为规定的一种称呼直径标准,其数值接近(但不等于)管子内径或外径。焊接钢管的规格及尺寸见表 1-1,镀锌管较非镀锌管重量约增加 5%。

焊接钢管(黑铁管、白铁管)规格尺寸 **表 1-1**

公称直径		外径	外表面积	普通钢管			加厚钢管		
(mm)	(in)	(mm)	(m^2/m)	壁厚 (mm)	实际内径 (mm)	理论重量 (kg/m)	壁厚 (mm)	实际内径 (mm)	理论重量 (kg/m)
15	1/2	21.3	0.068	2.75	15.75	1.25	3.25	14.75	1.45
20	3/4	26.8	0.086	2.75	21.25	1.63	3.50	19.75	2.01
25	1	33.5	0.107	3.25	27	2.42	4.00	25.5	2.91

续表

公称直径		外径	外表面积	普通钢管			加厚钢管		
(mm)	(in)	(mm)	(m^2/m)	壁厚 (mm)	实际内径 (mm)	理论重量 (kg/m)	壁厚 (mm)	实际内径 (mm)	理论重量 (kg/m)
32	$1\frac{1}{4}$	42.3	0.134	3.25	35.75	3.13	4.00	34.25	3.78
40	$1\frac{1}{2}$	48.0	0.153	3.50	41	3.84	4.25	39.5	4.58
50	2	60.0	0.19	3.50	53	4.88	4.50	51	6.16
70	$2\frac{1}{2}$	75.5	0.239	3.75	68	6.64	4.50	66.5	7.88
80	3	88.5	0.28	4.00	80.5	8.34	4.75	79	9.81
100	4	114.0	0.359	4.00	106	10.85	5.00	104	13.44
125	5	140.0	0.468	4.50	131	15.04	5.50	129	18.24
150	6	165.0	0.519	4.50	156	17.81	5.50	154	21.63

注:焊接钢管长度,带螺纹的为4～9m,不带螺纹的为4～12m。

无缝钢管。当焊接钢管不能满足要求时采用无缝钢管。无缝钢管的公称直径与实际内径差异很大,所以其规格用外径×壁厚来标注,其尺寸与重量见表1-2。

无缝钢管的规格与重量 **表1-2**

外径×壁厚 (mm)	内径 (mm)	重量 (kg/m)	净断面积 (cm^2)	容量 (L/m)	管外表面积 (m^2/m)
18×2	14	0.789	1.5	0.154	0.057
22×2	18	0.986	2.5	0.254	0.069
25×2	21	1.13	3.4	0.346	0.078
32×2.5	27	1.82	5.7	0.572	0.100
38×2.5	33	2.19	8.5	0.855	0.119
45×2.5	40	2.62	12.6	1.256	0.141
57×3.5	50	4.62	20.0	1.963	0.179
70×3.5	63	5.74	31.0	3.117	0.220
76×3.5	69	6.26	38.0	3.737	0.239
89×3.5	82	7.38	53.0	5.278	0.279
108×4	100	10.26	79.0	7.850	0.339
133×4	125	12.75	123.0	12.266	0.418
159×4.5	150	17.15	177.0	17.663	0.449
219×6	207	31.52	366.0	33.637	0.688
273×7	259	45.92	527.0	52.659	0.857

注:本表根据国际 YB 231—70 编制。

2. 硬聚氯乙烯塑料管

硬聚氯乙烯塑料管是用聚氯乙烯树脂加入稳定剂,润滑剂,挤压成型制造而成的。它的优点是,化学稳定性高,耐腐蚀,内壁光滑,水力条件好。缺点是不能抵抗强氧化剂(如硝酸)以及芳香族烃和氯化烃)的作用,强度低,耐热性差。塑料管的规格见表1-3。

硬聚氯乙烯塑料管规格(摘自 HG 2-63-65)　　**表 1-3**

公称通径 (mm)	外径 (mm)	轻管($P_0 \leqslant 2.5$)		重管($P_0 \leqslant 6$)	
		壁厚 (mm)	近似重量 (kg/m)	壁厚 (mm)	近似重量 (kg/m)
8	12.5±0.4	—	—	2.25±0.3	0.1
10	15±0.5	—	—	2.5±0.4	0.14
15	20±0.7	2±0.3	0.16	2.5±0.4	0.19
20	25±1	2±0.3	0.2	3±0.4	0.29
25	32±1	3±0.45	0.38	4±0.6	0.49
32	40±1.2	3.5±0.5	0.56	5±0.7	0.77
40	51±1.7	4±0.6	0.88	6±0.9	1.49
50	65±2	4.5±0.7	1.17	7±1	1.74
65	76±2.3	5±0.7	1.56	8±1.2	2.34
80	90±3	6±1	2.20		
100	114±3.2	7±1	3.3		
125	140±3.5	8±1.2	4.54		
150	166±4	8±1.2	5.6		
200	218±5.4	10±1.4	7.5		

塑料管适用于给水水温不超过 45℃,压力不大于 0.60MPa 的管道。用于生活饮用水系统时,其选材应出具卫生检验部门的认证文件或检验报告。

3. 给水铸铁管

给水铸铁管用灰口铸铁浇铸而成。与钢管比较,铸铁管耐腐蚀性强,使用寿命长;但铸铁性脆,重量大,长度小。给水铸铁管的工作压力及试验压力见表 1-4,按其承压能力有高压、中压、低压三种。

给水铸铁管的工作压力　　**表 1-4**

类别	出厂前的水压试验压力(MPa)		工作压力(MPa)
	500mm 以上	450mm 以下	
高压	20	25	10.0
中压	15	20	7.5
低压	10	15	4.5

二、给水管道的连接

1. 钢管的连接

钢管的连接方法有螺纹连接、焊接和法兰连接。

(1) 螺纹连接　钢管的螺纹连接是在管段的端部加工螺纹,然后拧上带内螺纹的管子配件和其它管段相连接。一般在 100mm 以下管径采用螺纹连接,镀锌管均为螺纹连接。螺纹连接常用的管件有管箍、三通、四通、弯头、活接头、补心、对丝、根母、丝堵等,如图 1-11 所示。

(2) 焊接　常用的焊接方法有手工电弧焊和氧气-乙炔焊,管子公称直径 40mm 以下的或薄壁钢管可用气焊,公称直径 50mm 以上的钢管可用电弧焊接。

(3) 法兰连接　管道的阀门、水表等管路附属设备与管子连接时，常将法兰盘装在(焊接或螺纹法兰)管端，再以螺栓连接。法兰盘可选用成品或按国家标准加工。

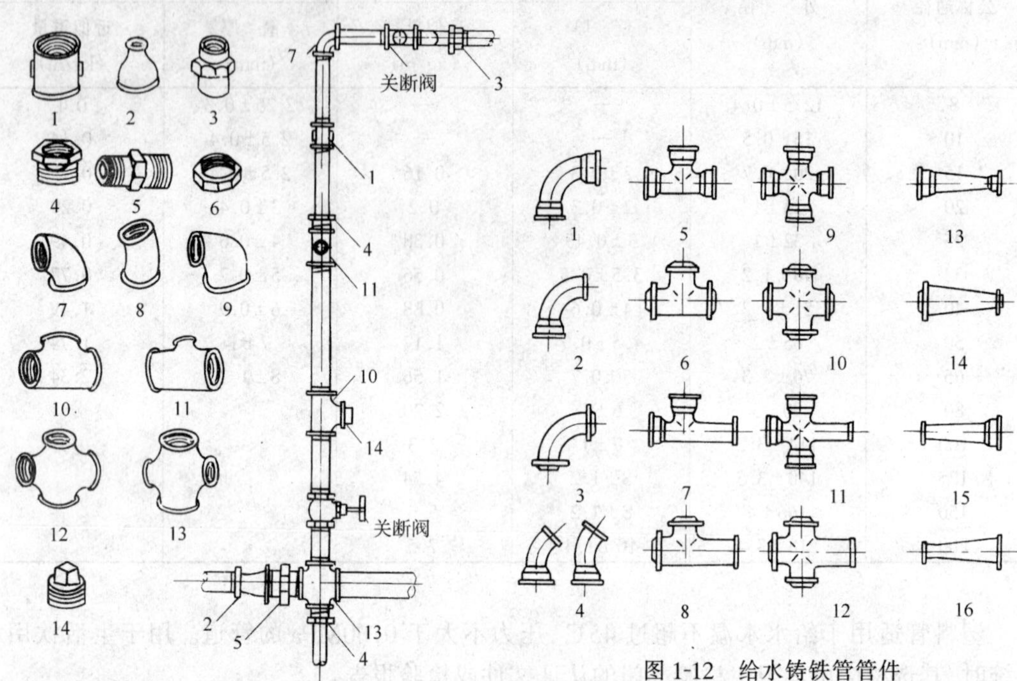

图 1-11　常用钢管管件

1—管箍；2—异径管箍；3—活接头；4—补芯；5—外螺丝；6—根母；7—90°弯头；8—45°弯头；9—90°异径弯头；10—等径三通；11—异径三通；12—等径四通；13—异径四通；14—管堵

图 1-12　给水铸铁管管件

1—90°双承弯头；2—90°承插弯头；3—90°双盘弯头；4—45°和 22.5°承插弯头；5—三承三通；6—三盘三通；7—双承三通；8—双盘三通；9—四承四通；10—四盘四通；11—三承四通；12—三盘四通；13—双承异径管；14—双盘异径管；15—承插异径管；16—承插异径管

2. 铸铁管承插连接

给水铸铁管的一端为承口，另一端为插口，将一根管的插口放入另一端的承口中，其间的缝隙用填料填塞好，将管道连成系统，这种方法称作承插连接。遇到管道的分支，转弯，变径处，使用管件相连，管件的种类有弯头、三通、四通、异径管等，如图1-12所示，接口方法如图 1-13 所示。

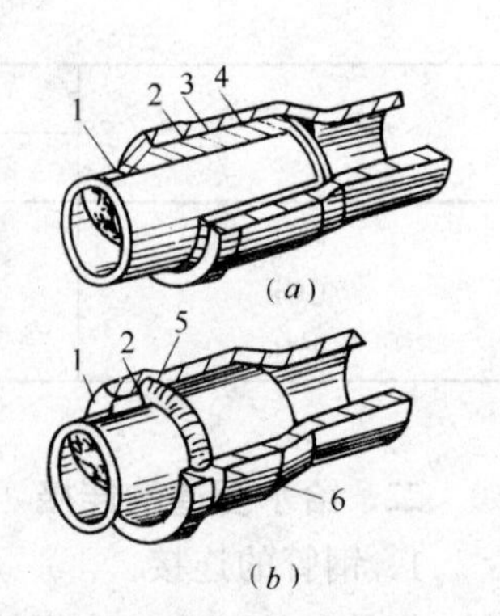

图 1-13　铸铁管的承插连接

(*a*) 刚性接口；(*b*) 柔性接口(用橡胶圈)

1—铸铁管直管端；2—铸铁管承口；3—水泥；4—浸油麻绳；5—橡胶圈凹槽；6—橡胶圈

3. 塑料管的连接

塑料管可用螺纹连接(配件为注塑制品)、热空气焊接、法兰连接、粘接等方法。管道系统安装前，应对材料的外观和接头配合公差进行仔细检查，并清除污垢杂物。施工过程中应避免油漆、沥青等与硬聚氯乙烯管材、管件相接触。塑料管之间的连接宜采用胶粘剂粘接；塑料与金属管配件、阀门的连接应采用螺纹连接或法兰连接。

(1) 粘接

先用干布将承、插口表面擦净，然后用尼龙刷或鬃刷涂抹胶粘剂。先涂承口，再涂插口，胶粘剂涂抹应均匀并适量。粘接时将插口轻轻插入承口中，对准轴线，迅速完成(20s 内)，粘接完毕将接头处多余的胶粘剂擦揩干净。

(2) 螺纹连接

塑料管与金属管配件采用螺纹连接的管道系统，其连接部位管道的管径不大于 63mm。塑料管与金属管配件连接采用螺接时，必须采用注射成型的螺纹塑料管件，且宜将塑料管做为外螺纹，金属管配件为内螺纹；若塑料管件为内螺纹，则宜使用在注射螺纹端外部嵌有金属加固圈的塑料连接件。

三、给水配件、阀门和水表

1. 给水配件

给水配件是指装在卫生器具及用水点的各式水龙头或进水阀，常用的有普通水龙头，热水龙头、盥洗龙头、皮带水龙头(水嘴有特制的接头，以便于接橡胶管)等。另外，还有专用水龙头，如实验室鹅颈龙头、室内洒水龙头等。图 1-14 所示，为几种水龙头。

2. 阀门

引入管、管网连通管，水表前、立管和接有三个及三个以上配水点支管及工艺要求设置阀门的生产设备均应设阀门。常用的有闸阀、截止阀、止回阀、旋塞阀、浮球阀等，如图 1-15～1-19 所示。

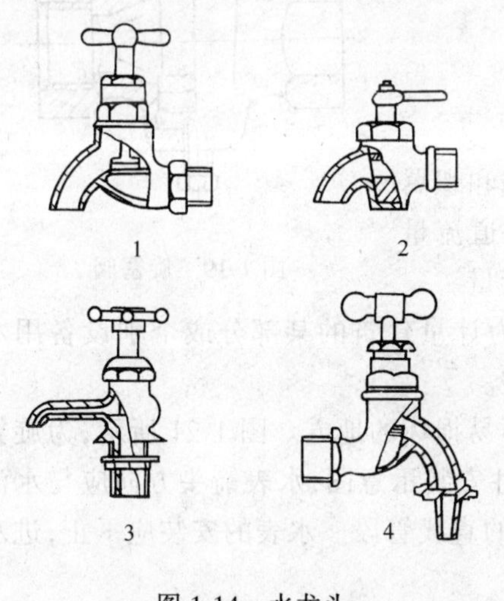

图 1-14　水龙头

1—普通水龙头；2—旋启式热水龙头；
3—盥洗龙头；4—便接皮带水龙头

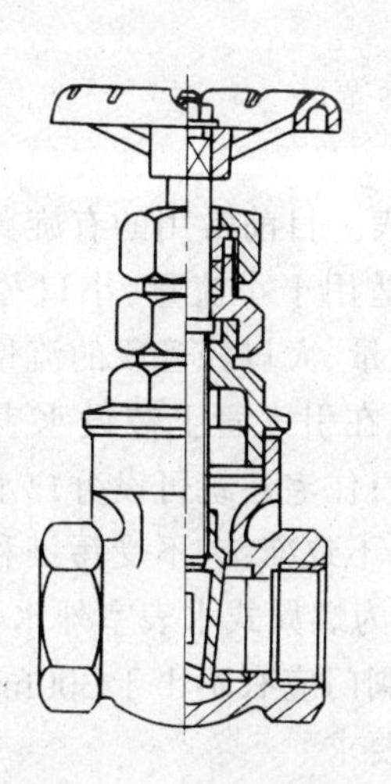

图 1-15　内螺纹暗杆楔式单闸板闸阀

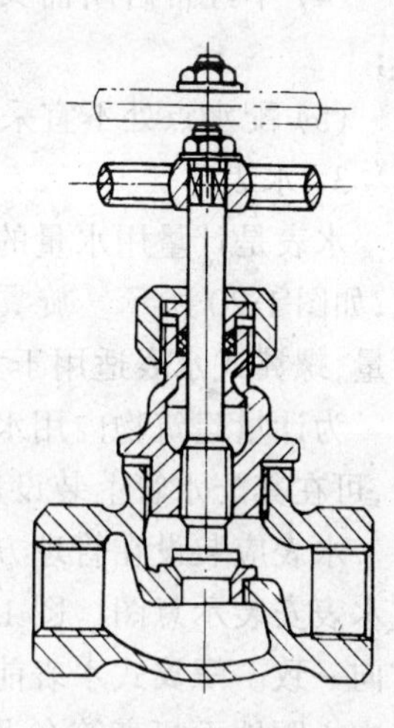

图 1-16　截止阀

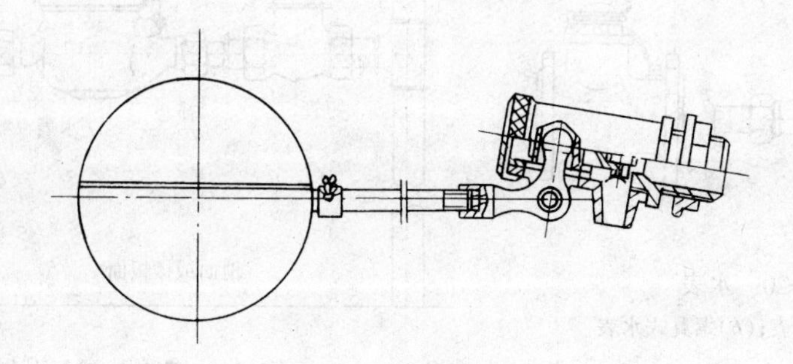

图 1-17　小型浮球阀

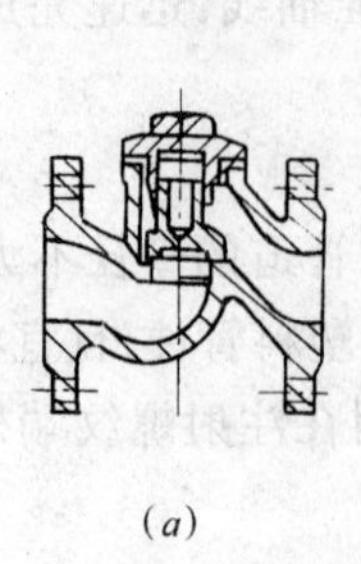

(a)

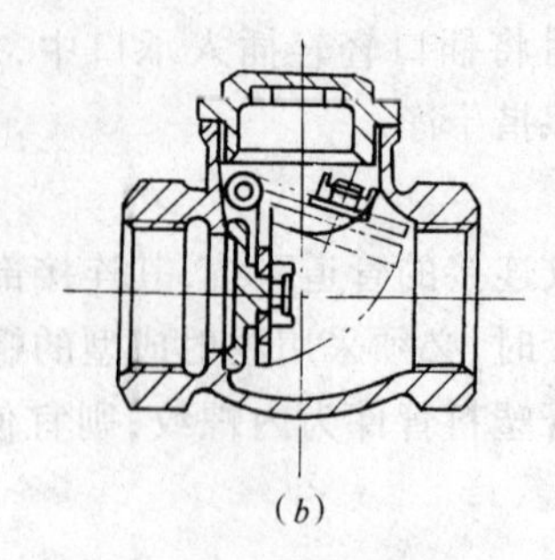

(b)

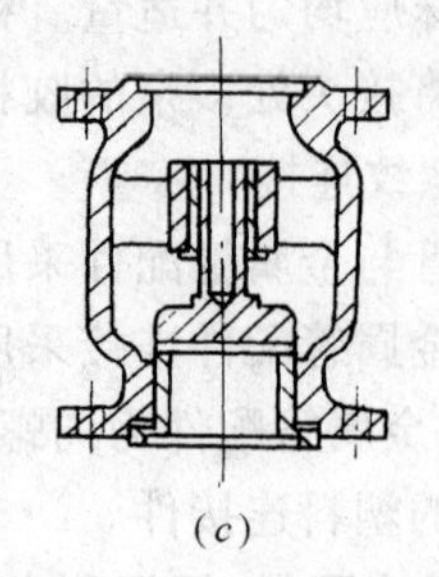

(c)

图 1-18　止回阀

(a)升降式;(b)旋启式;(c)立式升降式

建筑给水管道阀门选用应符合下列要求：

(1) 管径不超过 50mm 时,宜采用截止阀。管径超过 50mm 时,宜采用闸阀或蝶阀;

(2) 在双向流动的管段上,宜采用闸阀;

(3) 在经常启闭的管段,宜采用截止阀;

(4) 不经常启闭而又需要快速启闭的阀门,应采用快开阀;

(5) 配水点处不宜采用旋塞。

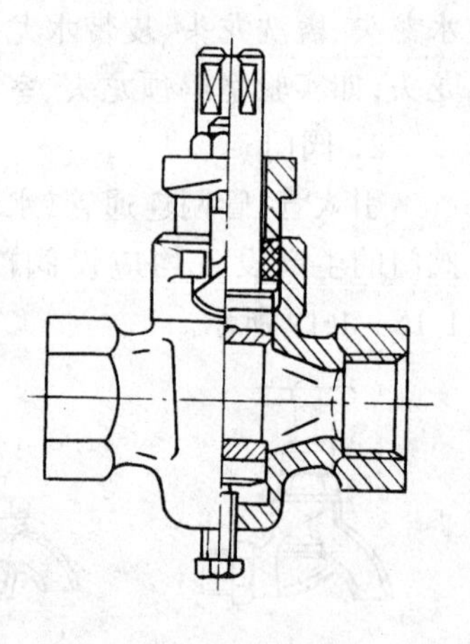

图 1-19　旋塞阀

3. 水表

水表是计量用水量的仪表。目前常用的有旋翼式和螺翼式,如图 1-20 所示。旋翼式适用于小流量、小口径管道流量计量,螺翼式水表适用于大流量、大口径管段的流量计量。

为计量建筑物内用水量,在引入管上装设水表;为计量建筑的某部分或个别设备用水量,可在其配水管上装设水表;住宅建筑可设分户水表。

水表应装设在管理方便,不致冻结、不受污染和不易损坏的地方。图 1-21 所示,为旋翼式水表安装示意图。图 1-22 为螺翼式水表室外水表井安装示意图,水表箭头方向应与水流方向一致。螺翼式水表前与阀门应有不小于 300mm 的直线管段。水表的安装应平正,进水口中心距地面标高符合设计要求。

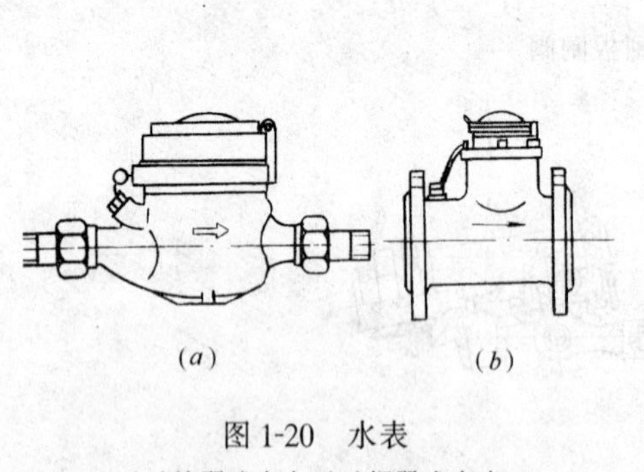

(a)　(b)

图 1-20　水表

(a)旋翼式水表;(b)螺翼式水表

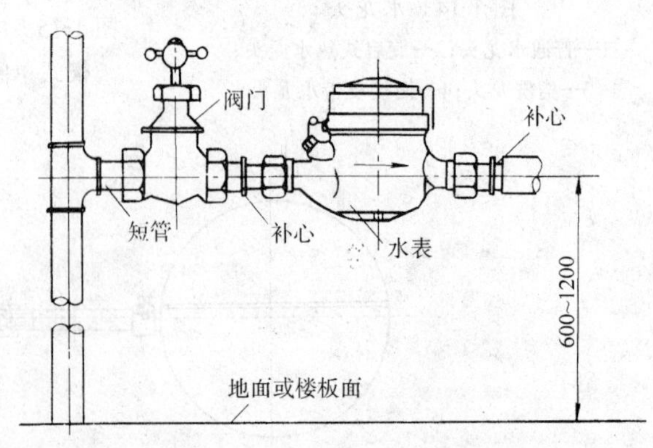

图 1-21　安装在室内的水表

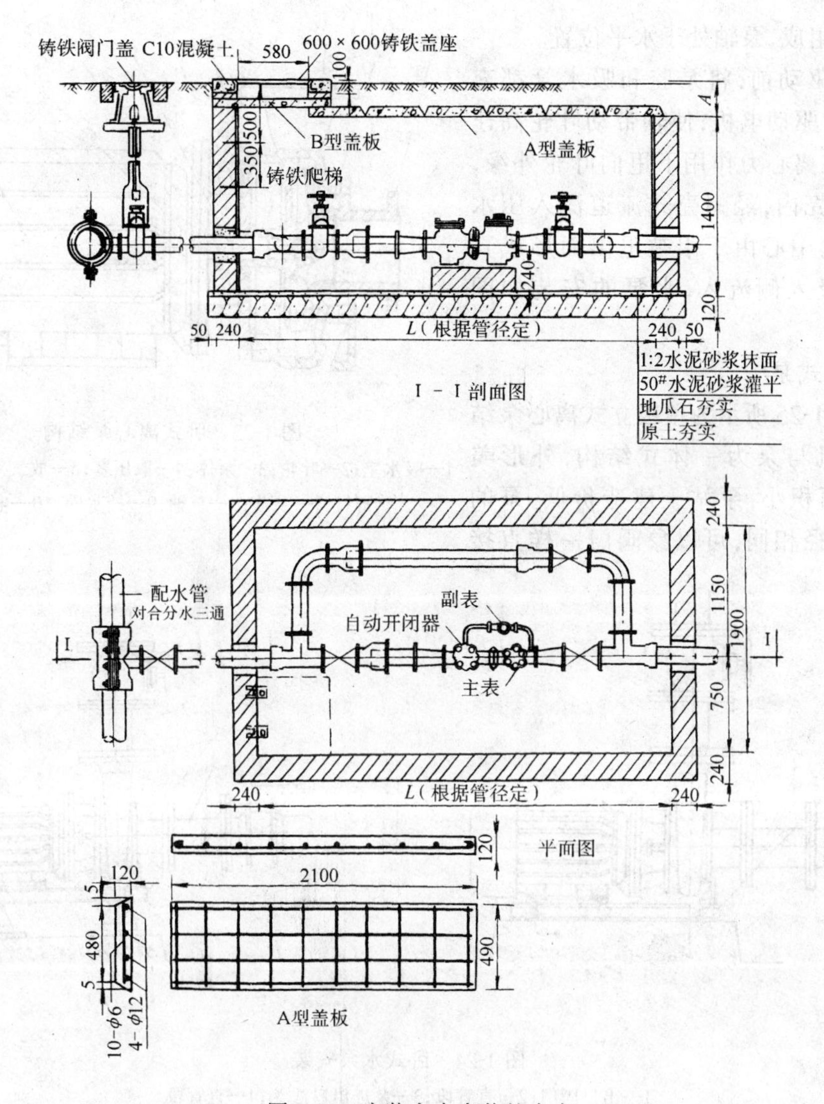

图 1-22　安装在水表井的水表

第三节　建筑给水附属设备

一、水泵

水泵的类型有很多，有离心泵、轴流泵、活塞泵、水轮泵等。目前水暖工程中常用的是离心式水泵，按其抽升液体含有杂质的情况可分为清水泵和污水泵、泥浆泵等。离心式清水泵广泛用于城市给水排水、高层建筑给水加压、绿地浇洒、消防工程、制冷循环等，热水泵可用于采暖水循环及锅炉水循环的动力。离心泵有卧式和立式两种型式，按其叶轮的个数又可分成单级泵和多级泵。

1. 卧式离心泵

如图 1-23 所示，为一卧式离心泵机组结构图，泵由吸水室、叶轮、泵盖、泵轴、挡水圈及密封材料组成，泵轴处于水平位置。

水泵驱动前，将泵腔和吸水管都充满水，然后驱动电机，使轴带动叶轮高速旋转，水在离心力作用下甩向叶轮外缘，汇集到泵壳内，经蜗壳式流道流入压水管路，叶轮中心由于水被甩出而形成真空，水由吸入侧流入，水泵的安装如图1-24所示。

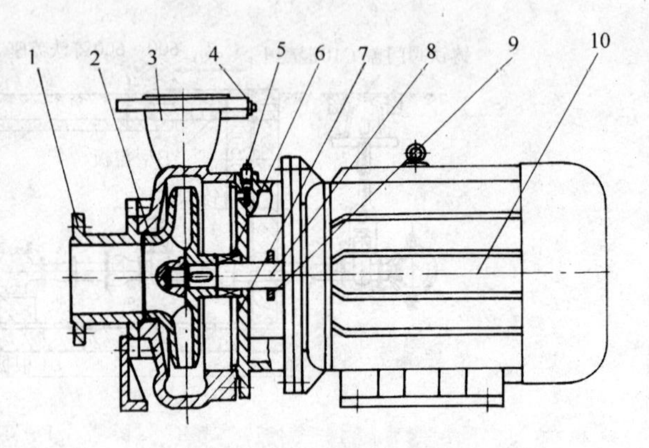

图 1-23　卧式离心泵结构

1—吸水室；2—叶轮；3—泵体；4—取压塞；5—放气塞；6—机械密封；7—泵盖；8—泵轴；9—挡水圈；10—电机

2. 立式泵

如图 1-25 所示为单级立式离心泵结构图，电机与泵为一体式结构，外形美观，占地面积小，泵站土建造价低，泵的进出口直径相同，可以象阀门一样直接

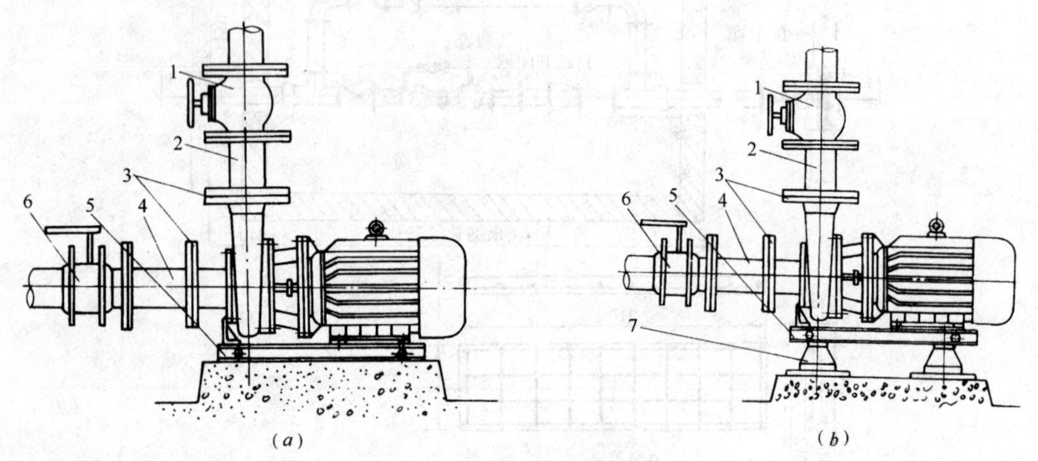

图 1-24　卧式水泵安装

1—出口阀门；2—直管段；3—泵进出口法兰；4—直管段
5—泵底座；6—进口阀门；7—隔振器

装在管道上又称管道泵。

3. 水泵的基础

离心式水泵常安装在混凝土基础上，基础的平面尺寸按水泵机组型号确定。机组不采取隔振措施时，混凝土基础的重量应大于水泵机组重量 1.5 倍以上，并高出地面 0.2m 左右；有隔振垫时，基础的厚度可适当减薄，小型水泵在 0.2m 左右，大中型泵基础厚 0.25～0.3m。基础上应预留孔洞，待安装时栽入带紧螺栓或地脚螺栓，并按有关规范就位安装，图 1-27 为减振基础图。

二、水箱及贮水池

1. 水箱

当室外给水管网压力不能满足要求时，常采用高位水箱供水。水箱的有效容积应根据调节水量、生活和消防贮备水量和生产事故用水量确定。

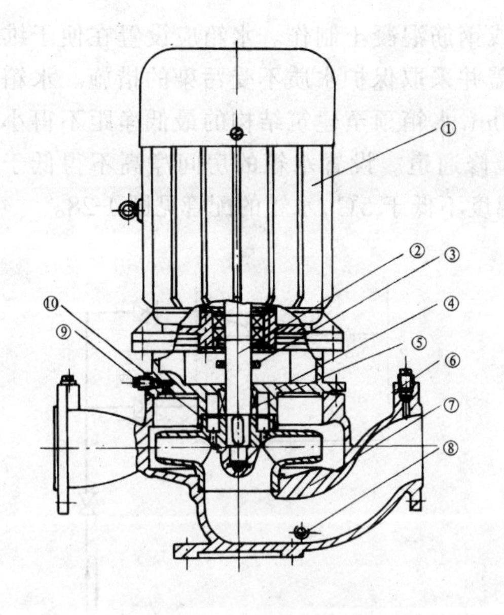

图 1-25　立式离心泵

①—电机；②—泵轴；③—挡水圈；④—泵盖；⑤—机械密封；⑥—取压塞；⑦—泵体；⑧—放水塞；⑨—放气塞；⑩—叶轮

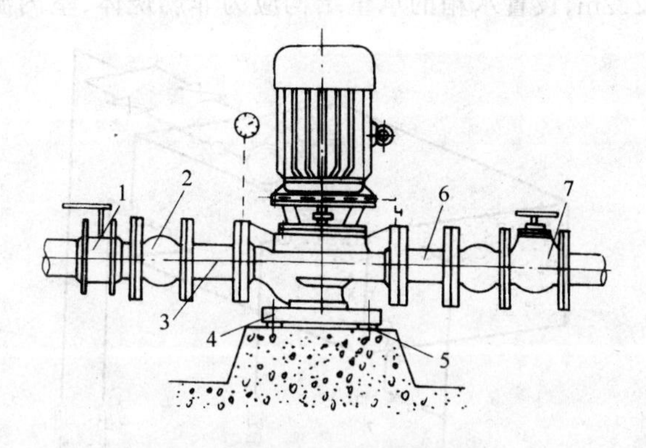

图 1-26　立式离心泵安装

1—进口阀门；2—挠性接头；3—直管；4—底座；5—隔振垫；6—直管；7—出口阀门

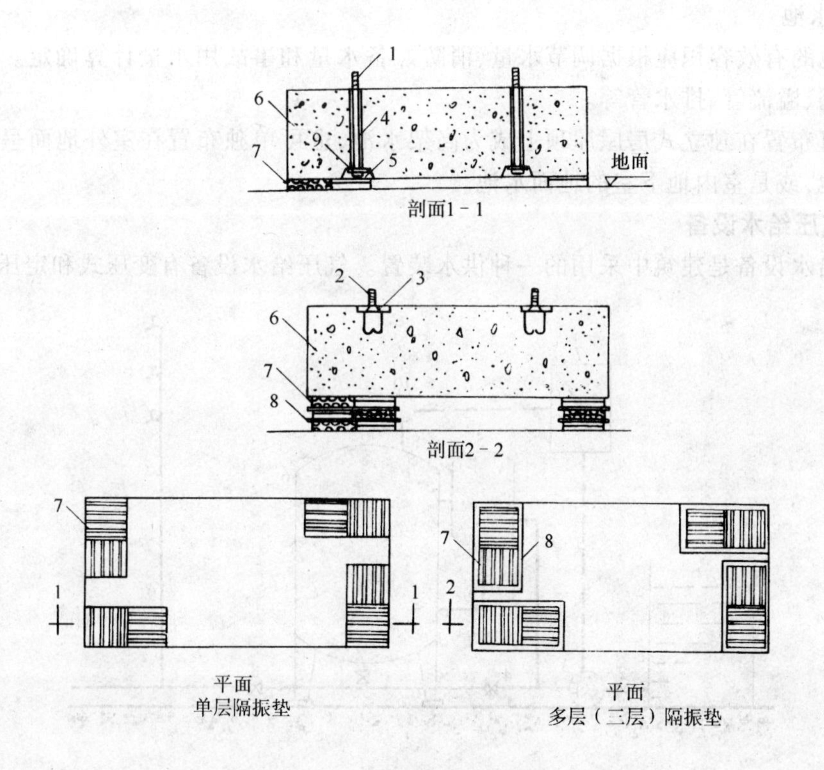

图 1-27　水泵橡胶减振基础

1—地脚螺栓；2—焊接螺栓；3—锚固钢板；4—地脚螺栓孔；5—沉头凹槽；6—水泵基础；7—橡胶隔振垫；8—钢板；9—垫片

水箱的外形有圆形和方形两种，通常用钢板或钢筋混凝土制作。水箱应设置在便于维护、通风和采光良好，且不冻结的地方，水箱应加盖并采取保护水质不受污染的措施。水箱与水箱之间，水箱和墙壁之间的净距不宜小于1.0m，水箱顶至建筑结构的最低净距不得小于1.0m，钢板水箱的四周应有不小于0.7m的检修通道。设置水箱的房间净高不得低于2.2m，设置水箱的承重结构应为非燃烧体，室内温度不低于5℃，水箱的配管见图1-28。

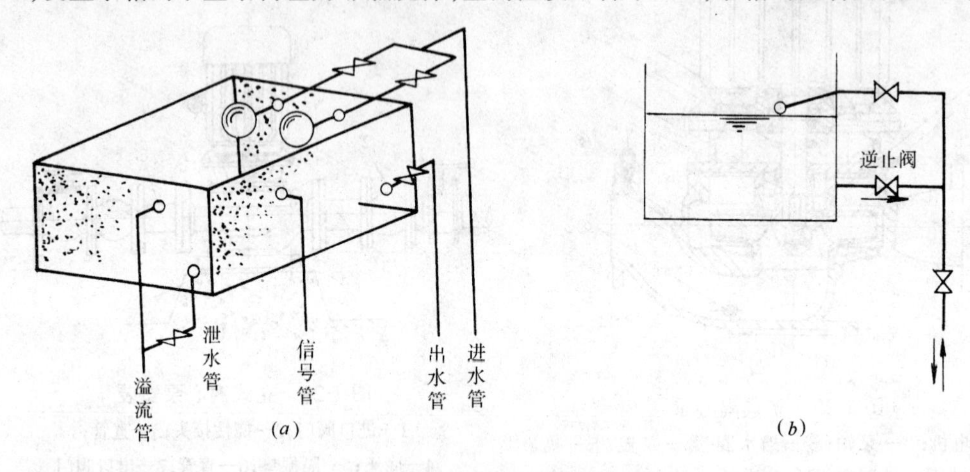

图1-28 水箱
(a)进出水管分开设置；(b)进出水管合并设置

2．贮水池

贮水池的有效容积应根据调节水量、消防贮备水量和事故用水量计算确定。水池应设水位控制阀、溢流管、排水管等。

水池可布置在独立式房屋屋顶上成为高架水池，也可单独布置在室外地面呈地面水池或地下水池，或是室内地下室的地面水池。

三、气压给水设备

气压给水设备是建筑中采用的一种供水装置。气压给水设备有变压式和定压式。

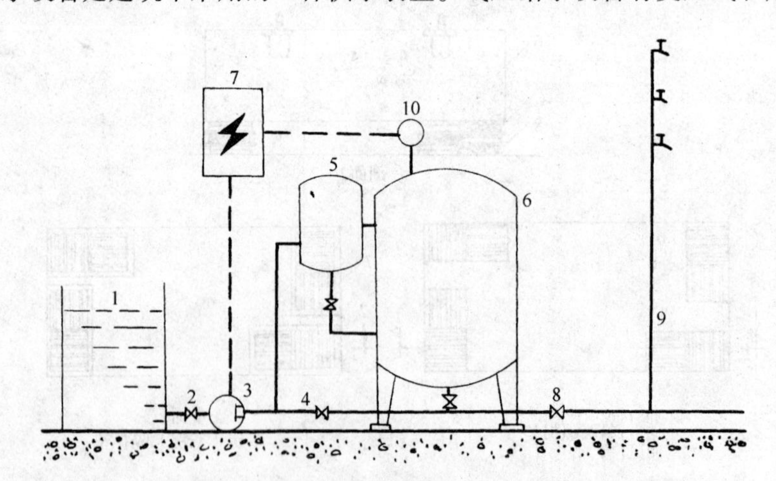

图1-29 气压给水装置
1—贮水池；2—吸水管；3—水泵；4—阀门；5—排水罐；6—气压罐；
7—电控柜；8—阀门；9—供水管网；10—压力表

图 1-29 为变压式气压给水装置。主要设备有密闭钢罐、电动机、水泵、自动控制装置等。其工作过程为:水泵启动后,水由贮水池输送至给水管网,多余的水量进入气压罐,罐内的气体受到压缩,压力增加,待压力达到上限时,压力表传感器将讯号传至控制系统,电源切断,水泵停止运转,当用户继续用水,气压罐中的气体依靠自身的压力将水压入供水管网。当水位下降,罐内压力降到下限时,控制系统即启动水泵,重复上述过程。

气压给水设备可设于建筑物任何部位,安装于混凝土基础上。气压给水设备的罐顶至建筑物的最低点距离不得小于 1.0m,罐与罐之间及罐壁面与墙面的净距不宜小于 0.7m。

第四节　建筑给水管道的布置、敷设和安装

一、给水管道的布置与敷设

1. 引入管的布置与敷设

建筑物给水管引入宜从建筑物内用水量最大处引入,当建筑物的用水设备分布均匀时,可从建筑中央引入,但应避开花坛和建筑物大门。

引入管的数目,根据房屋的使用性质及消防要求等因素而定。引入管一般只设一条,对不允许间断供水的建筑物,应从城市管网的不同侧引入,设置两条或两条以上引入管,在室内连成环状或贯通枝状双向供水。如不可能时,应采取设贮水池(箱)或增设第二水源等措施以保证安全供水。

引入管的埋设,其室外部分埋深由土壤的冰冻深度和地面荷载性质决定。通常敷设在冰冻线以下 200mm,覆土深度不小于 0.7～1.0m。引入管穿越承重墙或基础时,为避免墙基下沉压坏管道,应预留孔洞。孔洞的尺寸见表 1-5。但当有的地区地基沉降量较大时,应由结构人员提交资料确定。图 1-30 为引入管穿越带形基础剖面图。管道竣工后洞口空隙内应用粘土夯实,外抹 M5 水泥砂浆,防止雨水渗入。

引入管穿基础预留孔洞尺寸规格　　**表 1-5**

管径(mm)	50 以下	50～100	125～150
孔洞尺寸(mm×mm)	200×200	300×300	400×400

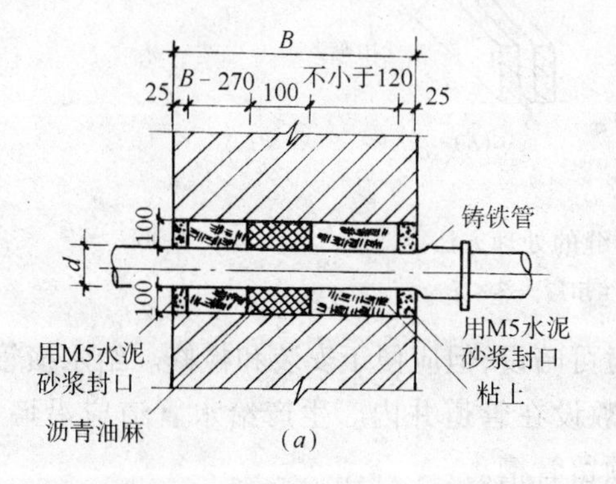

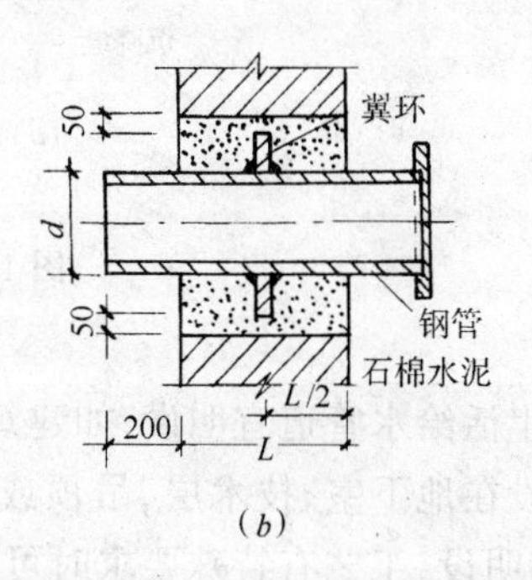

图 1-30　引入管穿越带形基础剖面
(a)铸铁管;(b)钢管

2. 给水管道的布置与敷设

(1) 管网的布置

室内给水管道的布置与建筑物的性质、外形、结构、用水点分布及采用的给水方式有关。管道布置时，应力求短而直，平行梁柱及沿墙面作直线布置，不妨碍美观，且便于安装和检修。根据给水干管的位置可分成下行上给式、上行下给式、环状式等几种形式。

① 下行上给式　水平干管敷设于底层走廊或地下室顶棚下，也可直埋在地下，水平干管向上接出立管，自下而上供水。该种方式多用于直接供水系统，如图 1-2 所示。

② 上行下给式　水平干管敷设在顶棚下或吊顶内，高层建筑敷设在各技术层中。立管由干管向下分出，自上而下供水。这种方式一般用于设有水箱的给水系统，如图 1-3 所示。

③ 环状式　环状式分水平干管成环和立管成环两种。所谓水平干管成环是将水平干管连接成环状；立管成环是将立管上下两端连接成环状。环状式多用于大型公共建筑、高层建筑和不允许断水的车间。

(2) 管道的敷设

根据建筑物的性质及要求，给水管道的敷设有明设和暗设两种。

① 明设　明设是将管道在室内沿墙、梁柱、顶棚下、地板旁等处暴露敷设。

② 暗设　暗设是管道敷设在地下室的顶棚下和顶层吊顶中，或在管井、管槽、管沟中隐蔽敷设。

给水管道的布置不得妨碍生产操作、交通运输；不得布置在遇水引起燃烧、爆炸或对原料、产品和设备易造成损坏的上面，并应避免在生产设备上通过，若必须通过时，需采取防护措施。给水埋地管不得布置在可能被重物压坏处；不得穿越生产设备基础；特殊情况下必须穿越时应与有关专业协商解决。给水管不得敷设在橱窗、壁橱及木装修处，不可避免时，应采取隔离和防护措施。不得将管道设于地下室结构底板和设备基础内。给水立管距离小便槽、大便槽端部外壁的距离小于 0.5m 时，应采取防护措施。给水管道不宜穿伸缩缝、沉降缝，如必须穿越时，应采取相应的技术措施，如图 1-31。

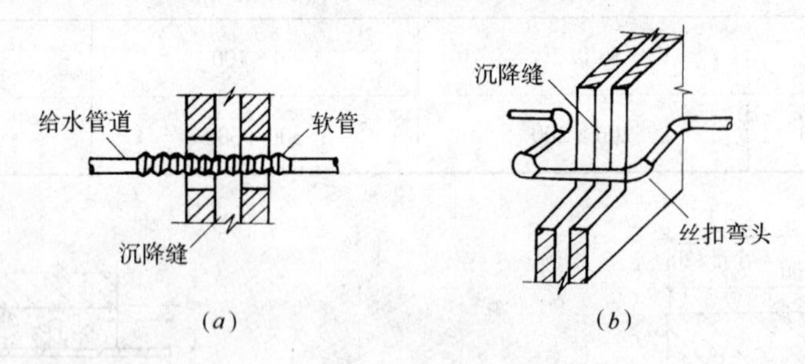

图 1-31　管道穿越沉降缝的处理方法

(a)橡胶软管法；(b)丝扣弯头法

生活给水管道宜明设，如建筑物有特殊要求时可暗设，但应便于安装和检修。给水横管宜敷设在地下室、技术层、吊顶或管沟内，立管可敷设在管道井内。生产给水管道应沿墙、柱、梁明设，工艺有特殊要求时可暗设，暗设时应预留管槽。

二、给水管道的安装

1. 孔洞的预留与套管的安装

在现浇整体混凝土构件、楼板上预留孔洞应在设备基础、墙、柱、梁、板上的钢筋已绑扎完毕时进行。首先制作孔洞模具(可用木材,塑料或钢制),待工程施工到预留孔部位时,参照模板标高或正在施工的毛石,砖砌体的轴线标高确定孔洞模具的位置,并加以固定。模具孔洞的尺寸可参照表1-6。遇有较大的孔洞,模具与多根钢筋相碰时,须经土建技术人员校核,采取技术措施后进行安装固定。对临时性模具应便于拆除,永久性模具应进行防腐处理。预留孔洞不能适应工程需要时,要进行机械或人工打孔洞,尺寸一般比管径大2倍左右。

预留孔洞尺寸 表1-6

项次	管道名称		明管 留孔尺寸(mm) 长×宽	暗管 墙槽尺寸(mm) 宽度×深度
1	采暖或给水立管	(管径小于或等于25mm) (管径32~50mm) (管径70~100mm)	100×100 150×150 200×200	130×130 150×130 200×200
2	一根排水立管	(管径小于或等于50mm) (管径70~100mm)	150×150 200×200	200×130 250×200
3	二根采暖或给水立管	(管径小于或等于32mm)	150×100	200×130
4	一根给水立管和一根排水立管在一起	(管径小于或等于50mm) (管径70~100mm)	200×150 250×200	200×130 250×200
5	二根给水立管和一根排水立管在一起	(管径小于或等于50mm) (管径70~100mm)	200×150 350×200	250×130 380×200
6	给水支管或散热器支管	(管径小于或等于25mm) (管径32~40mm)	100×100 150×130	60×60 150×100
7	排水支管	(管径小于或等于80mm) (管径100mm)	250×200 300×250	—
8	采暖或排水主干管	(管径小于或等于80mm) (管径100~125mm)	300×250 350×300	—
9	给水引入管	(管径小于或等于100mm)	300×200	—
10	排水排出管穿基础	(管径小于或等于80mm) (管径100~150mm)	300×300 (管径+300)×(管径+200)	—

注:1. 给水引入管,管顶上部净空一般不小于100mm;
2. 排水排出管,管顶上部净空一般不小于150mm。

凡穿越楼板,墙体基础等处的热水管、室内燃气供应管及采暖管,必须设置套管。常用的有钢管套管和镀锌铁皮套管,钢管套管多用于穿越基础、设备基础和厨房、卫生间等处;镀锌铁皮套管适用于过墙管。钢管套管应在管道安装时及时套入,放于指定位置,穿楼板套管宜用钢筋棍绑扎以铁丝临时固定,待管道安装校正无误后调整至规定位置,调整完毕后固定。铁皮套管在管道安装时套入。

2．室内地下给水管道安装

在管道穿基础或墙的孔洞、穿地下室(或构筑物)外墙的套管已预留好,校验符合设计要求,室内装饰的种类确定后,可以进行室内地下管道的安装。安装前对管材、管件进行质量检查并清除污物,按照各管段排列的顺序、长度将地下给水管道试安装,然后按工艺要求施工,同时按设计的平面位置、与墙面间的距离分出立管接口。

3．立管的安装

立管的安装应在土建主体已基本完成,孔洞按设计位置和尺寸留好,室内装饰、种类、厚度已确定后进行。首先在顶层楼板的立管中心线位置用线坠向下层吊线,与底层立管接口对正,检验孔洞,然后进行立管安装,栽立管卡,最后封堵楼板眼。

4．给水横支管安装

在立管安装完毕、卫生器具安装就位后可进行横支管安装。卫生器具的安装将在本章第八节介绍。

第五节　室内消防给水系统

建筑消防设备的种类有很多,例如:配备灭火器;用于扑灭煤气、甲烷等可燃气体火灾的卤代烷 1301 灭火系统;用于石油化工生产的泡沫灭火系统,蒸汽灭火系统等等。对于建筑物火灾,用水扑灭是最为经济、有效的方法。

一、室内消防给水的设置范围

在进行城镇、居住区、企事业单位的规划和建筑设计(包括新建、扩建和改建)时,必须同时设计消防给水系统。如耐火等级为一、二级且可燃物较少的丁、戊类厂房和库房(高层工业建筑除外;耐火等级三、四级且建筑体积不超过 3000m^3 的丁类厂房和建筑体积不超过 5000m^3 的戊类厂房;室内设有生产、生活给水管道,室外消防用水取自储水池且建筑体积不超过 5000m^3 的建筑物;居住区人数不超过 500 人,且建筑物不超过二层的居住小区,可不设消防给水。

对于九层及九层以下的住宅(包括底层设置商业服务网点的住宅)和建筑高度不超过 24m 的其它民用建筑以及建筑高度超过 24m 的单层公共建筑;单层、多层和高层工业建筑,应按现行的《建筑设计防火规范》规定设置室内消火栓给水装置,具体规定如下:

1．厂房、库房、高度不超过 24m 的科研楼(存有与水接触能引起燃烧、爆炸的物品除外);

2．超过 800 个座位的剧院、电影院、俱乐部和超过 1200 个座位的礼堂、体育馆;

3．体积超 5000m^3 的车站、码头、机场建筑物以及展览馆、商店、病房楼、门诊楼、教学楼、图书馆等;

4．超过七层的单元式住宅,超过六层的塔式住宅、通廊式住宅、底层设有商业网点的单元式住宅;

5．超过五层或体积超过 1000m^3 的其它民用建筑;

6．国家级文物保护单位的重点砖木或木结构古建筑。

对于特殊的公共建筑(如:省级邮政楼的信函和包裹分检间、邮袋库)、高层住宅(10 层以上)及上述范围外的厂房、库房除需设置消防给水系统外,还要设置自动喷水灭火系统、水幕系统或按规定设置其它灭火装置。

二、消火栓给水系统

室内消火栓给水系统是建筑物内采用最广泛的一种消防给水装置，由消防箱、消火栓、消防管道和水源所组成。室外给水管网不能满足消防需要时，还须设置消防水箱和消防泵，如图 1-32 所示。

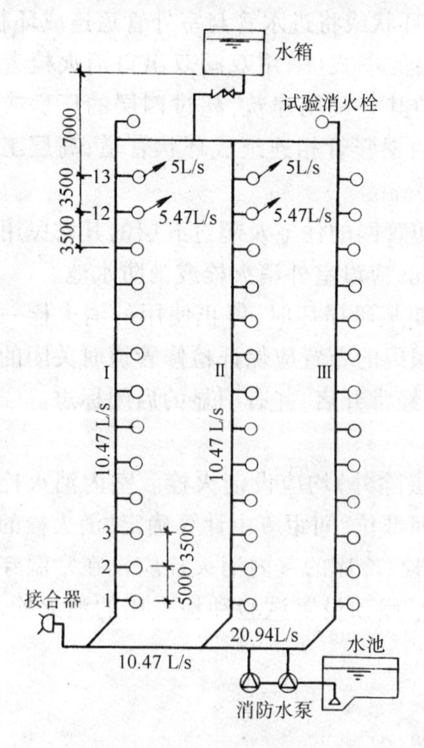

图 1-32 消火栓消防给水系统

图 1-33 消火栓箱外形图

水枪是灭火的主要工具，其作用在于收缩水流，增加流速，产生击灭火焰的充实水柱。水枪喷口直径有 13、16、19mm。水带常用直径有 50、70mm 两种，两端分别与水枪及消火栓连接。消火栓有 50、70mm 两种。水枪、水带、消火栓合设于有玻璃门的消火栓箱中，消火栓箱有明设和暗设两种方式，如图 1-34所示，消火栓出口中心距地面安装高度为 1.1m。

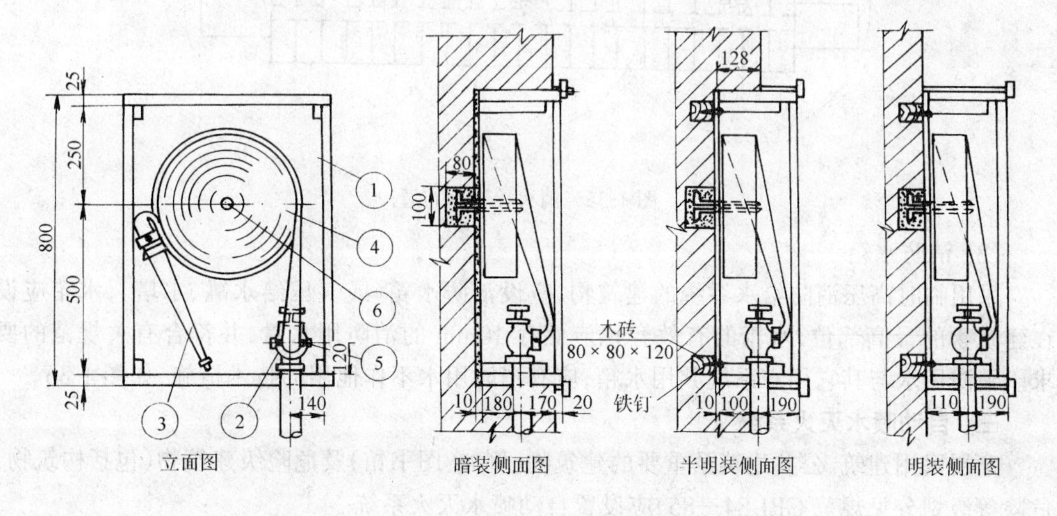

图 1-34 消火栓箱及安装

①—消火栓箱；②—消火栓；③—水枪；④—水龙带；⑤—水龙带接扣；⑥—挂钉

室内消火栓、室内消防管道的布置

(1) 消防管道

消防给水管的管材多用钢管,生活消防共用系统采用镀锌钢管,独立的消防系统采用不镀锌的黑铁管。

室内消火栓超过 10 个且室外消防用水量大于 15L/s 时,室内消防给水管道至少应有两条进水管与室外环状管网连接,并应将室内管道连成环状或将进水管与室外管道连成环状。每条进水管管径应能供给全部消防用水量;超过六层的塔式(采用双阀双出口消火栓者除外)和通廊式住宅,超过五层或体积超过 10,000m^3 的其它民用建筑,超过四层的厂房或库房,如室内消防竖管为两条或两条以上时,至少应有两根竖管相连组成环状管道;高层工业建筑室内消防竖管应成环状且管道直径不应小于 100mm。

超过四层的厂房和库房,高层工业建筑,设有消防管网的住宅及超过五层的其它民用建筑,其消防管网应设水泵接合器,距接合器 15m 至 40m 应设室外消火栓或消防水池。

室内消防给水管道,应用阀门分成若干独立段,如某段损坏时,停止使用的消火栓一层中不应超过 5 个。高层工业建筑内消防给水管道上阀门的布置应保证检修管道时关闭的竖管不超过一条;超过三条竖管时,可关闭两条,阀门应经常开启,并有明显的启闭标志。

(2) 消火栓

设有消防给水的建筑物,各层(无可燃物的设备层除外)均应设消火栓。室内消火栓的布置应保证有两支水枪的充实水柱同时到达室内任何部位,间距应由计算确定,消火栓的平面布置如图 1-35 所示。消防电梯前室应设室内消火栓;冷库的室内消火栓应设在常温穿堂或楼梯间内;设有消火栓的建筑,如为平屋顶时宜在平屋顶设置试验和检查用的消火栓,寒冷地区应有防冻措施。

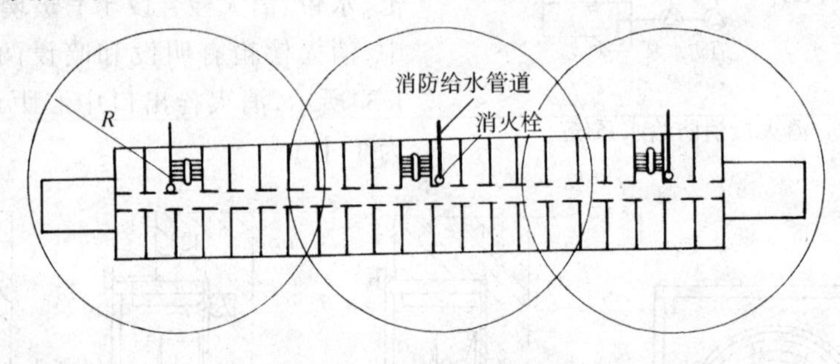

图 1-35 消火栓平面布置

(3) 消防水箱

采用临时高压消防给水系统的建筑物,应设消防水箱(或气压给水罐、水塔),水箱应设在建筑物的最高部位,水箱的有效容积应储存 10min 的消防用水量,并符合有关规范的要求。消防用水与其它用水系统共用水箱,应有消防用水不作他用的技术措施,如图 1-36。

三、自动喷水灭火系统

高层民用建筑、公共建筑及重要的建筑物(例如:图书馆)及危险级建筑物(包括构筑物,危险等级划分见规范 GBJ 84—85)应设置自动喷水灭火系统。

如图 1-37 所示,系统由洒水水源、喷头、管网、报警阀、供水设备和火灾探测报警系统组成。喷头由支架、溅水盘和喷水口堵水支撑组成。喷水口堵水支撑结构形式有玻璃球支撑和易熔金属支撑,图 1-38 为易熔合金闭式喷头。

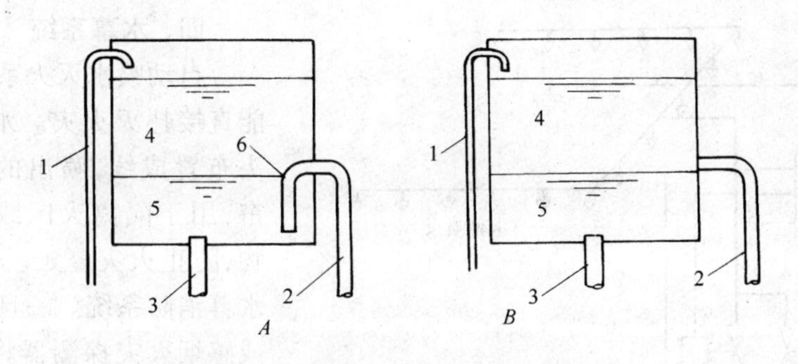

图 1-36　确保消防用水的技术措施

1—进水管；2—生活供水管；3—消防供水管；

4—生活调节水量；5—消防储水量；6—ϕ10mm 小孔

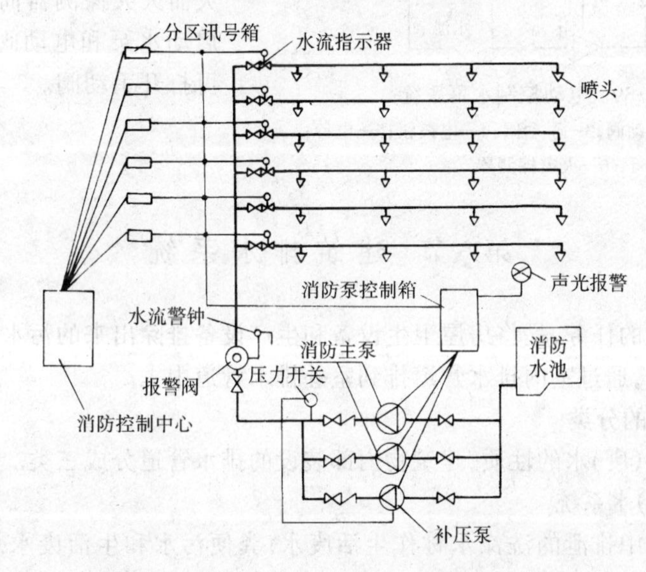

图 1-37　自动喷水灭火系统

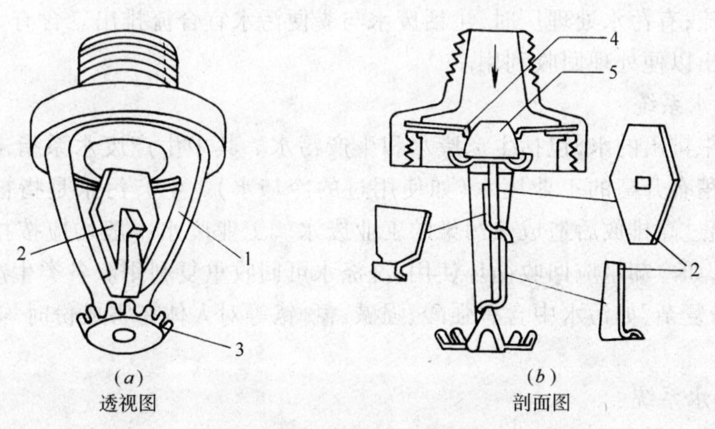

图 1-38　易熔合金闭式喷头

1—支架；2—锁片；3—溅水盘；4—弹性隔板；5—玻璃阀堵

当某一区域发生火灾时，火焰或热气流使布置在天花板下的闭式喷头自动打开，水流喷出，同时自动发出火警信号和启动消防火泵。

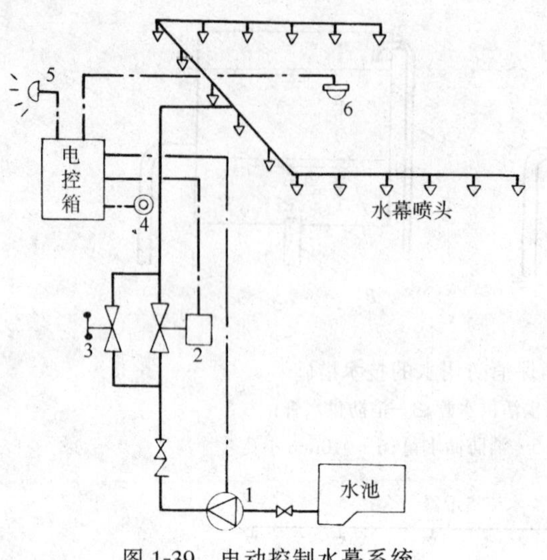

图 1-39　电动控制水幕系统

1—水泵；2—电动阀；3—手动阀；4—电按钮；5—电铃；
6—火灾探测器

四、水幕系统

自动喷水灭火系统喷水形成面，能直接扑灭火灾。水幕消防系统喷头布置成线，喷出的水流呈带状幕帘，用于隔离火区或冷却防火隔绝物，防止火灾蔓延。图 1-39 所示为水幕消防系统。一旦发生火灾，感温或感烟火灾探测器将火灾信号传给电器控制箱，启动水泵打开电动阀，同时电铃报警。如果人们先发现火灾而火灾探测器尚未动作可按电钮启动水泵和电动阀，如电动阀故障，可打开手动阀。

第六节　建筑排水系统

建筑排水系统的任务，是将房屋卫生设备和生产设备排除出来的污水(废水)，以及降落在屋面上的雨雪水，通过室内排水管道排到室外排水管道中去。

一、排水系统的分类

按所排除的污(废)水的性质，建筑物内部装设的排水管道分成三类。

1. 生活污(废)水系统

人们日常生活中排泄的洗涤水称作生活废水；粪便污水和生活废水总称为生活污水。排除生活污水的管道系统称作生活污水系统。当生活污水需经化粪池处理时，粪便污水宜与生活废水分流；有污水处理厂时，生活废水与粪便污水宜合流排出。含有大量油脂的生活废水应分流排出以便处理回收利用。

2. 工业废水系统

生产过程中排出的水，包括生产废水和生产污水。其中生产废水系指未受污染或轻微污染以及水温稍有升高的工业废水(如使用过的冷却水)。生产污水是指被污染的工业废水，还包括水温过高排放后造成热污染的工业废水。工业废水一般均应按排水的性质分流设置管道排出，如冷却水应回收循环使用；洗涤水可回收重复利用。各类生产污水受到污染严重，化学成份复杂，如污水中含有强酸、强碱、氰、铬等对人体有害成份时均应分流，以便回收利用或处理。

3. 雨(雪)水系统

屋面上排泄水的雨水和融化的雪水，应由管道系统排除。工业废水如不含有机物，而仅带大量泥沙矿物质时，经机械处理后(如设沉淀池)方可排入非密闭系统的雨水管道。

二、排水系统的组成

建筑排水系统一般由污(废)水受水器、排水管道、通气管、清通设备等组成，如污水需进行处理时还应有局部水处理构筑物,其组成如图 1-40。

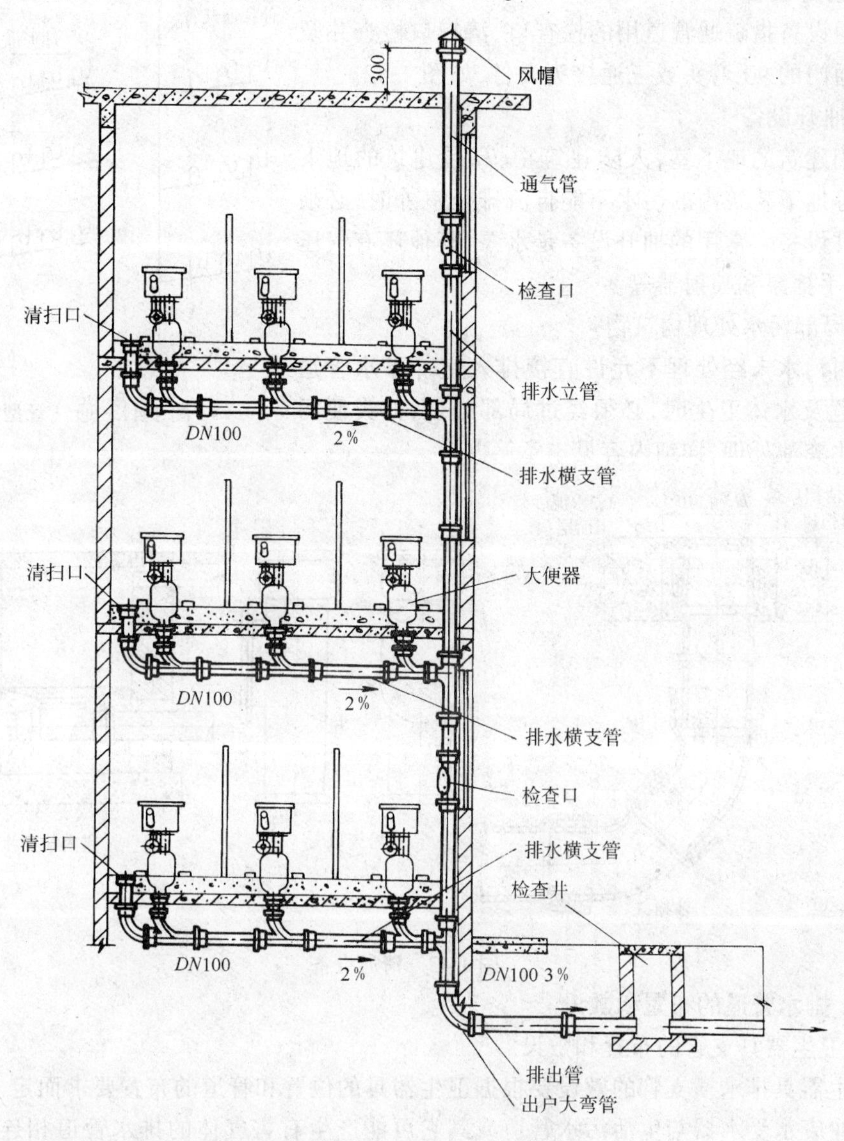

图 1-40 室内排水系统的组成

1. 污(废)水受水器

污(废)水受水器系指各种卫生器具,排放工业废水的设备及雨水斗等。

2. 排水管系统

排水管系统由器具排出管(指连接卫生器具和排水横支管的短管,除坐式大便器外其间应包括存水弯),有一定坡度的横支管、立管及埋设在室内地下的总横干管和排至室外的排出管所组成。

3. 通气管系统

一般层数不多,卫生器具较少的建筑物,仅设排水立管上部延伸出屋顶的通气管;对于层数较多的建筑物或卫生器具设置较多的排水管系统,应设辅助通气管及专用通气管,以使排水系统气流畅通,压力稳定,防止水封破坏,通气管型式见图 1-41。

4．清通设备

清通设备指疏通管道用的检查口、清扫口检查井及带有清通门的90°弯头或三通接头设备，如图1-42。

5．抽升设备

民用建筑的地下室，人防建筑物、高层建筑的地下技术层等地下建筑内的污水不能自流排至室外时，必须设置抽升设备。常用的抽升设备是水泵，其他还有气压扬液器、手摇泵和喷射器等。

6．局部污水处理构筑物

室内污水未经处理不允许直接排入室外下水管道或严重危及水体卫生时，必须经过局部处理，如粪便污水需经化粪池处理，详细内容见本章第九节。

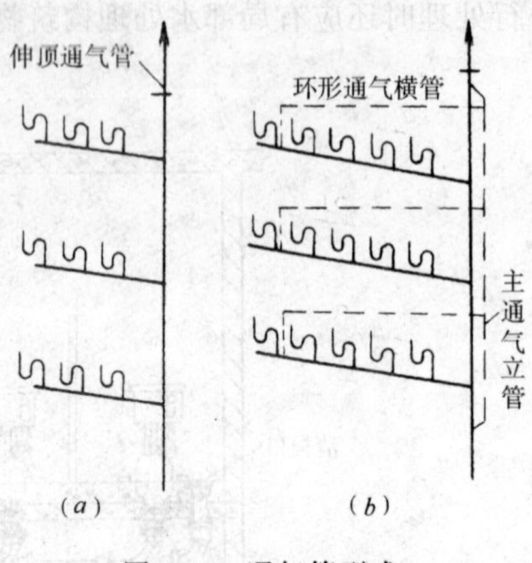

图1-41　通气管型式

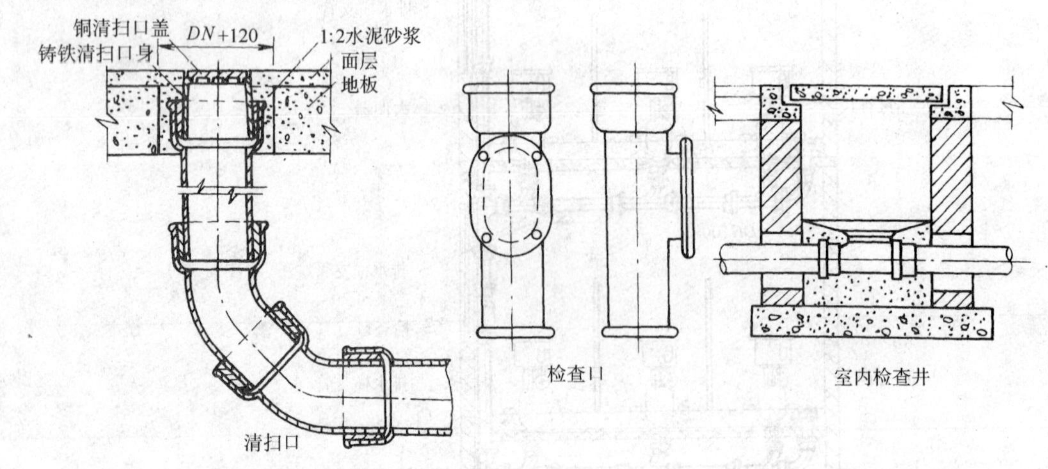

图1-42　清通设备

三、排水管道的布置和敷设

1．卫生器具支管的布置和敷设

卫生器具排水横支管的敷设要根据卫生器具的位置和管道的布置要求而定。在卫生器具和工业废水受水器与生活污水管道或其它可能产生有害气体的排水管道相连接时，必须在排水口下设存水弯。

2．排水横管的布置和敷设

排水管道一般应在地下埋设或在地面以上楼板下明设，如建筑物或工艺有特殊要求时，可在管槽、管井、管沟或吊顶内暗设，但应便于安装和检修。排水管道不得布置在遇水能引起爆炸、燃烧或损坏的原料、产品和设备上面；架空管道不得敷设在生产工艺或卫生有特殊要求的生产厂房内；不得敷设在食品和贵重商品仓库、通风小室和配电间内；不得布置在食堂、饮食业的主副食操作间、烹调的上方；当受条件限制不能避免时，应采取防护措施；排水横管不得穿越沉降缝、烟道和风道等；并应避免穿过伸缩缝，如必须穿越时应采取相应技术措施，一般可加不锈钢制软管。排出横管应有一定坡度坡向排水立管，并尽量少转弯。

3．立管的布置和敷设

排水立管一般在墙角明设，当建筑物有较高要求时，可暗设在管槽或管井中。排水立管应设在靠近最脏、杂质最多的排水点处。生活污水立管不得穿越卧室、病房等安静要求较高的房间，且不宜靠近与卧室相邻的内墙。排水立管穿越现浇楼板时应预留孔洞，预留孔洞的尺寸和位置见表 1-7。

排水立管与墙面距离及预留尺寸表 **表 1-7**

管　径(mm)	50	75	100	150
管轴心至墙面距离(mm)	100	110	130	150
楼板孔洞预留尺寸(mm)	100×100	200×200	200×200	300×300

4. 排出管的布置和敷设

排出管一般应埋在地下，必要时敷设在地沟内。排出管的长度随室外第一个检查井的位置而定，一般检查井距建筑物外墙距离不小于 3m 不大于 10m。

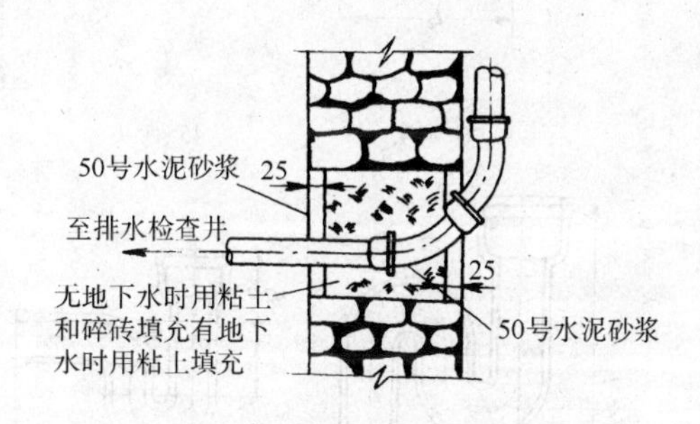

图 1-43　排出管穿墙基础

排出管与室外排水管相连接，其管顶标高不得低于室外排水管管顶标高，连接处的水流转角不大于 90°，当跌落差大于 0.3m 时可不受角度限制。排水管穿越承重墙或基础处应预留孔洞，且管顶上部净空不得小于建筑物的沉降量(一般不小于 0.15m)，图 1-43 为排出管穿墙基础做法。

为防止管道受机械重压损坏，排水管最小埋设深度，可按表 1-8 确定。

排水管的最小埋设深度 **表 1-8**

管　　材	地面至管顶的距离(m)	
	素土夯实、红砖和木砖地面	水泥、混凝土、沥青混凝土、菱苦土地面
排水铸铁管	0.70	0.40
混凝土管	0.70	0.50
带釉陶土管	1.00	0.60
硬聚氯乙烯管	1.00	0.60

5. 通气管的布置和敷设

通气管不得接纳器具污水、废水和雨水；通气管高出屋面不得小于 0.3m，且必须大于当地最大积雪厚度。通气管顶端应装设风帽或网罩，通气管不得与建筑物的风道或烟道相接，通气管与屋顶平面交接处应防止漏水，不宜设在屋檐檐口、阳台或雨篷下。

第七节　建筑排水管材、管件及敷设安装

一、建筑排水的管材及管件

(1) 排水铸铁管　排水铸铁管因不承受压力，管壁较薄。室内排水铸铁管通过各种管件连接，所用铸铁配件均为定型产品，不能任意切割和弯曲，需按配件组合尺寸进行排管下

料和安装,图 1-44 为常用的几种排水铸铁管管件。排水铸铁管的接口为承插式,应以麻丝填充,用水泥或石棉水泥打口,不得用一般水泥砂浆抹口。

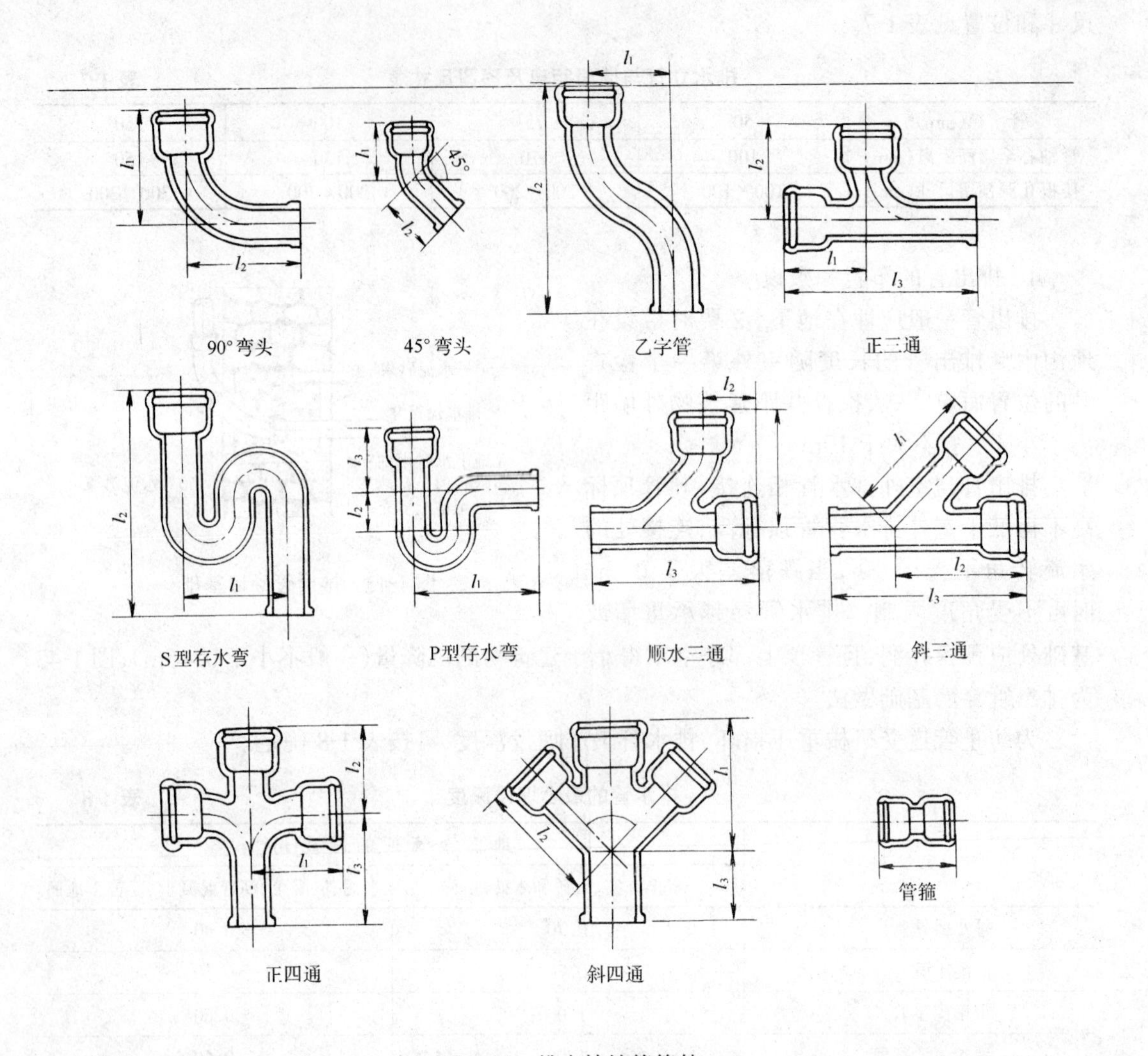

图 1-44　排水铸铁管管件

(2) 硬聚氯乙烯塑料管　硬聚氯乙烯塑料管是目前国内外都在大力发展和应用的新型管材,具有重量轻、耐压强度高、管壁光滑阻力小,耐化学腐蚀性能强,安装方便,投资低、节约金属等特点。塑料管承插连接的插接件的形状同排水铸铁管,承插口用胶粘剂粘接,连接示意图见 1-45。由于管道受环境温度和污水温度变化而伸缩,当管道伸长超出允许值时需设伸缩节。

(3) 焊接钢管　焊接钢管用作卫生器具及生产设备的非腐蚀性排水支管。管径小于或等于 50mm 时可用配件连接或焊接。

(4) 无缝钢管　对于检修困难,机器设备振动较大的部位管段及管道内压力较高的非腐蚀排水管,可采用无缝钢管。无缝钢管连接采用焊接或法兰连接。

(5) 陶土管　陶土管具有良好的耐腐蚀性,多用于排除弱酸性生产污水。

(6) 耐酸陶土管　适用于排除强酸性生产污水。

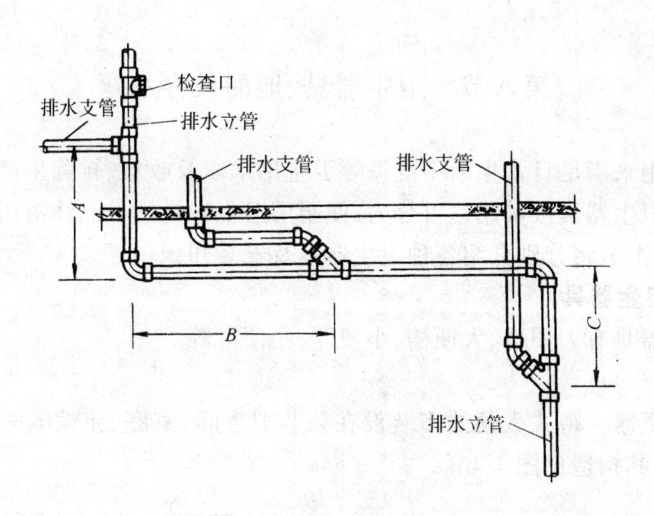

图 1-45　塑料管连接示意图

A—按规范确定;*B*—不得小于 1.5m;*C*—不得小于 0.6m

(7) 石棉水泥管　重量轻,表面光滑,抗腐蚀性能好,但机械强度低,适用于振动不大的生产污水管或作为生活污水通气管。

(8) 特种管道　在工业废水管道中,需排除各种腐蚀性污水,高温及毒性污水,因此常用特种管道,例如:不锈钢管、铅管、高硅铁管等等。

二、建筑排水系统的安装

1. 室内地下排水管的铺设

室内地下排水管铺设应在土建基础工程基本完成,管沟已按图纸需求挖好,位置、标高坡度经检查符合工艺要求;沟基作了相应处理并达到施工强度;基础及过墙穿管的孔洞已按图纸的位置、标高和尺寸预留好时进行。

铺设时首先按设计要求确定各管段的位置与标高,在沟内按承口向来水方向排列管材、管件,管材可以截短以适应安装要求,使管线就位;然后预制各管段,并进行防腐处理,下管对接;最后进行注水试验、检查和回填。

2. 室内排水立管的安装

室内排水立管的安装应在地下管道铺设完毕,各立管甩头已按图纸要求和有关规定正确就位后进行。首先,自顶层楼地板找出管中心线位置,先打出一个直径 20mm 左右的小孔,用线坠向下层楼板吊线,逐层凿打小孔,直至地下排水立管甩头处,定位准确后将小孔扩大(比管子外径大 40～50mm);然后预制安装,经检查符合要求后,栽立管卡架,固定管道,最后堵塞楼板眼。注意:打楼板眼时不可用大锤,应钻眼成孔,管道安装前应堵好空心板板孔;堵楼板时将模板支严、支平,将细石混凝土灌严实,平整。

3. 室内排水横支管安装

当排水立管安装完毕,立管上横支管分岔口标高、数量、朝向均达到质量要求后,可进行横支管安装。首先修整凿打楼板、穿墙孔洞,再按设计要求(或规范规定,栽牢支架、托架或吊架,找平找正,待砂浆达到强度后安装管道,最后安装卫生器具下穿楼板短管。安装时下料尺寸要准确,严格控制标高和坐标,使其满足各卫生器具的安装要求。

以上工作完成后,即可进行卫生器具的安装。

第八节　卫生器具、地漏及存水弯

卫生器具是用来满足日常生活中洗涤等卫生用水以及收集、排除生产、生活中产生污水的设备。常用的卫生器具按其用途可分为：便溺用卫生器具、盥洗、沐浴用卫生器具、洗涤用卫生器具等几类，本节将分别介绍各种卫生器具及安装知识。

一、便溺用卫生器具

便溺用卫生器具有大便器、大便槽、小便器、小便槽等。

1．大便器

(1) 蹲式大便器　蹲式大便器多装设在公共卫生间、家庭、旅馆等一般建筑内，多使用高水箱进行冲洗，其构造见图 1-46。

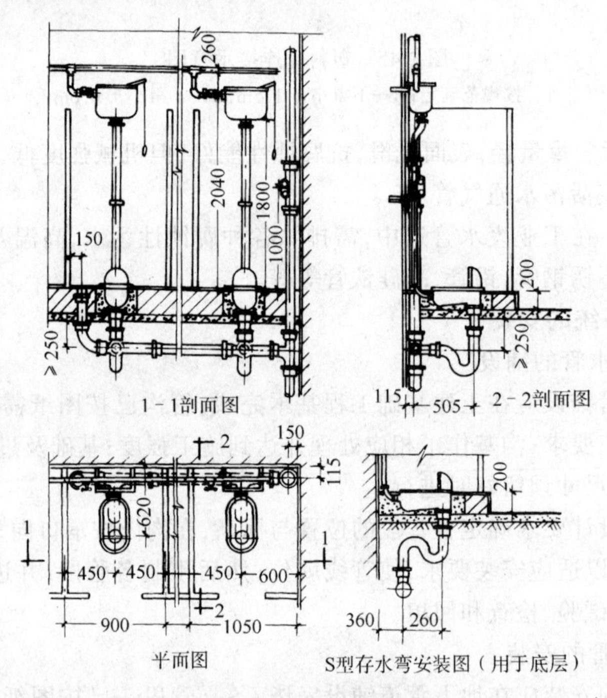

图 1-46　蹲式大便器及安装

大便器的安装应先进行试安装，将大便器试安装在已装好的存水弯上，用红砖在大便器四周临时垫好，核对大便器的安装位置、标高，符合质量要求后，用水泥砂浆砌好垫砖，在大便器周围添入白灰膏拌制的炉渣；再将便器与存水弯接好，最后用楔形砖挤住大便器，顺序安装冲洗水箱、冲洗管，在大便器周围添入过筛的炉渣并拍实，并按设计要求抹好地面。

(2) 坐式大便器

坐式大便器有冲洗式和虹吸式两种，坐式大便器本身构造带有存水弯，排水支管不再设水封装置。坐式大便器冲洗水箱多用低水箱，如图 1-47 所示。坐式大便器多装设在家庭、宾馆、饭店等建筑内。

坐式大便器及低位水箱应在墙及地面完成后进行安装。先根据水箱及坐式便器的位置栽设墙木砖和地木砖，木砖表面应和装饰前墙面一平，待饰面完成后，用木螺钉将水箱和坐

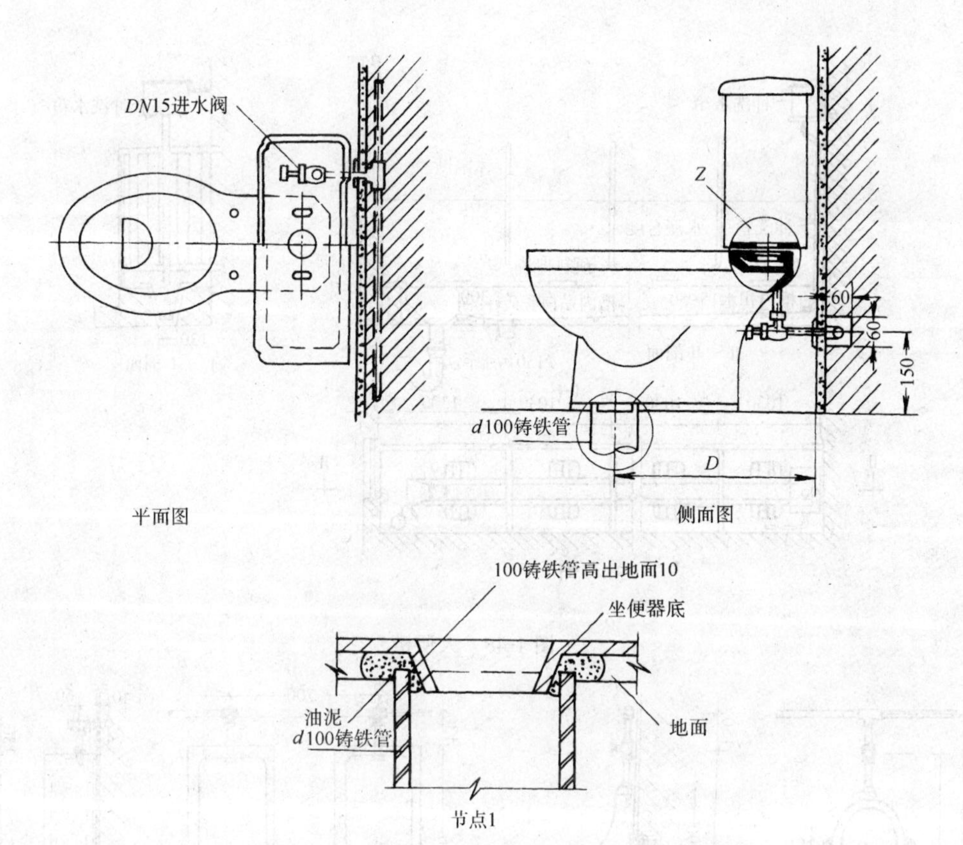

图 1-47　坐式大便器安装图

便器固定，最后安装管道。

2. 大便槽

大便槽用在建筑标准不高的公共建筑(工厂、学校)或城镇公厕中。图 1-48 为大便槽装置，一般槽宽 200～250mm，底宽 150mm，起端深度为 350～400mm，槽底坡度不小于 0.015，大便槽末端做有存水门坎，存水深 10～50mm，以使粪便不易粘于槽面而便于冲击。大便槽多用混凝土制成，排水管及存水弯管径一般为 150mm。

3. 小便器

小便器装设在公共男厕中，有立式和挂式两种，图 1-49 为挂式小便器，图 1-50 为立式小便器。冲洗设备可采用自动冲洗水箱或阀门冲洗，每只小便器均应设存水弯。

小便器安装时，首先放线定位，确定小便器的中心线及中心垂线(挂式小便器)，并在墙上钉出螺钉眼位置，然后在墙上凿洞，预栽防腐木砖(或螺栓)，木砖面应平整并与砖墙面平齐，且在木砖上小便器螺丝眼中心钉上铁钉，待饰面工程做完后，拔下铁钉将小便器准确固定，最后安装给水和排水管道。

4. 小便槽

在同样的设置面积下，小便槽容纳使用的人数多，且建造简单经济，故在公共建筑、学校及集体宿舍的男厕中被广泛采用，见图 1-51。

一般小便槽宽 300～400mm，起始端槽深不小于 100mm，槽底坡度不小于 0.01，槽外侧有 400mm 的踏步平台，并做 0.01 坡度坡向槽内，小便槽沿墙 1.3m 高度以下铺砌瓷砖，以防腐蚀。

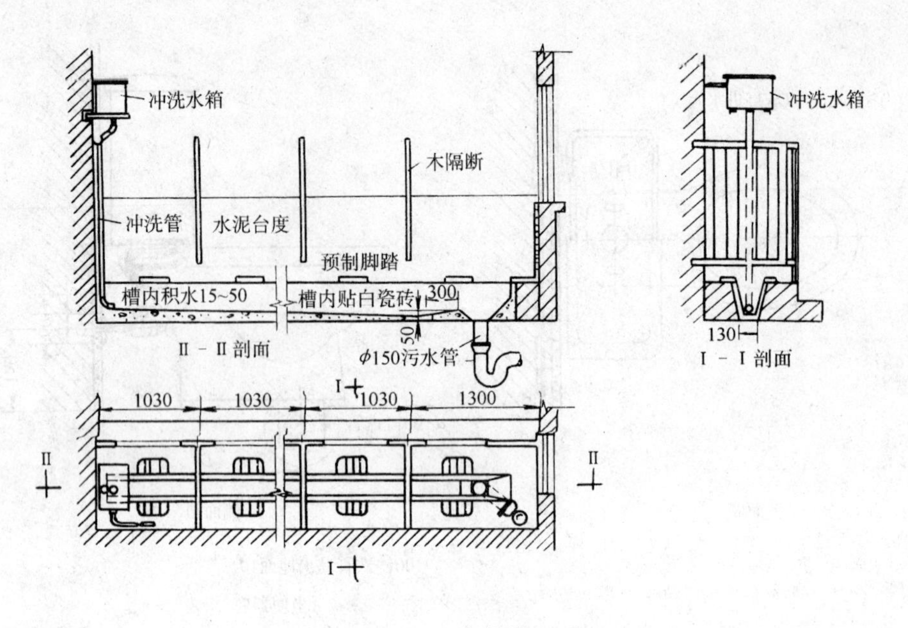

图 1-48　大便槽

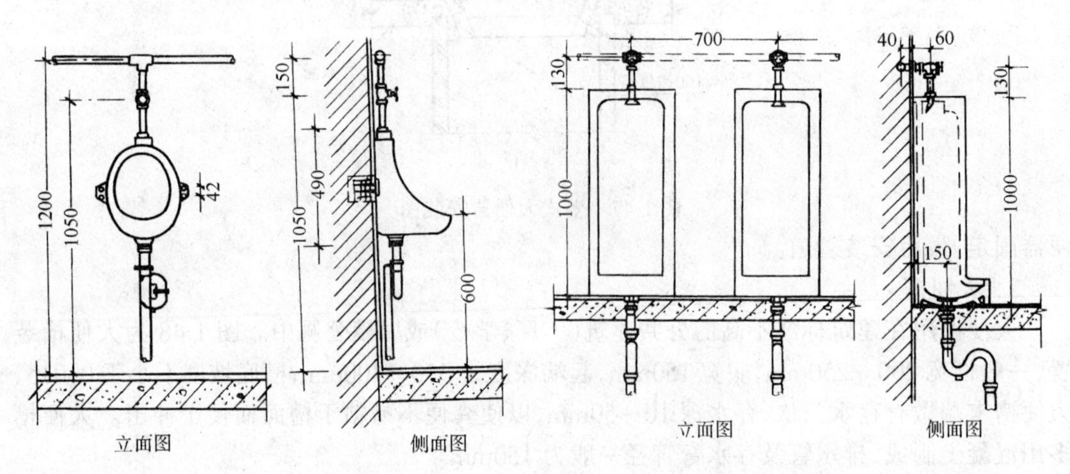

图 1-49　挂式小便器

图 1-50　立式小便器

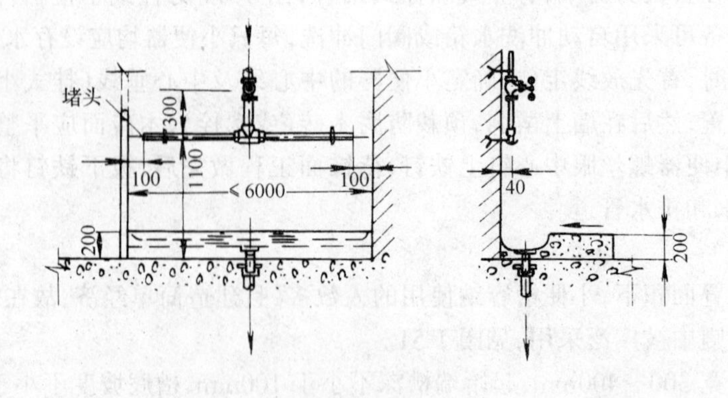

图 1-51　小便槽

二、盥洗、沐浴用卫生器具

1. 洗脸盆

洗脸盆装置在盥洗室,浴室、卫生间供洗漱用。洗脸盆大多用带釉陶瓷制成,形状有长方形、半圆形及三角形,架设方式有墙架式和柱架式两种。图 1-52 为单个洗脸盆墙架式安装。

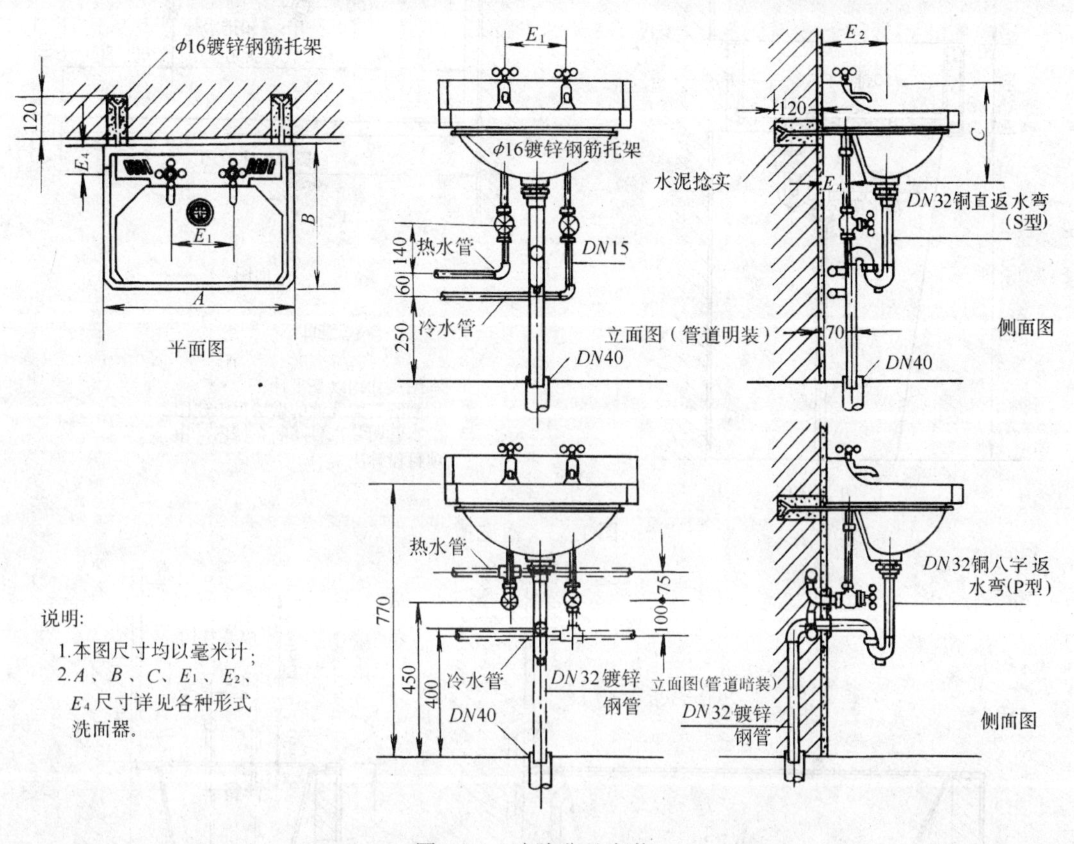

图 1-52　洗脸盆及安装

安装时应首先确定洗脸盆及支架位置,预栽防腐木砖,待饰面施工完成后安装支架、固定洗脸盆,最后按设计要求安装冷、热水管和排水管道。一般热水管道在冷水管上侧,在同一平面上、下平行设置时,冷水管在面对的右侧。

2. 盥洗槽

盥洗槽大多装设在公共建筑的盥洗室和工厂生活间内,可做成单面长方形和双面长方形,常用钢筋混凝土水磨石制成,见图 1-53。

3. 浴盆

浴盆一般用陶瓷、搪瓷、铸铁、玻璃钢、塑料制成,外形呈长方形,浴盆安装见图 1-54。

4. 淋浴器

淋浴器与浴盆比较,有较多的优点,占地少造价低,清洁卫生,广泛应用在工厂生活间,机关、学校的浴室中。图 1-55 为淋浴器安装图。

三、洗涤用卫生器具

洗涤用卫生器具供人们洗涤器皿之用,主要有污水盆、洗涤盆、化验盆等。污水盆及洗涤盆的安装图见图 1-56(a)及 1-56(b)。

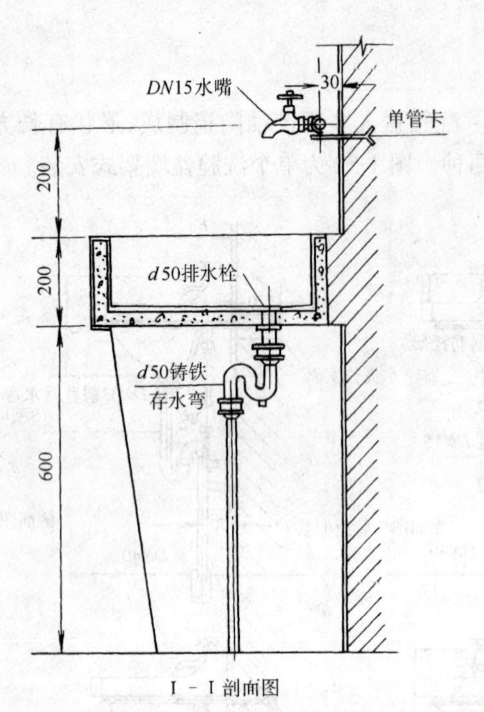

I－I剖面图

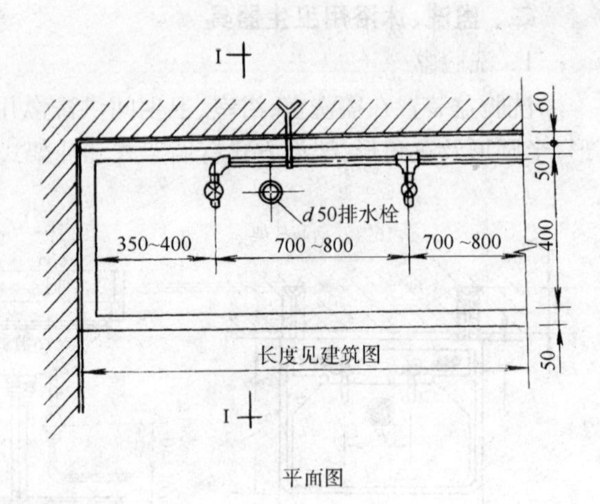

平面图

说　明

1. 本图尺寸均以毫米计;
2. 预制磨石盥洗池的做法见土建图;
3. 给水管明装也可暗装在墙内，由项目设计决定.

图 1-53　盥洗槽

20混合式浴盆水门

DN32

DN40

DN40

d=50铸铁存水弯

立面图

喷头卡架

喷头挂钩

1250

160

400

150

600

435(375)

侧面图

300×300检修门

喷头挂钩

340

肥皂盒位置必须放在浴盆中央中心距地面80厘米

平面图

图 1-54　浴盆及安装

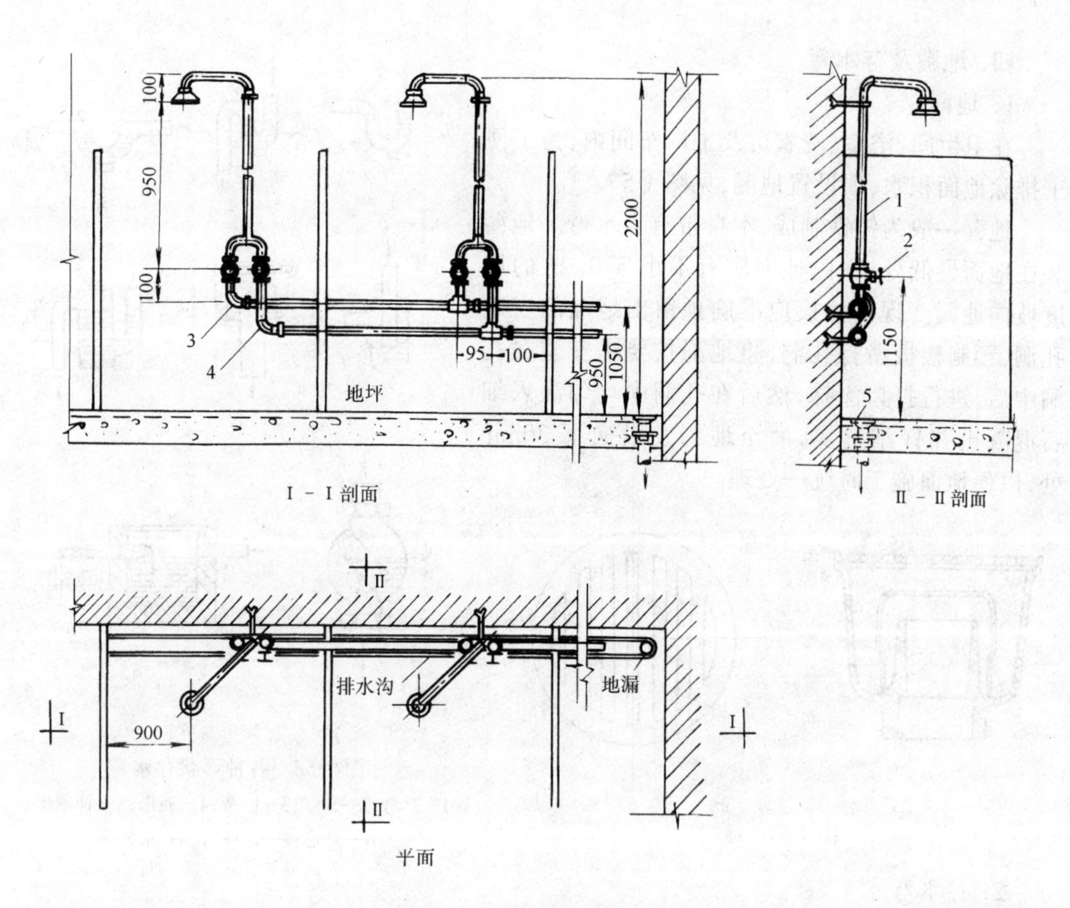

图 1-55 淋浴器及安装

1—对联开关淋浴器；2—截止阀；3—热水管；4—给水管；5—地漏

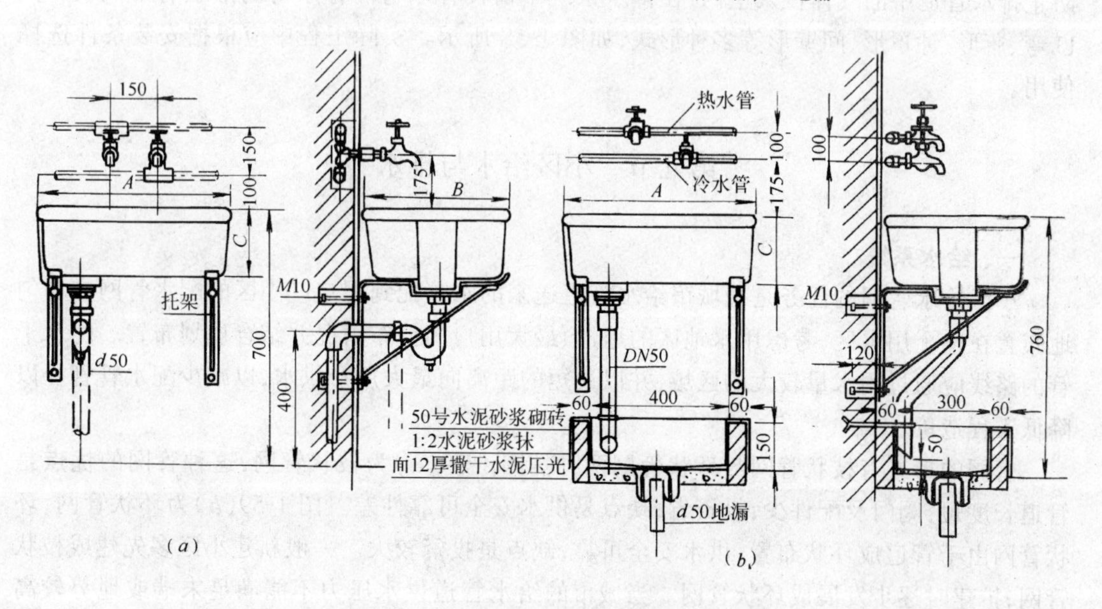

图 1-56 洗涤盆安装

(a) 管道暗装；(b) 管道明装带污水盆

四、地漏及存水弯

1. 地漏

在卫生间、浴室、洗衣房及工厂车间内，为了便于排除地面积水，须设置地漏，见图1-57。

地漏一般为铸铁制成，本身带有存水弯。地漏装在地面最低处，室内地面应有不小于0.01的坡度坡向地漏。现浇楼板应准确预留出地漏的安装孔洞，预制楼板凿打孔洞，将地漏按要求安装在孔洞中后，进行打口涂抹，然后在孔洞中均匀灌入细石混凝土并仔细捣实，灌至地漏上沿向下30mm处，以便地面施工时统一处理。

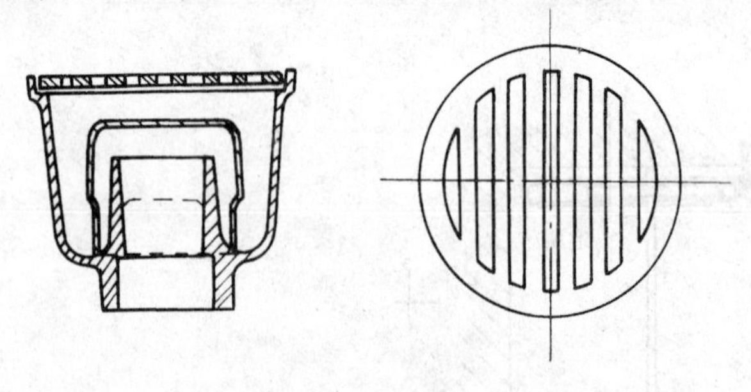

图1-57 地漏

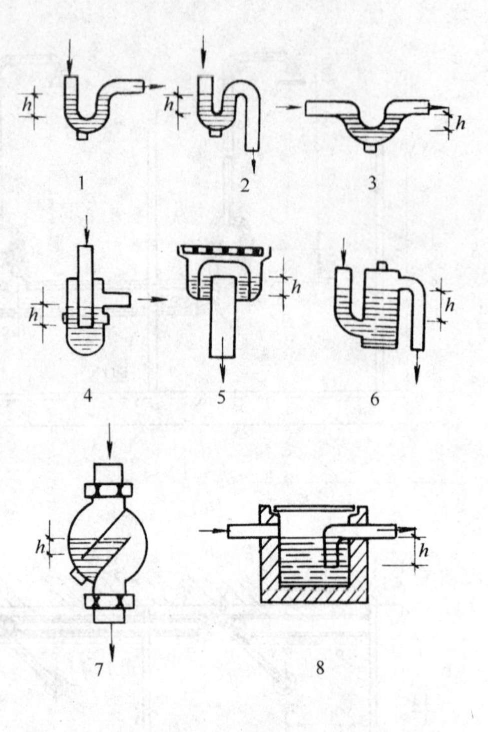

图1-58 各种形状存水弯

1—P弯；2—S弯；3—U弯；4—瓶形；5—钟罩形；6—筒形；7—间壁形；8—水封形

2. 存水弯

排水管排出的生活污水中，含有较多的污物，污物腐化会产生有恶臭且有害的气体，为防止排水管道中的气体侵入室内，在排水系统中需设存水弯。存水弯的形状有P弯、S弯、U弯、瓶形、钟罩形、间壁形等多种形式，如图1-58所示。实际工程中应根据安装条件选择使用。

第九节　小区给水与排水

一、给水系统

小区给水管网的任务是把城市给水管道送来的水分配到用户。小区的配水管网应均匀地布置在整个用水区，考虑用水地区的地形、最大用户的分布情况并结合规划布置。配水干管的路线应通过用水量较大的区域，并以最短的距离向最大用户供水，以减少配水管管径以降低工程造价。

管网的形式有枝状管网与环状管网两种。图1-59(*a*)为枝状管网，这种管网的优点是管道长度短，阀门及配件少，投资省；缺点是供水安全可靠性差。图1-59(*b*)为环状管网，环状管网由于管道成环状布置，供水安全可靠，缺点是投资较大。一般新建小区多先建成枝状管网，扩建时逐步发展成环状管网。当城市的给水管道供水压力不能满足末端或地势较高小区用水压力要求时，应按小区的用水量设贮水池和加压泵站。

厂区或庭院的内部管网多用枝状管网，并在总进水管设水表计量流量。管道的布置应

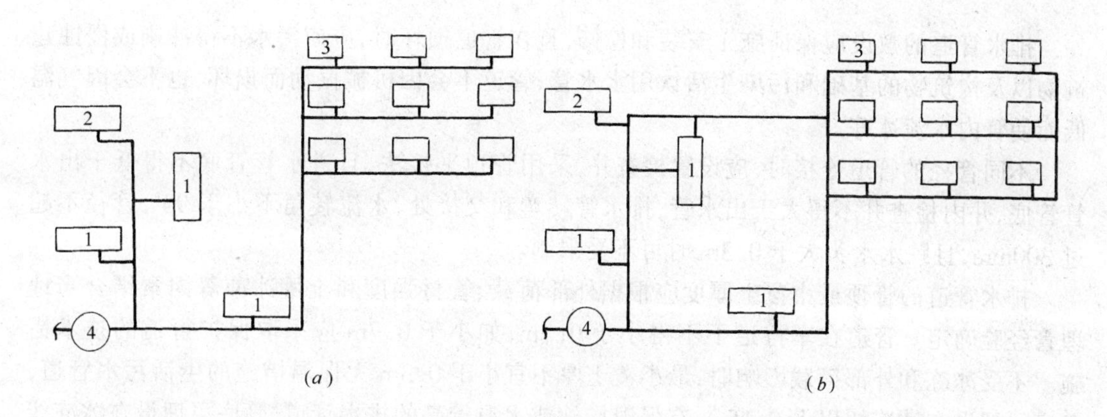

图 1-59　小区配水管网

(a) 枝状管网;(b) 环状管网

1—生产车间;2—行政办公楼;3—居住房屋;4—水源

根据厂区或庭院的总平面布置,构筑物的位置和方向、用水量的情况及其它地下管线的情况综合考虑。敷设时应平行厂区干道和建筑物,尽量少穿越厂区的主要干道和由于水的泄漏引起事故的场所,并避开地质滑坡对管线的影响。

小区或庭院内部的管道多采用直埋敷设,法兰接口和阀门处应设检查井。若给水管敷设在热力管沟时,应单排布置或安装在热力管道下方。地下水位较高、雨季或冬季施工,应采取降水、排水或防冻措施。

二、污水系统

城镇小区的排水体制(分流制或合流制)的选择,应根据城镇排水体制,环境保护要求等因素综合比较确定,新建小区多采用分流制排水。排水管道布置应根据小区总体规划、道路和建筑的布置、地形标高、污水去向等按管线短、埋深小,尽量自流排出的原则确定。小区污水管线的平面布置取决于地形及街坊的建筑特征,并应便于用户接管排水。街道支管常敷设在较低一边的街道下,如图 1-60(*a*);当小区大且地势平坦时,可以沿街坊四周的街道敷设支管如图1-60(*b*);当街坊内的规划已经确定,则支管亦可以穿越街坊布置,如图 1-60(*c*)。

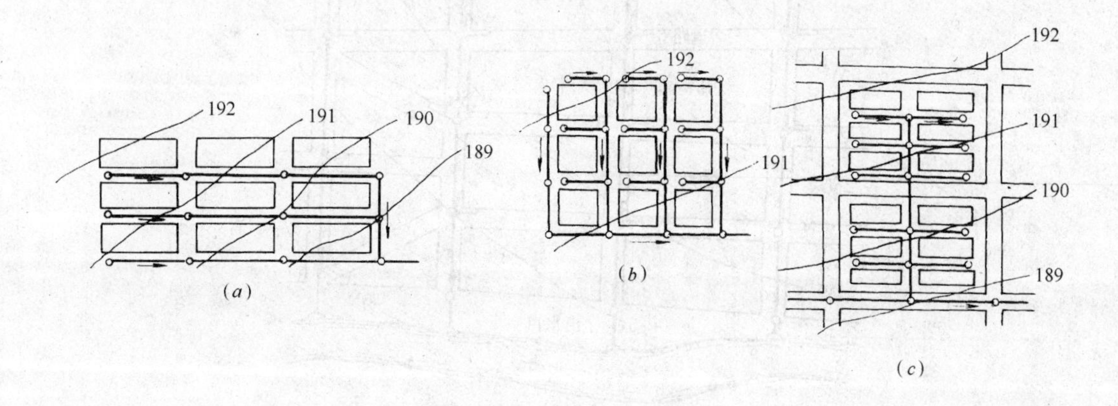

图 1-60　小区污水管的布置

排水管道的敷设应保证施工安装和检修，且在管道损坏时，应使污水不得冲刷或侵蚀建筑物以及构筑物的基础和污染生活饮用水水管；管道不会因机械振动而损坏，也不会因气温低而使管内水流冰冻。

不同管径的管道连接时，应设置检查井，采用管顶平接法，且进水管管底不得低于出水管管底，井内检查井不得大于出水管；排水管转弯和交接处，水流转角不小于90°，管径不超过300mm，且跌水水头大于0.3m时可不受限制。

排水管道的管顶最小覆土厚度应根据外部荷载、管材强度和土壤冰冻等因素结合当地埋管经验确定。管道在车行道下不得小于0.7m，如小于0.7m应采取保护管道的技术措施。不受冰冻和外部荷载影响时，最小覆土厚不宜小于0.3m无保温措施的生活污水管道，管底可埋设在冰冻线以上0.15m；有保温措施或水温较高的排水管道，管底可埋设在冰冻线以上的距离可以加大，可以采用当地经验数据。

排水管道的基础应根据地质条件、布置位置、施工条件和地下水位等因素确定。干燥密实的土层，管道不在车行道下、地下水低于管底标高且非几种管道合槽施工时，管道可敷设在经过夯实整平的素土上，但接口处须做混凝土枕基；松软土壤、各种潮湿土壤和回填土层中，以及车行道下面的管道，应根据具体情况采用混凝土带状基础；施工超挖，地基松软或不均匀沉降地段，管道基础和地基应采用加固措施。

三、雨水系统

小区雨水管道系统的任务是通畅地排走街坊或庭院汇水面积的暴雨径流量。雨水管道的平面布置应遵循以下原则：充分利用地形就近将雨水排入水体；结合建筑物的分布、道路雨水口分布、地形分布、出水口的位置及地下构筑的分布情况合理布置雨水管；雨水管道应平行道路布置在人行道或草地下，而不宜布置在快车道下，以免维修时破坏路面。雨水口的布置应使雨水不致漫过路面影响交通，可布置在道路的汇水点和低洼处，以及无分水点的人行横道线上游处；建筑物单元出入口附近、建筑物雨落管附近以及建筑物前后空地和绿地的低洼等处；广场、停车场的适当位置及低洼、易积水的地段处。雨水口不得修建在其它管道的顶上，深度不宜大于1.0m。市区或厂区内的雨水管一般采用暗管，城郊或工业区可以采用明渠，对于靠近山麓的工厂或住宅区宜设排洪沟。图1-61为某城区局部雨水管线平面布置。

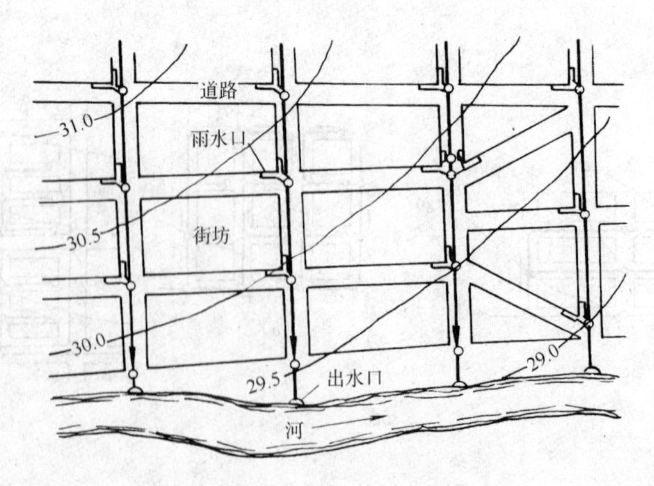

图1-61　街坊雨水管线

四、小区管线综合布置

在厂区或居住区，室外有多种管道，除给水排水管道外，还有热力、燃气、电力、通讯等其它管道或管线，各种管道的综合布置与合理安排是非常复杂的工作，管道综合布置时应遵守下列规定：各种管道的平面排列不得重叠，并尽量减少和避免互相间的交叉；管道与铁路道路和管沟交叉时，应尽量垂直于铁路、道路和管沟中心线；给水管与污水管交叉时，给水管应敷设在污水管和合流管的上面；管道排列时，应注意其用途、相互关系及彼此间可能产生的影响，如污水管应远离生活饮用水管；直流电力电缆不应与其它金属管靠近以免增加后者的腐蚀。

各种管道平面排列及标高设计，相互发生冲突时，应按下列规定处理：小管径管道让大管径管道；可弯的管道让不可弯的管道；临时的管道让永久性的管道；新设的管道让已建的管道；有压管道让自流的管道。

居住区管道平面排列时，应按从建筑物向道路和由浅至深的顺序安排，一般顺序为①通讯电缆或电力电缆；②煤气管道；③污水管道；④给水管道；⑤热力管沟；⑥雨水管道。管道可在建筑的单侧排列或在建筑物的两侧排列见图 1-62。

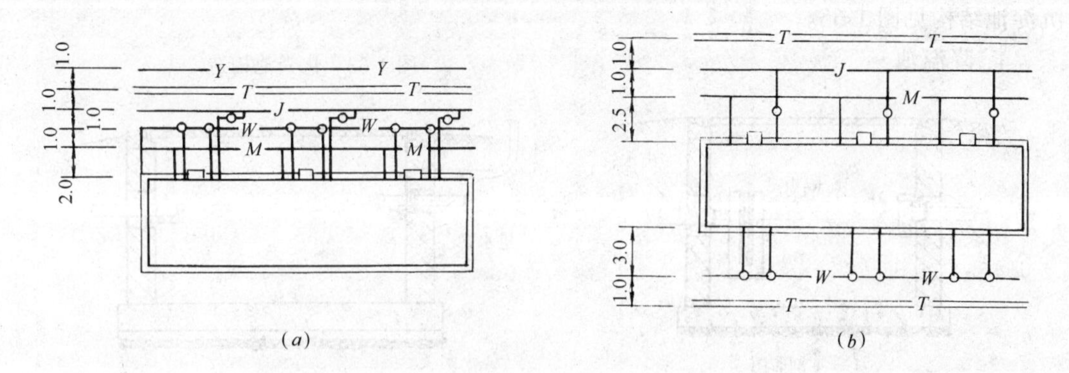

图 1-62 管道的平面布置

(a)管道在建筑物的单侧排列；(b)管道在建筑物的两侧排列

Y—雨水管；T—热力管沟；J—给水管；W—污水管；M—煤气管

五、局部水处理构筑物

常用的局部水处理构筑物有化粪池、隔油井、沉淀池、降温池、接触消毒池等。

1. 化粪池

化粪池是将生活污水分格沉淀，及对污泥进行厌氧消化的小型构筑物。化粪池有方形和圆形两种，用砖、石、钢筋混凝土等材料砌筑而成。化粪池的深度不得小于 1.3m，宽度不得小于 0.75m，长度不得小于 1.0m，圆形化粪池直径不得小于 1.0m。图 1-63 为方形化粪池构造。

化粪池外壁距建筑物外墙不宜小于 5m，并不得影响建筑物基础。池外壁距给水构筑物外壁不小于 30m。化粪池池壁和池底，应防止渗漏，其顶板上应设有人孔，并采用密封人孔盖板。

2. 隔油池

肉类加工厂、食品加工厂及食堂等污水中含有较多的食用油脂；汽车库冲洗污水和其它一些生产污水中,含有汽油等轻油;为了保证污水管道安全、正常工作,对以上污水须经除油处理后方允许排入污水管道。生活污水及其它污水不得排入隔油池。

隔油井是用来分离、拦截污水中油类物质的小型水处理构筑物,可用水泥砂浆砖砌而成,油脂人工定期清除,图 1-64 为隔油井构造图。

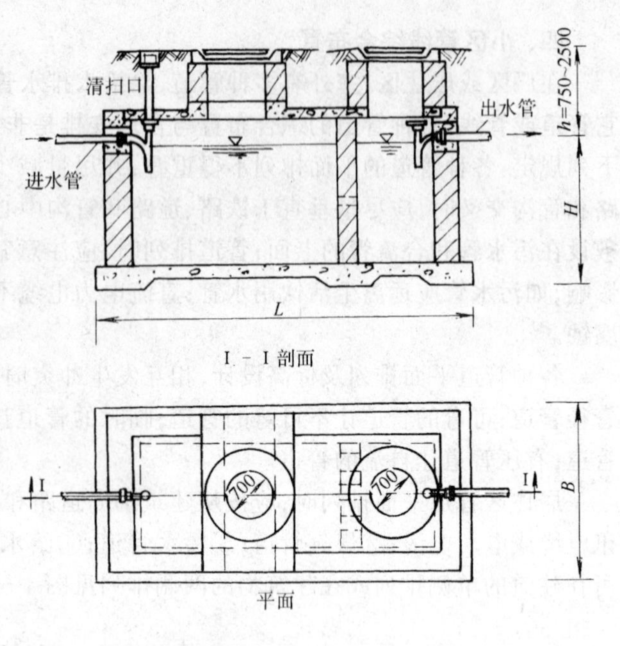

图 1-63　化粪池构造

3. 沉淀池

污水中含有矿物质固体、泥砂等影响处理系统正常运行或堵塞管道时,应设沉淀池或沉砂池,将泥砂从污水中沉淀分离,污泥定期由人工清除,沉淀池结构见图 1-65。

4. 降温池

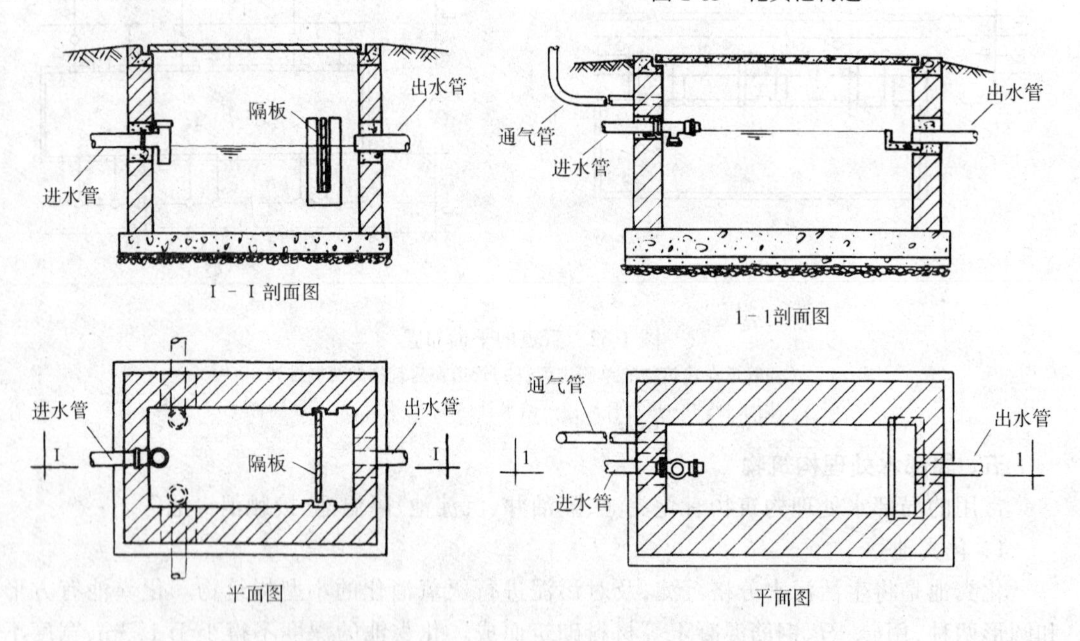

图 1-64　隔油池构造

图 1-65　汽车库冲洗汽车污水沉淀池

温度高于 40℃ 的污废水,应首先考虑将所含热量回收利用,如不可能或不合理时,在排入城镇排水管道之前应采取降温措施,一般设降温池,降温池的冷却水应尽量利用低温废水,采用较高温度污废水与冷水在池内混合的方法进行。

5. 接触消毒池

医院、医疗卫生机构中被病原体污染的水必须进行消毒处理,经消毒处理后,水质应符合现行的"医院污水排放标准"的要求。医院污水处理构筑物,宜与病房、医疗室、住宅等有一定防护距离,并应设置隔离措施。医院污水的水处理流程一般为:污水→沉淀池→调节池(或计量池)→消毒接触池→排入城市下水道。消毒接触池是使消毒剂与污水混合,并保证有一定的接触时间,对污水进行消毒处理的构筑物。

第十节 热 水 供 应

一、热水供应的方式

热水供应的方式有局部供应和集中供应。

1. 局部热水供应系统

采用小型加热设备在用水场所就近加热,供局部范围内的一个或几个用水点使用的热水系统为局部热水供应系统。例如:采用小型燃气加热器、蒸汽加热器、电加热器、炉灶、太阳能热水器等加热设备加热冷水,供给单个厨房、浴室、生活间等用水。局部热水供应不仅应用于小型建筑,也可用于大型建筑。

2. 集中热水供应

一般在锅炉房设集中加热器、热水箱、热水循环泵等设备,用管道向分散的用水点供应温度大致相同的热水。集中热水供应系统适用于旅馆、医院等公共建筑的热水供应。

如图 1-66 所示,集中热水供应系统主要由锅炉、热媒循环管、水加热器和配水管道组

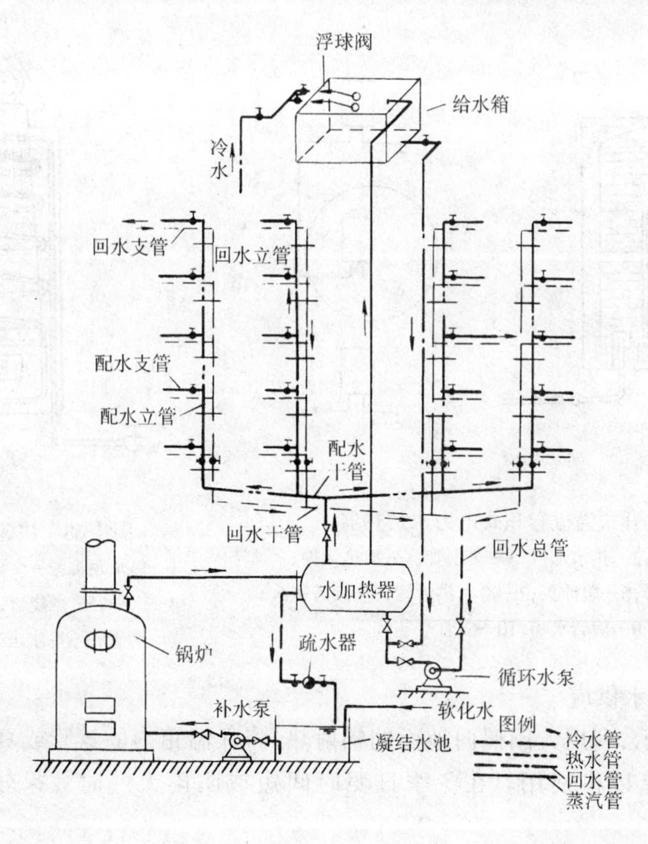

图 1-66 室内热水供应系统的组成

成。锅炉生产的蒸汽经蒸汽管送至水加热器，放热加热冷水后，冷却为凝结水由凝结水管排往凝结水箱，凝结水泵将其送回锅炉加热。冷水由高位水箱送入水加热器加热，变成热水后，由配水管道送至各用水点。为了保证供水温度，循环管中回流一定的流量，补偿配水管路的热损失。

二、水的加热方式及加热设备

水的加热方式有直接加热和间接加热两种方式，每种方式又有不同种类的加热设备。加热设备的选择应根据使用特点、耗热量、热源情况和燃料种类等确定。

1．局部热水供应用水加热器

(1) 电力水加热器

图 1-67 为开式溢流容积式电力水加热器简图，冷水由自来水供给，加热器要高于浴盆、洗脸盆或洗涤盆，加热器的温度控制装置在水温低于要求温度时会自动接通电源。

(2) 快速燃气水加热器

图 1-68 所示，为快速燃气水加热器简图。当开启热水龙头 1 时，水流通过文氏管 2，使弹簧膜的两边产生压力差，燃气阀门开启，由火苗种点燃燃烧器 5，冷水经过带有翼片的加热盘管 6 被加热，变成热水流出。

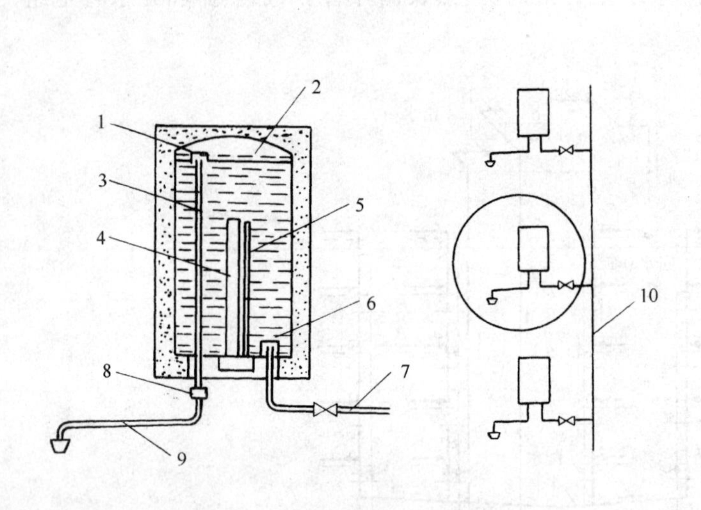

图 1-67　开式溢流容积式电力水加热器
1—防水滴装置；2—热水水位；3—热水管；4—加热元件；5—温度自动控制器；6—缓冲板；7—冷水供给管；8—旋转接头；9—旋转水嘴；10—立管

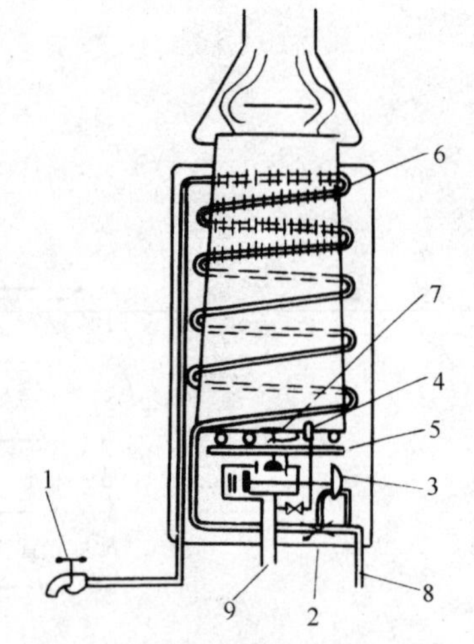

图 1-68　快速燃气热水器
1—热水龙头；2—文氏管；3—弹簧膜片；4—火种；5—燃烧器；6—盘管；7—安全装置；8—冷水进口；9—燃气进口

(3) 太阳能热水供应

如图 1-69 所示，利用太阳照向地面的辐射热，将保温箱内的盘管或真空管中的低温水加热后送至贮水箱以供使用。在冬季日照时间短或阴雨天气时效果较差，需要辅助加热。

2．集中式热水供应的水加热设备

(1) 热水锅炉直接加热

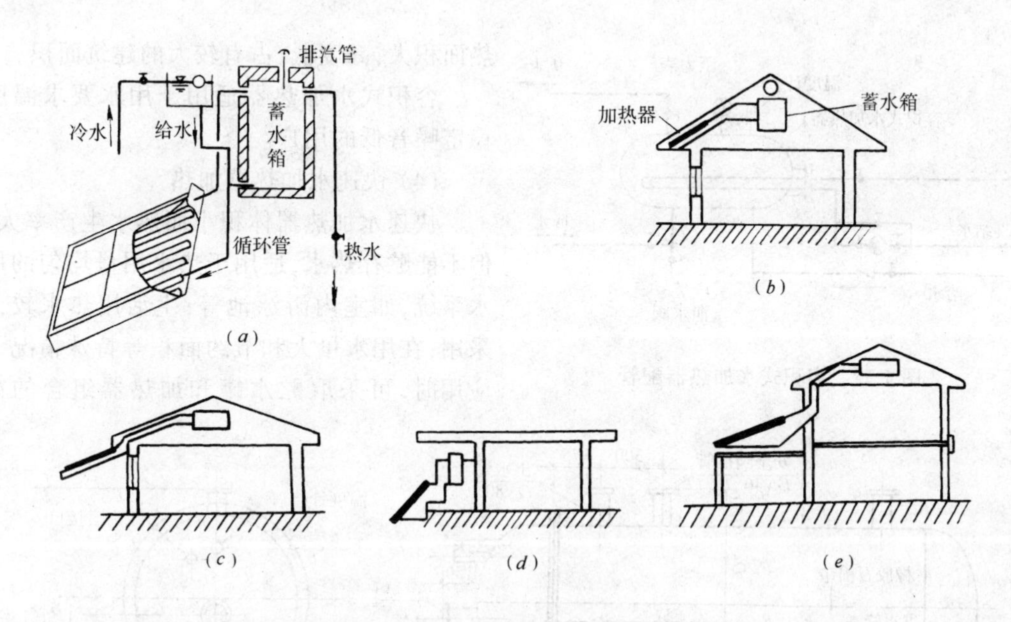

图 1-69　太阳能热水供应

(a)配管形式;(b)、(c)、(d)、(e)建筑布置形式

图 1-70 为热水锅炉直接加热方式,系统的热水贮罐用于稳定压力和调节用水量。

(2) 蒸汽直接加热

该种加热方式是将锅炉产生的蒸汽通入水中,直接将水加热,汽水相互掺混,有多孔管加热和蒸汽喷射加热两种形式,见图 1-71。

(3) 容积式热交换器间接加热

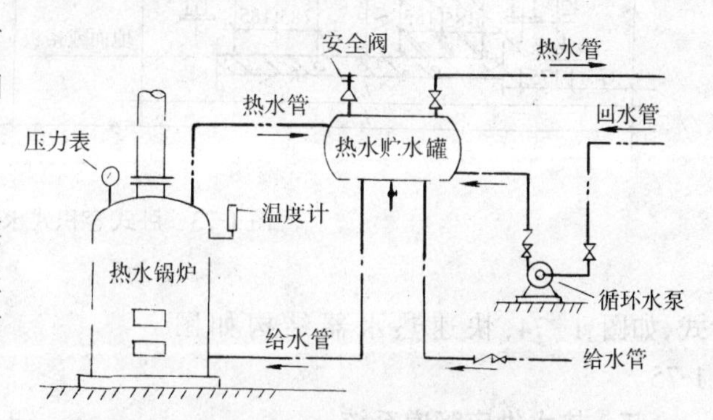

图 1-70　热水锅炉直接加热

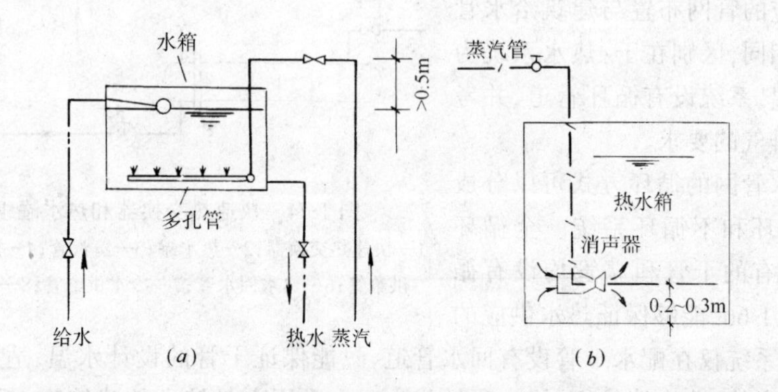

图 1-71　蒸汽直接加热

(a)多孔管加热;(b)消声喷射器加热

容积式热交换器是用钢板制造的密闭钢筒,内置加热盘管,为加热和贮存合一的设备,其配管如图 1-72 所示。加热器的型式有卧式和立式两种,图 1-73 为卧式容积式热水器,换

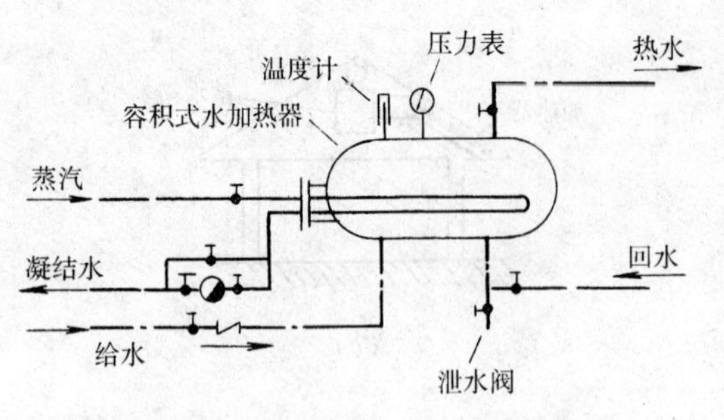

图 1-72 容积式水加热器配管

热面积大，高度低，占有较大的建筑面积。

容积式水加热器适用于用水要求温度稳定噪音低的用户。

(4) 快速水加热器加热

快速水加热器体积小而热水生产率大，但不能贮存热水，适用于热水用量均匀的用水系统，如室内游泳池等；生活用热水较少采用，在用水量大和节约面积等特殊情况下应用时，可采取贮水罐和加热器组合的型

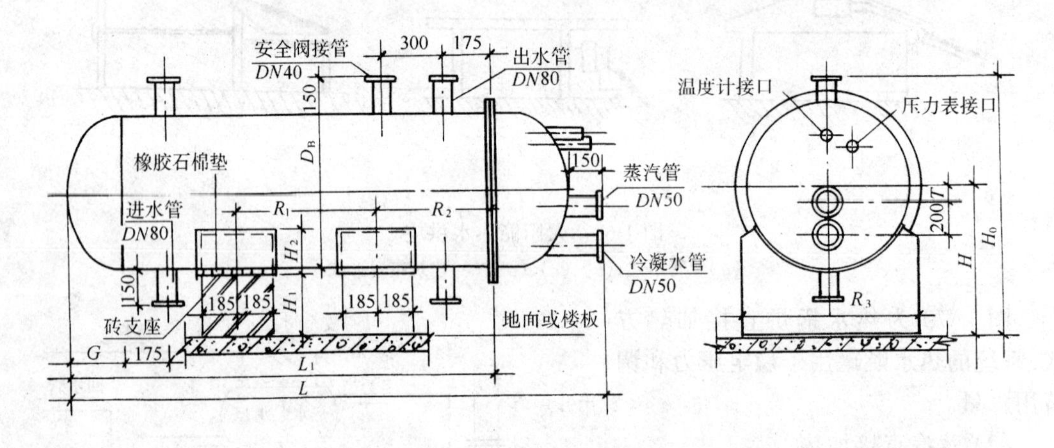

图 1-73 卧式容积式水加热器

式，如图 1-74，快速热水器结构如图 1-75。

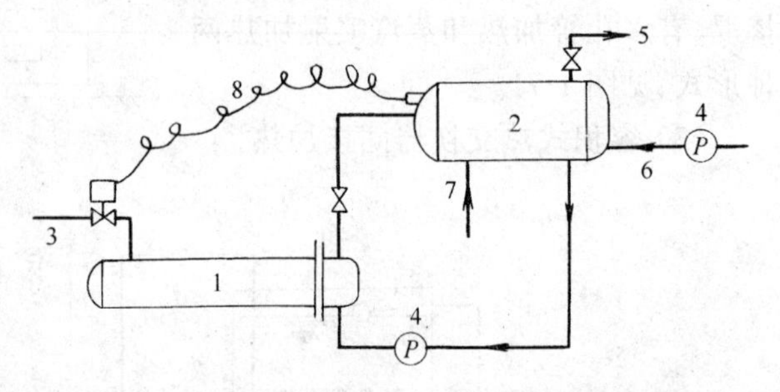

图 1-74 快速热交换器和热水罐组合图式

1—快速热交换器；2—热水罐；3—蒸汽管；4—循环泵；5—热水供给管；6—热水回水管；7—冷水供给管；8—自动调温装置

三、热水供应管道系统

热水供应的管网布置与建筑给水管网布置方法相同，区别在于：热水系统为保证设计水温，系统设有循环管道，并考虑热伸长和排气的要求。

按照热水管网的循环方式可以分成全循环、半循环和不循环系统。全循环系统，管网所有的干管和立管均设有循环管道，如图 1-66，能够保证热水供应的水温；半循环系统仅在配水干管设有回水管道，只能保证干管的设计水温，适用于对水温要求不甚严格，支管、分支管较短、用水量较集中或一次用水量较大的建筑物，系统形式如图 1-76；不循环系统即不设回水管的热水管网，适用于连续用水或定时用水的用户系统。

按照供水干管的位置和水在给水立管中的流向，系统可分成上行下给式系统和下行上给式系统（如图 1-76、1-77）。

高层建筑的热水供应宜进行竖向分区，与冷水供应系统的分区范围和分区数目相同，以

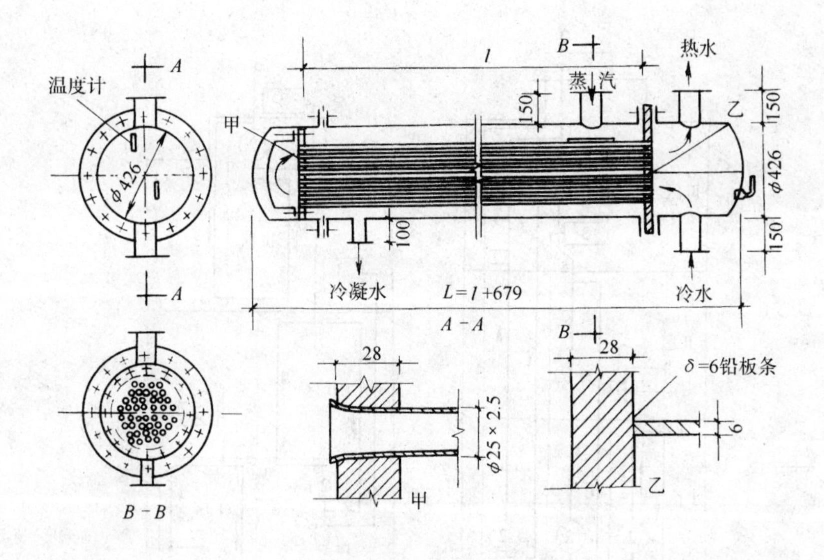

图 1-75　快速热交换器

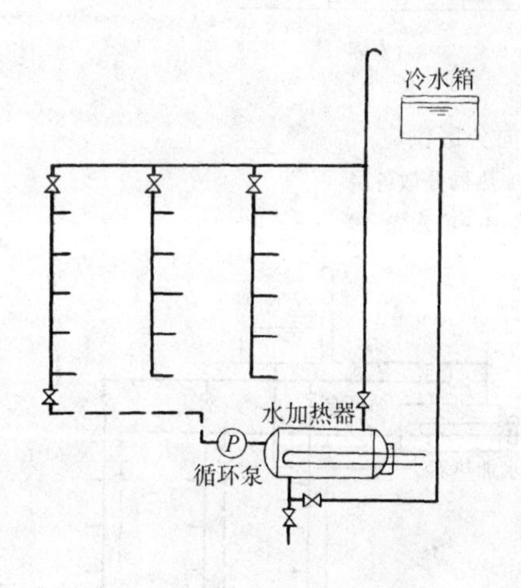

图 1-76　上行式单环路系统

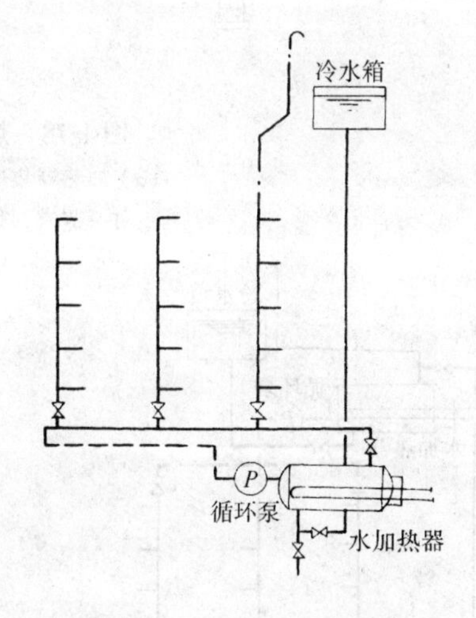

图 1-77　下行式单环路系统

使压力大致相同，各区水加热器、贮水箱的给水由同区给水系统供给，如图 1-78 所示。为了保证通过各立管的水温均匀一致，应使各循环回路中阻力大致相等，管路布置可采用同程系统。

图 1-79、1-80 所示，为系统上部设加热设备的倒流式系统，由于加热设备在热水系统的最高处，加热器承受压力较低，适用于较高的建筑使用。

四、饮水供应简介

供饮用的水包括：开水、生水和冷饮水。开水是指供水温度为 100℃ 的水，应将水烧至 100℃ 并持续 3min；生水是指经过必需的过滤或消毒处理或经过深度处理的符合饮水卫生要求的水；冷冻水是指符合饮水卫生要求、经冷冻处理水温在 4.5～7℃ 的生水。饮水供应的地点应符合以下要求：

1. 通风和照明良好。

2. 不被任何有害气体或粉尘污染。

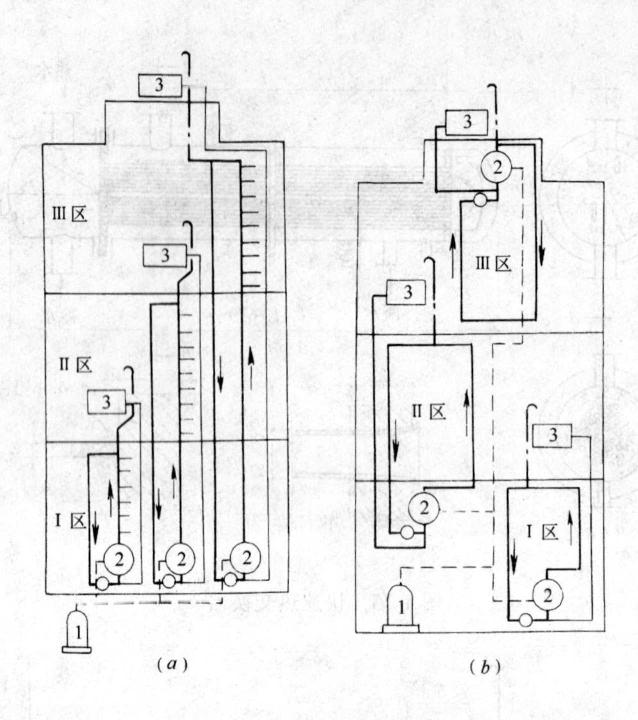

图 1-78 热水系统竖向分区供应

(a) 加热器集中底层;(b) 加热器分散各层

1—蒸汽锅炉;2—水热器;3—冷水箱

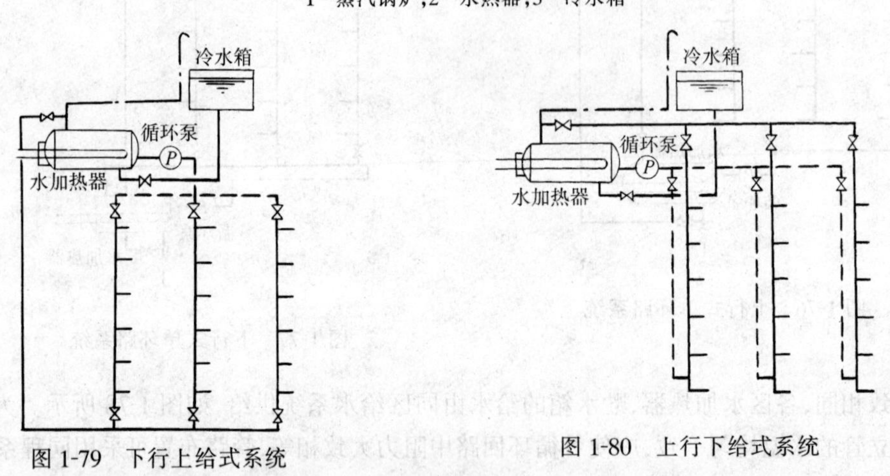

图 1-79 下行上给式系统

图 1-80 上行下给式系统

3. 墙面和地面便于清扫,地面应有排水措施。

4. 便于取用,其供应半径一般不超过 75m,楼房宜每层有开水供应点。

5. 有一定面积、空间高度不宜低于 2.5m,以便于安装和检修。

6. 加热热源应有可靠保证。

饮用水管应采用铜管或不锈钢管、聚丁烯管(PB),配件应采用与管材相同材料。

第十一节 给排水工程施工图

管道安装工程施工图涉及的专业较多,采用的图例和标注方法,因专业而异。各专业的施工图平面布置图可以单一绘制,也可以相互组合混合绘制。凡单一绘制的施工图管路一般采用粗实线表示;混合管道施工图,管路要用线型和代号加以区分。施工图中的设备、器具多用其外形简图表示。

管道工程施工图按专业区分有,给水排水工程、采暖工程、通风工程、空调工程、燃气工程、工艺管道等专业图纸,尽管专业不同、意义不同,但就图纸的篇幅和内容而言几乎都是相同的。

一、给排水施工图的内容

施工图的内容包括图纸目录、设计和施工说明、总平面图、平面图、剖面图、系统图和主要设备及材料表等。

1. 设计说明

设计说明是指在设计图纸的首页(或图幅内)对设计依据、安装要求、质量标准、材料规格、施工做法、运行调节要求等方面内容的文字说明。

建筑给水排水系统的设计说明应包括系统的型式、水量及所需的水压、采用的管材及接口方式、卫生器具的类型及安装方式,管道的防腐、防冻、防结露的方法,设计采用的标准图号、图中应用的非标准图例,系统的水压试验要求,施工中的注意事项,施工验收应达到的质

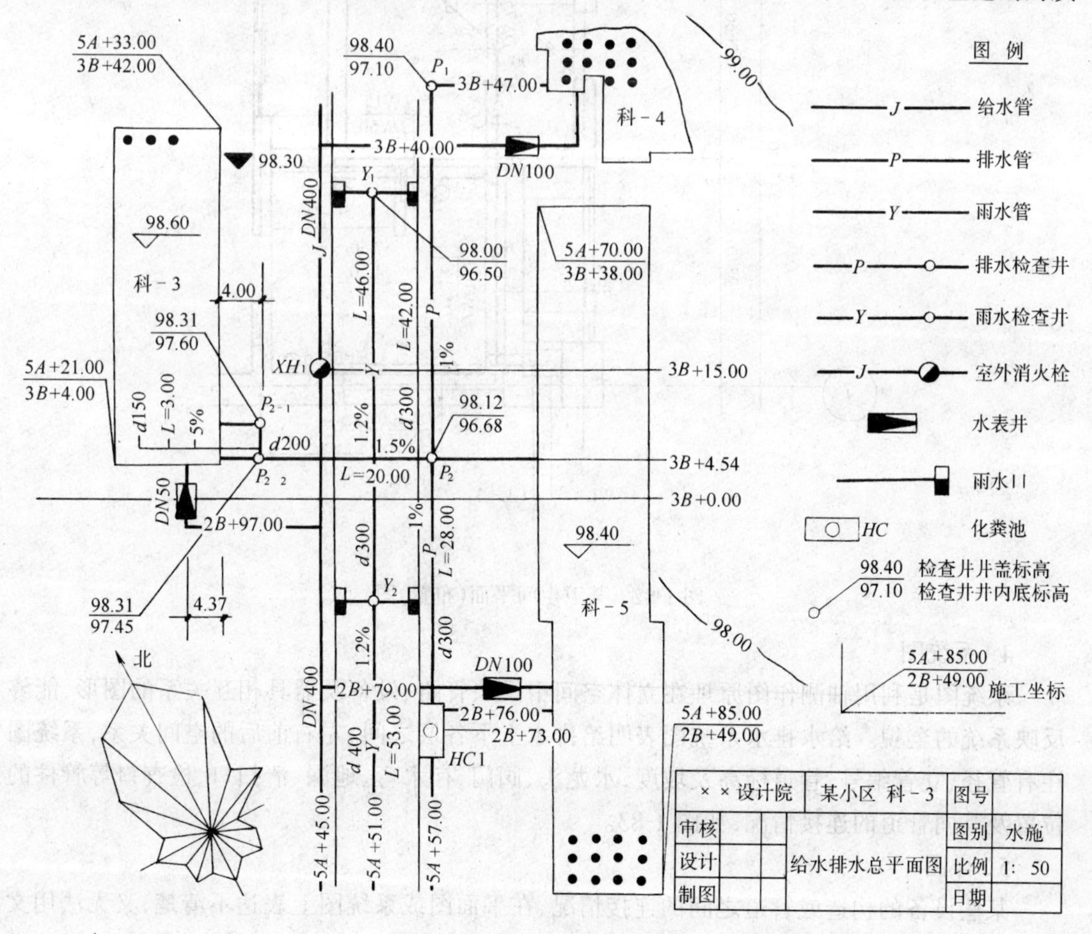

图 1-81 给水排水总平面图

量要求等内容。

2. 总平面图

建筑物给水排水总平面图与建筑物建筑总平面图通常采用相同的比例和布图方向，绘制有关建筑物、构筑物的平面布置、突出管网的平面位置和室外给水排水管道的连接情况，能清楚地反映室内给水引入管和排水排出管分别与室外给水管道和排水管(渠)的连接情况。习惯在同一张总平面图上绘制室内外给水和室内外排水系统，如图 1-81 所示。

3. 建筑给水排水平面图

建筑给水排水平面图表示各种设备、卫生器具、管道及附件在建筑内各层的平面位置，并用相应的符号(图例)表示其名称、型号规格等，图 1-82 所示为某办公楼厕所平面布置图。

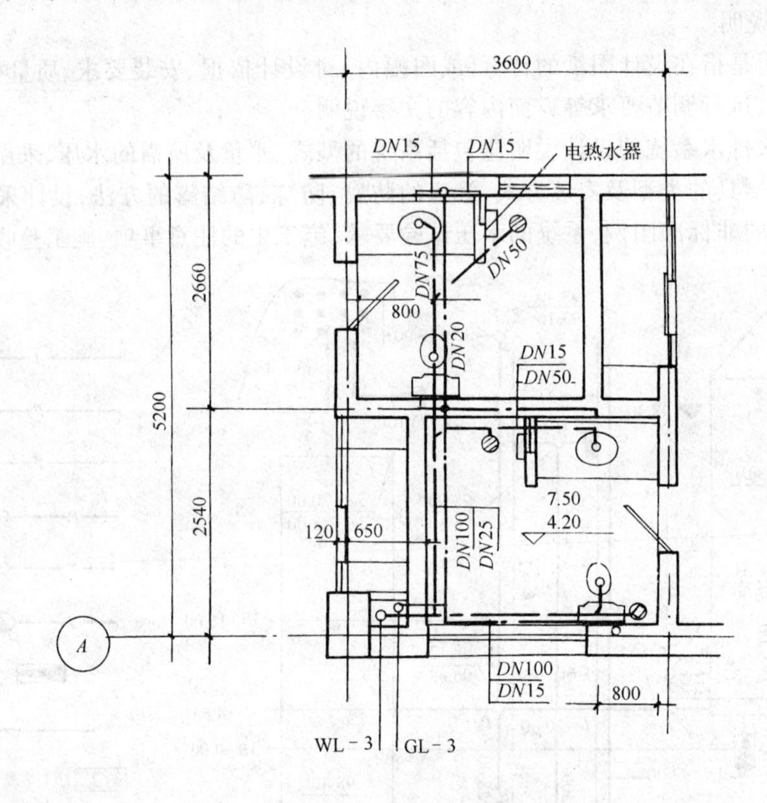

图 1-82 某卫生间平面(布置)图

4. 系统图

系统图是利用轴测作图原理在立体空间中反映管路、设备及器具相互关系的图形，能够反映系统的全貌。给水排水系统图表明给排水上下各层之间、左右前后的空间关系，系统图注有管径、立管编号、管道标高及坡度，水龙头、阀门、存水弯、地漏、清扫口、检查口等管件的位置及其同管道的连接情况，如图 1-83。

5. 详图

某些设备的构造或管道之间的连接情况，在平面图或系统图上表达不清楚，又无法用文字说明时，局部范围需要放大比例，表明其做法。详图包括：管道节点详图、接口大样、管道穿墙的做法、设备基础做法等，有标准做法时可套用标准图。

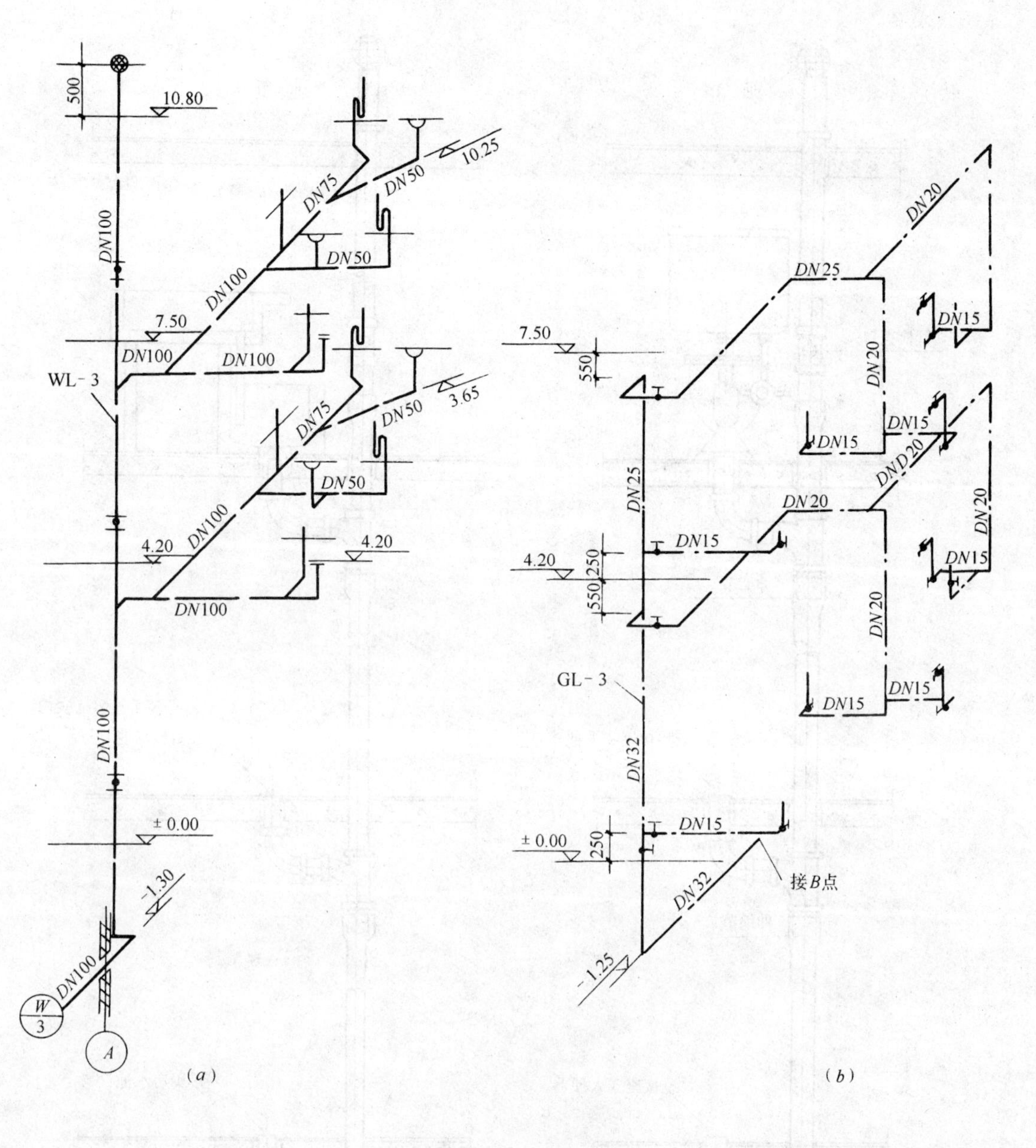

图 1-83　系统(轴测)图

(a)排水系统图;(b)给水系统图

6．标准图

标准图是指定型的装置、管道的安装、卫生器具的安装、附件加工等内容的标准化(定型)图纸。标准图有国标、部标和省标、院标等不同级别图册,供设计和施工中套用。全国通用给水排水标准图以“S”编号,地方性标准图多在“S”前加标地方性简称的拼音字头,例如山东省标准图集以“LS”编号(取“鲁”和“水”的拼音字头)。如图 1-84 所示为塑料排水立管组装图。

7．设备及主要材料明细表

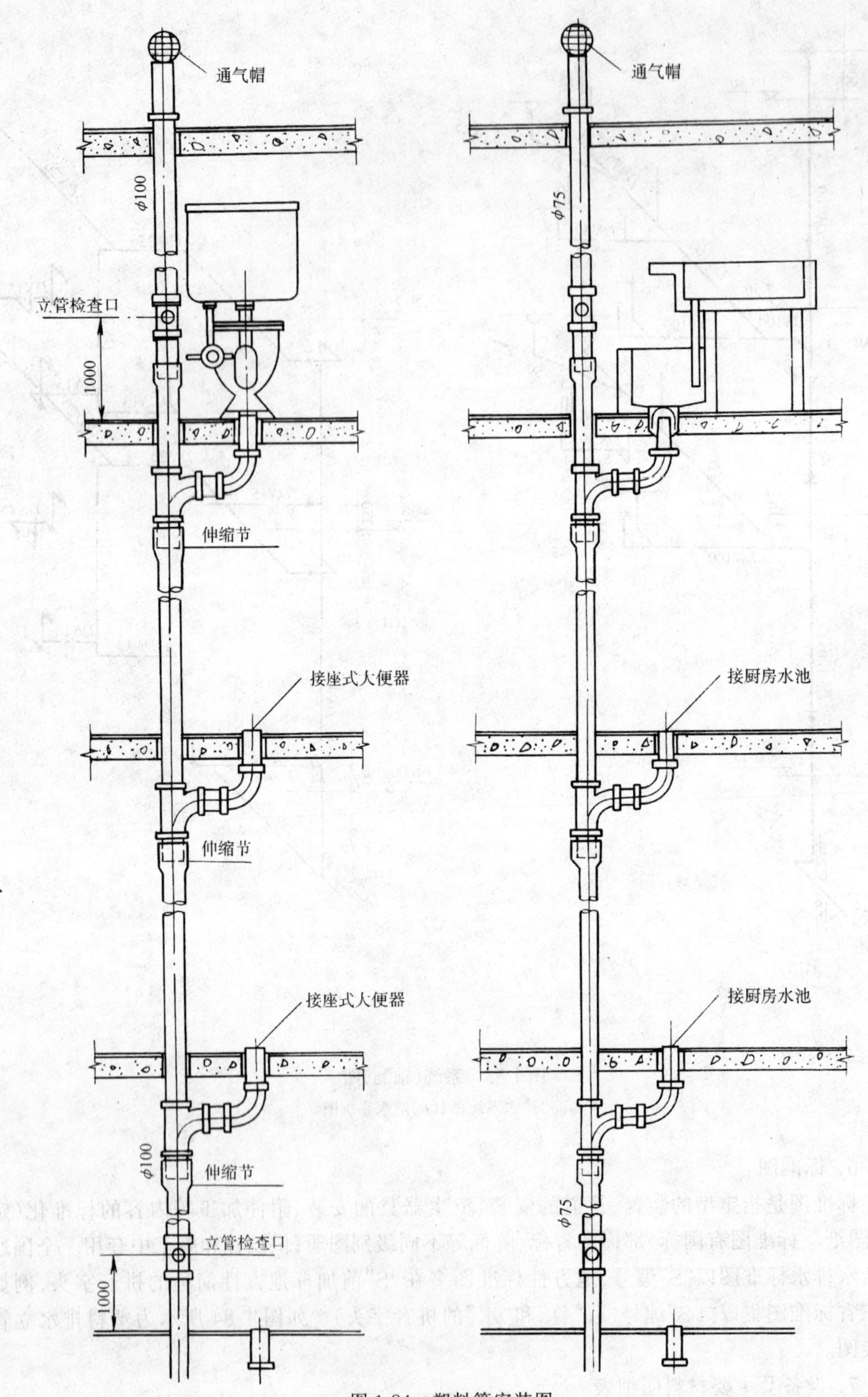
通气帽
通气帽
φ100
φ75
立管检查口
1000
伸缩节
接座式大便器
接厨房水池
伸缩节
接座式大便器
接厨房水池
φ100
伸缩节
立管检查口
1000
φ75

图 1-84　塑料管安装图

为了使施工准备的材料和设备等符合设计要求，对于重要工程中的材料和设备，应编制设备及主材明细表，列出设备、材料的名称、规格、型号、单位、数量及附注说明等项目，将在施工中涉及的管材、仪表、设备均列入表中，不影响工程进度和质量的辅助性材料可以不列入表中。

二、识图方法

1. 安装工程和土建工程关系密切，相互依托，安装工程图中标明的设备及管线总是以土建工程图为基础的，识读安装工程施工图，必须同时对照土建施工图进行。

2. 掌握常用图例。给排水施工图表示的设备和管道一般采用统一的图例，在读图以前应查阅和掌握常用图例，明确其画法、标注方法和各种代号，常用图例见表1-9。

管路及给排水工程图例 **表1-9**

名 称	图 例	名 称	图 例
保温管		洗脸盆	
多孔管		立式洗脸盆	
拆除管		浴 盆	
地沟管		盥洗槽	
防护套管	l	污水池	
管道立管	XL XL	妇女卫生盆	
方形伸缩器		立式小便器	
角 阀		挂式小便器	
闸 阀		蹲式大便器	
截止阀		坐式大便器	
底 阀		手摇泵	
浮球阀		热交换器	
放水龙头		喷射器	
室外消火栓		过滤器	
室内消火栓(单口)		室内消火栓(双口)	

3. 按流程进行阅读。先要阅读施工说明了解设计意图，由平面图对照系统图进行阅读，可按水流方向进行，由房屋引入管→水表井→给水干管→给水立管→给水支管→配水龙头；用水设备→排水支管→排水横管→排水立管→排出管→室外检查井。

4. 图上往往出现管线的交叉,一定要弄清线型差别,区别管线交叉与管线分支的不同。

5. 弄清全貌后,对管路中的设备、卫生器具的数量等进行详细分析,并对照标准图了解施工详细情节,以便于计算工程量,做好施工准备,或在正确的位置预留孔洞,进行配合施工。

三、识图举例

如图 1-85、1-86 和 1-87 为某办公楼给排水施工图,分别为给水排水平面图、给水系统图和排水系统图。

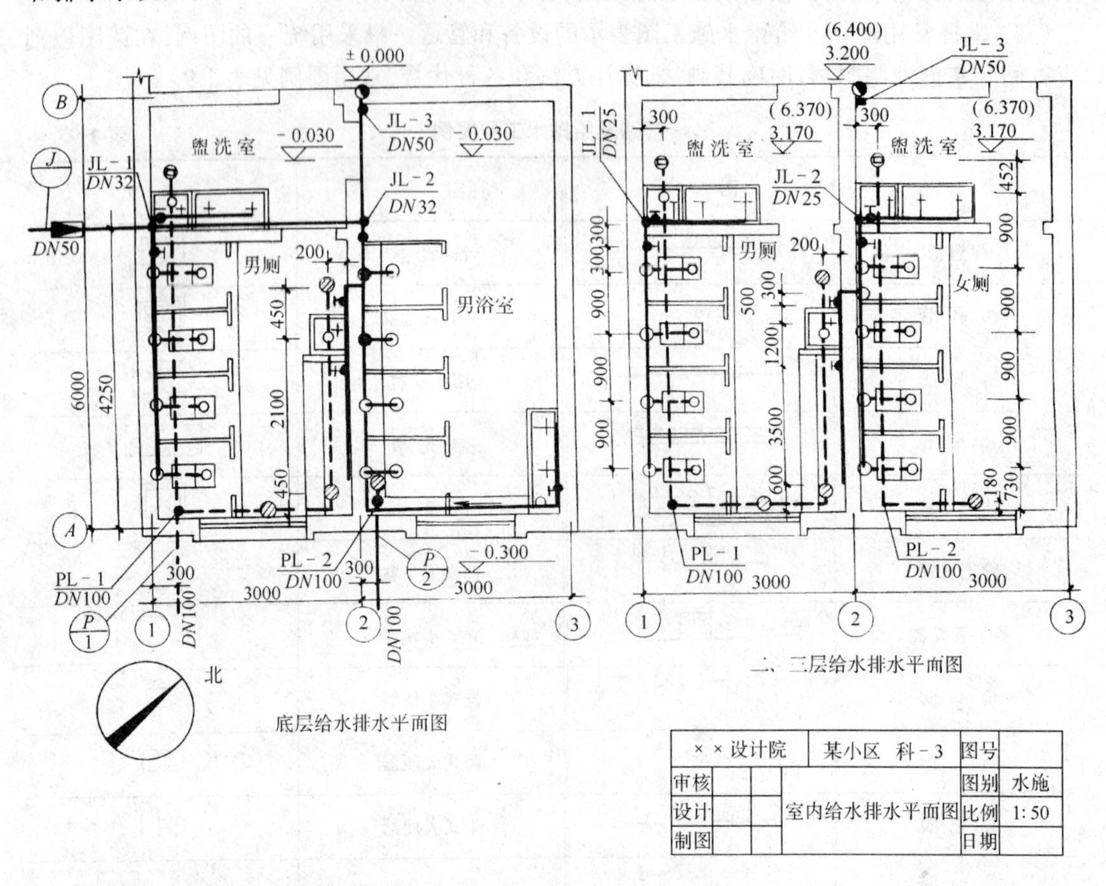

图 1-85 给水排水平面图

由底层平面图可知,底层为盥洗室、男厕和男浴室。盥洗室设有盥洗槽、污水盆;男厕有蹲式大便器四只沿轴线①并排布置,在轴线②的一侧是污水盆和小便槽;为排除地面积水和所地面设有地漏。男浴室在轴线②的一侧设有四个淋浴喷头,在轴线③的一侧设有盥洗槽,地面积水由地漏排出。

二、三层是盥洗室和男女厕所,盥洗室设盥洗槽,男厕同底层男厕的布置相同,女厕设有蹲式大便器四只,厕所地面积水由地漏排除。

给水管由建筑左侧(垂直建筑物外墙)引入在轴线①处分出给水立管 JL-1,并沿轴线①平行分出横管向大便器和盥洗槽供水;埋地管继续向前,在与轴线②相交处分出立管 JL-2,并沿与轴线②平行方向分出横管向男浴室和小便槽冲洗管供水;埋地管向左行至消防立管处供消防用水。

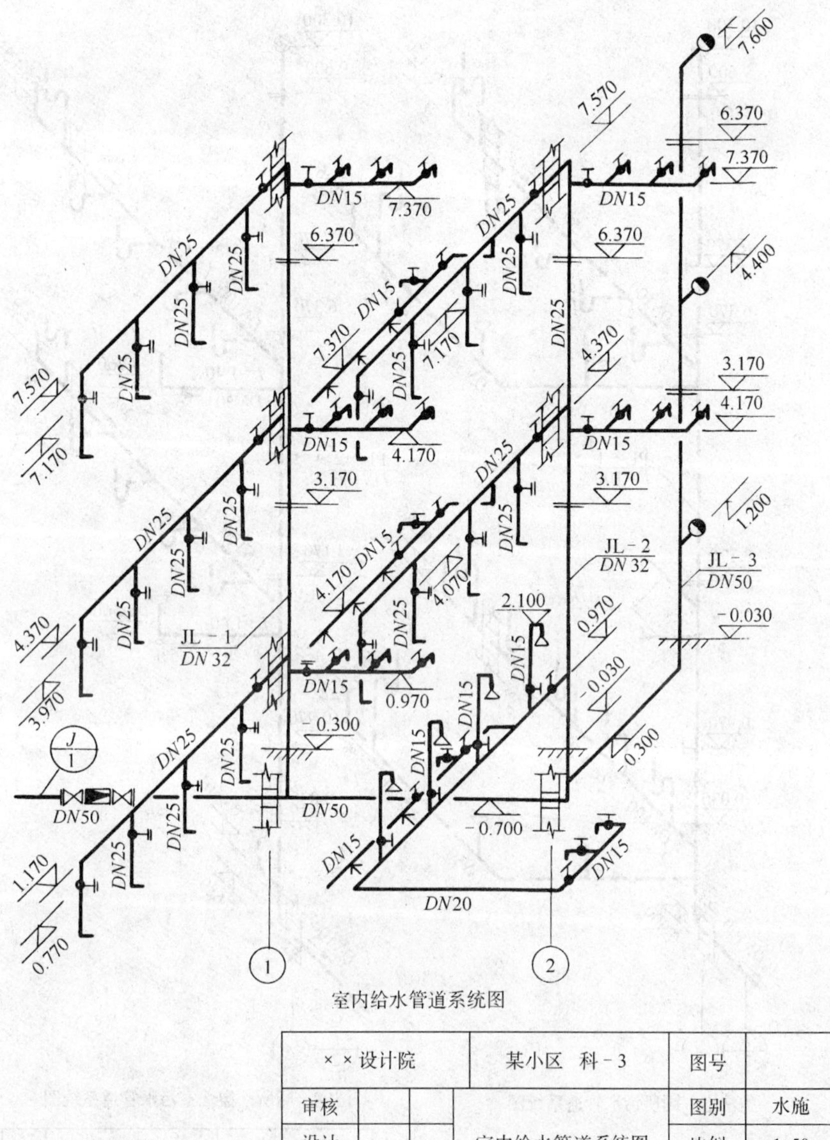

室内给水管道系统图

××设计院			某小区 科－3	图号	
审核			室内给水管道系统图	图别	水施
设计				比例	1:50
制图				日期	

图 1-86 给水系统图

男厕及男厕盥洗室的水由排水立管 PL-1 收集后，由排出管 P-1 排出室外；女厕及男浴室的水由排水立管 PL-2 收集后，由排出管 P-2 排至室外。

由给水系统图可以了解给水系统的总体情况。引入管上设有水表，在－0.70m 高度引入室内，并在轴线①内侧分出立管 JL-1，管径为 *DN*32；各层向大便器分出的给水横管管径为 *DN*25，高度在地面以上 1.20m；大便器给水支管管径为 *DN*25，支管上设冲洗阀，其高度为地面以上 0.80m；分向盥洗槽的支管高度为 1.0m，管径 *DN*15，设有一个关断阀门和三个配水龙头。给水干管在轴线②右侧分出立管 JL-2，管径为 *DN*32 至三层变径为 *DN*25；底层

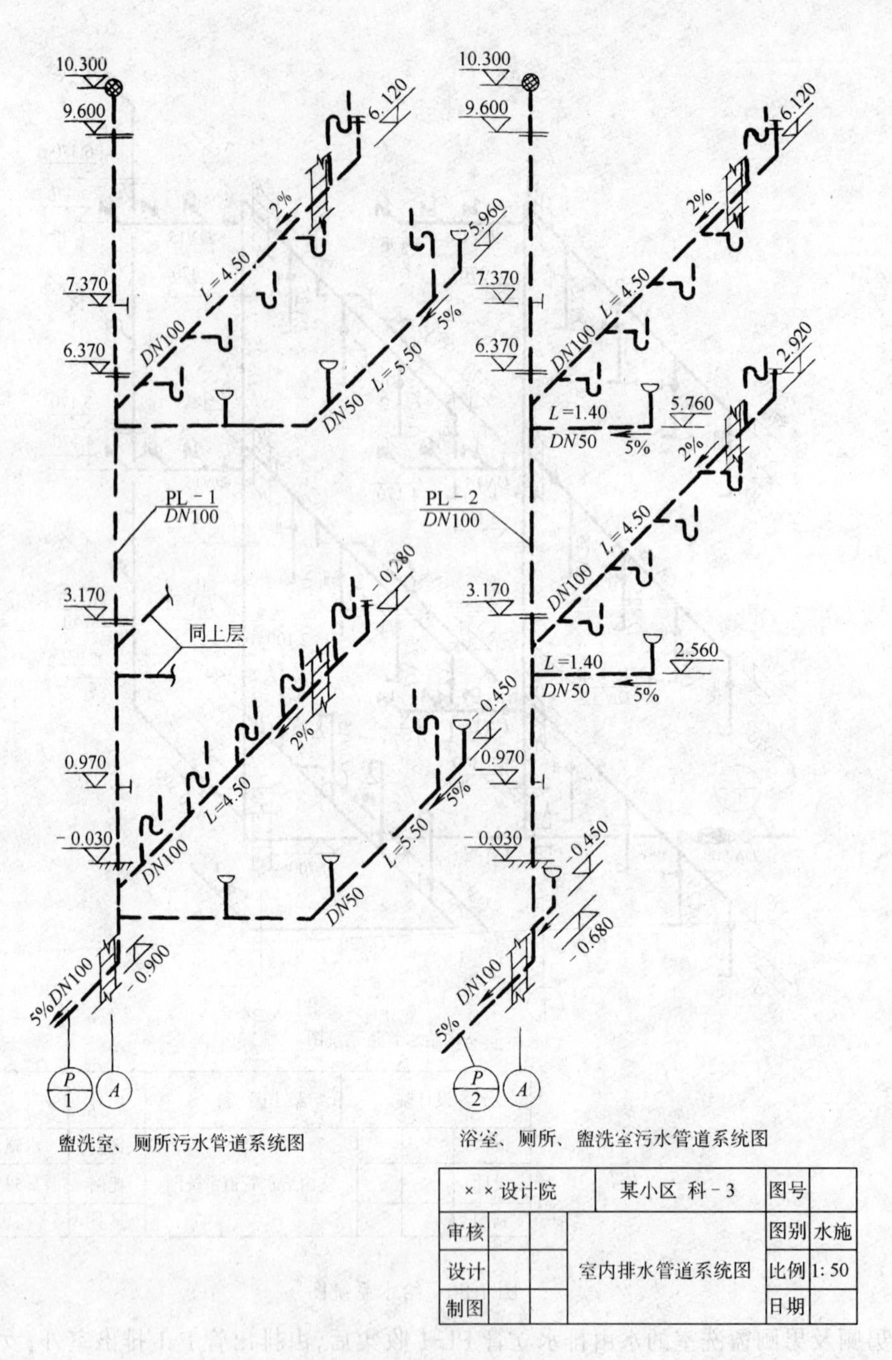

图 1-87 排水系统图

横管管径为 *DN*20,高度在地面以上 1.0m,分别向小便槽冲洗管、淋浴龙头(四只)和盥洗槽水龙头供水,二三层横支管高度为 1.20m,向小便槽冲洗管分出的支管降至 1.0m。消防立管 JL-3 的管径为 *DN*50,消火栓高度为 1.20m。

排水管道系统图给出了室内污水排放系统的空间形状。连接大便器支管的管径 *DN*100,起始点标高为 -0.28m(二层、三层分别为 2.92m 和 6.12m),约在地面以下0.25m,

总长4.5m,坡度为2%;男厕接小便槽的横管管径为*DN*50,地漏、污水盆及小便槽的污水都由该横管排除;两横管汇合于立管PL-1,污水经排出管P-1(管径*DN*100,坡度5%,标高-0.90m)排至室外。二、三层女厕及一层男浴室的污水由立管PL-2,经排出管P-2(管径*DN*100,坡度5%,标高-0.68m)排出室外。

第二章　采　　暖

人类随着自身的进步创造了房屋,居住在寒冷地区的人们,除了衣物、毛皮衣物御寒外也以各种方式进行了房屋供暖,先以篝火取暖,逐渐演进成为火塘、火炕、火墙、火盆、火炉等多种采暖形式。18世纪初期,一位轮船上的船员,偶发奇想,将蒸汽通入空油桶中进行取暖,从而引起了蒸汽采暖的研究。18世纪中期,法国的一位工程技术人员,发明了以热水为热媒的自然循环热水采暖装置,之后由于水泵的应用,热水采暖系统的规模和范围不断扩大。至19世纪末,集中的热水或蒸汽采暖系统得到广泛应用,并在这一时期传入我国。至20世纪50年代后,开始进入劳动人民的家庭。60年代末期,我国开始推广区域性集中热水(或高温水)采暖,70年代末期,采暖事业得到进一步发展。进入90年代,我国开始推广新能源,如太阳能、地热能、低温核能等作为热源,同时输送技术也得到了迅速发展,出现了供热水、供冷、供暖"三联供"系统。

第一节　集中供热与采暖的基本概念

一、供热与集中供热

利用热媒(如水蒸汽或其它介质)将热能从热源输送到热用户称作供热。根据热源和供热规模的大小,可把供热分为分散与集中两种基本方式,所谓分散供热,通常指以小型锅炉房为热源,向一栋或数栋用户供热的方式,热能输送距离短、供热范围小;集中供热是以水或蒸汽作为热媒,集中向一个具有多种热用户(采暖、通风、热水供应、生产工艺等热用户)的较大区域供应热能的系统。系统通常由生产或制备热能的热源,输送热能的管网及消耗或使用热能的热用户三大部分组成。在供热系统中,用以传递热量的媒介物称为热媒也叫带热体,集中供热的热媒主要是热水和蒸汽。

二、区域锅炉房供热系统和热电厂供热系统

目前,应用最广泛的集中供热系统主要有区域锅炉房供热系统和热电厂供热系统。

1. 区域热水锅炉房供热系统

以热水为热媒的区域锅炉房集中供热系统,如图2-1所示,它利用循环水泵2使水在系统中循环,水在热水锅炉1中被加热到所需温度,然后经供水干管输送到采暖系统和生活用热水系统,循环水被冷却后又沿回水管返回锅炉。补充水处理装置6的作用是对水进行净化、除氧和化学处理,使水变成净水后,补充系统的用水漏失。

此系统多用于采暖用户占较大比例的住宅小区。

2. 区域蒸汽锅炉房供热系统

如图2-2所示为设有蒸汽锅炉的区域锅炉房供热系统,蒸汽锅炉生产的蒸汽,通过蒸汽管道输送至采暖、通风、热水供应等用户,蒸气凝结放热变成凝结水后,再通过凝结水管道返回锅炉房的凝结水箱,由凝结水泵升压后返回锅炉。该种系统既能供蒸汽又能供热水;既能

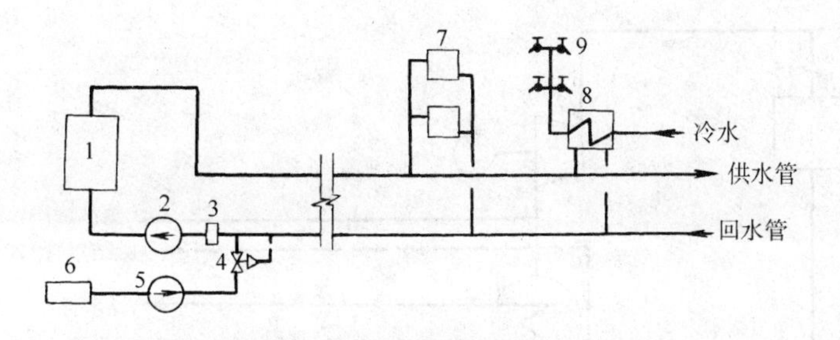

图 2-1　区域热水锅炉房供热系统

1—热水锅炉;2—循环水泵;3—除污器;4—压力调节阀;5—补给水泵;
6—补充水处理装置;7—采暖散热器;8—生活热水加热器;9—水龙头

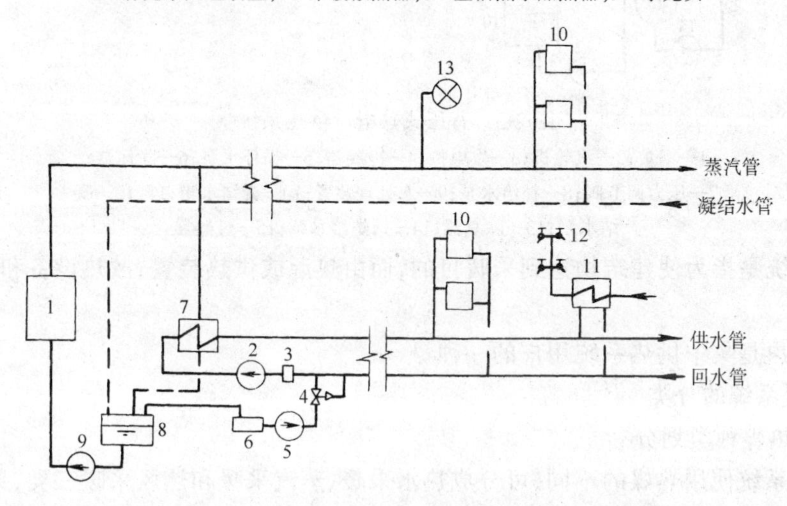

图 2-2　区域蒸汽锅炉房供热系统

1—蒸汽锅炉;2—循环水泵;3—除污器;4—压力调节阀;5—补给水泵;6—补充水处理装置;7—热网水加热器;8—凝结水箱;9—锅炉给水泵;10—采暖散热器;11—生活热水加热器;12—水龙头;13—用汽设备

供应工业生产用户,又能供应采暖、通风和生活用户等不同的用户系统。

3. 热电厂供热系统

热电厂作为热源,电能和热能联合生产的集中供热系统,适用于生产热负荷稳定的区域供热,根据其汽轮机组的不同,有抽汽式、背压式和凝汽式等不同型式的系统。

图 2-3 为安装背压式汽轮发电机组的热、电联合生产的热电厂供热系统。锅炉产生的高压、高温蒸汽进入背压式汽轮机,推动汽轮机转子高速旋转,带动发电机发电供给电网。蒸气减压后排出汽轮机进入供热系统,供蒸汽用户或经换热设备换热给热水用户。当热电厂供热系统的汽轮发电机组装有可调节的抽汽口,可以根据热用户的需要抽出不同参数的蒸汽供应用户时即为抽汽式系统。

三、采暖、采暖系统及分类

1. 采暖的概念

采暖也称供暖,是使室内获得热量并保持一定温度,以达到适宜生活条件或工作条件的技术。

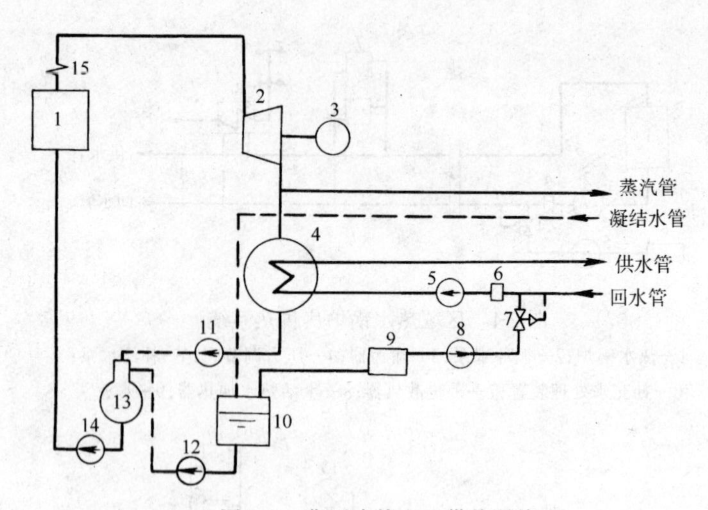

图 2-3　背压式热电厂供热系统

1—锅炉；2—汽轮机；3—发电机；4—冷凝器；5—循环水泵；6—除污器；7—压力调节阀；8—补给水泵；9—水处理装置；10—凝结水箱；11、12—凝结水泵；13—除氧器；14—锅炉给水泵；15—过热器

采暖系统是指为使建筑物达到采暖目的，而由热源或供热装置、散热设备和管道等组成的网络。

采暖用户是集中供热系统用户的一种。

2. 采暖系统的分类

(1) 按热媒种类划分

据采暖系统使用热媒的不同，可分成热水采暖、蒸汽采暖和热风采暖三类，见表 2-1。

采暖系统分类表(按热媒种类分)　　　　**表 2-1**

采暖热媒	热媒参数(送风方式)	运行动力
热　水	高温热水(供水温度高于 100℃)	机械循环
	低温热水(供水温度低于 100℃)	重力循环
蒸　汽	真空采暖(工作压力小于当地大气压)	闭式回水
	低压蒸汽采暖(工作压力高于大气压而小于 70kPa)	重力回水 (开式回水)
	高压蒸汽采暖(工作压力高于 70kPa)	余压回水
热　风	集中送风采暖(室内有射流区和回流区)	离心式风机
	分散式送风采暖	轴流式风机

(2) 据采暖系统服务的区域分类

① 集中采暖　热源和散热设备分别设置，由热源通过管道向几个建筑物供给热量的采暖方式。

② 全面采暖　为使整个房间保持一定温度要求而设置的采暖。

③ 局部采暖　为使局部区域或工作地点保持一定温度要求而设置的采暖。

(3) 按采暖时间分类

① 连续采暖　对于全天使用的建筑物,为使其室内平均温度全天均能达到设计温度的采暖方式。

②间歇采暖　对于非全天使用的建筑物,仅使室内平均温度在使用时间内达到设计温度,而在非使用时间内可自然降温的方式。

③值班采暖　在非工作时间或中断使用的时间内,为使建筑物保持最低室温要求(以免冻结)而设置的采暖。

另外还可按散热器的散热方式、热源的种类及室内系统的形式加以分类,不一一介绍。

第二节　热水采暖系统

热水采暖系统按照循环动力可分为自然循环热水采暖系统和机械循环热水采暖系统。

一、自然循环热水采暖系统

1. 自然循环热水采暖系统的工作原理

如图 2-4 所示,自然循环热水采暖系统由锅炉、散热设备、供水管道、回水管道和膨胀水箱组成。膨胀水箱设在系统最高处,以容纳系统的膨胀水,并排除系统中的气体。系统充水

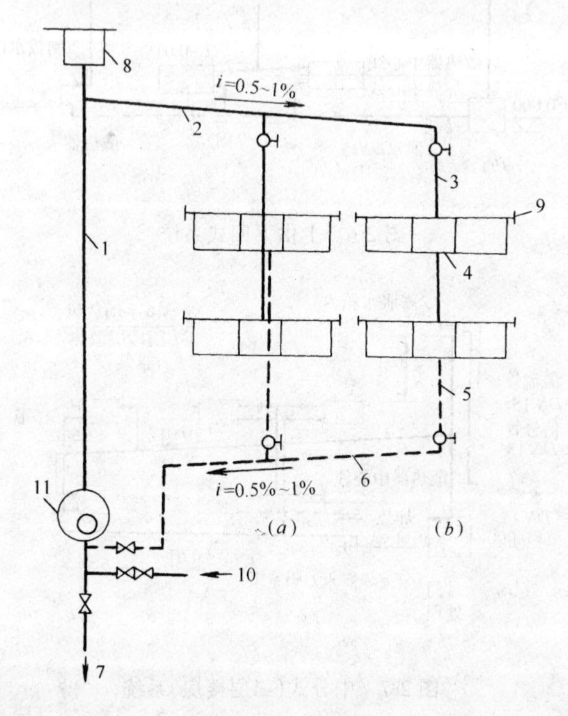

图 2-4　自然循环热水采暖系统

(a)双管上供下回式系统;(b)单管顺流式系统

1—总立管;2—供水干管;3—供水立管;4—散热器支管;5—回水立管;6—回水干管;7—泄水管;8—膨胀水箱;9—散热器放风阀;10—充水管;11—锅炉

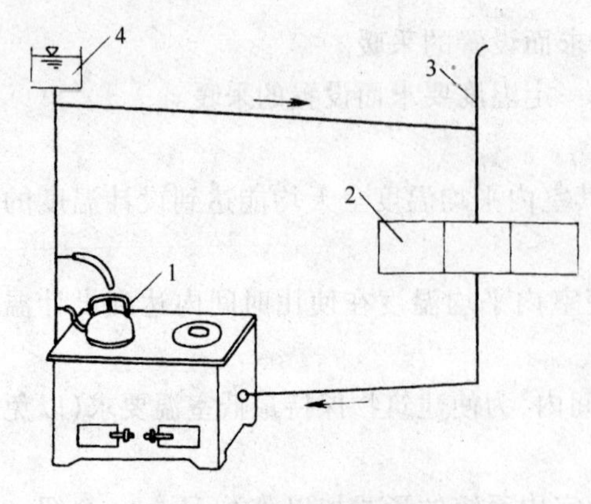

图 2-5　简易散热器采暖系统

1—再加热器；2—散热器；
3—通气管；4—膨胀水箱

后，水在锅炉中被加热，水温升高而密度变小，同时受来自散热设备较大密度回水的驱动，沿供水干管上升流入散热设备，在散热设备中放热后，水温降低密度增加，沿回水管流回加热设备再次加热。水连续不断地在流动中被加热和散热。这种仅依靠供回水密度差产生动力而循环流动的系统称作自然(或重力)循环热水采暖系统。

2．家用热水采暖装置

家用热水采暖装置是包括锅炉及采暖管道系统在内的小型热水采暖装置，广泛用于我国北方城乡没有建设集中采暖的建筑。

图 2-5 所示为上供下回式系统。高于膨胀水箱的透气管，解决了水平管的排气问题，置于炉口的再热器提高了供水温度，加大了循环动力。

图 2-6 为上供下回式系统；图 2-7 为中分式系统。

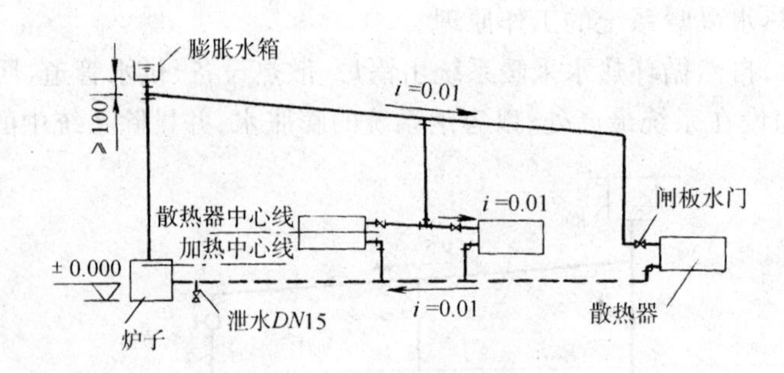

图 2-6　上供下回式系统

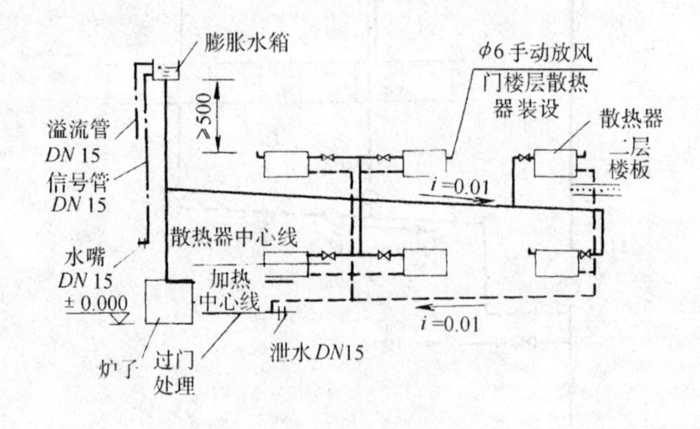

图 2-7　中分式(二层楼房)系统

设计要点：

(1) 系统构造要简单，作用半径尽可能小；

(2) 要有良好的排气措施，水平管的坡度不小于 0.01，坡向要正确；

(3) 在适宜的范围内适当提高散热器及水平干管的安装高度，降低炉子的安装标高；

(4) 合理选择炉具及散热设备；

(5) 合理布置管线，尽量少影响室内的美观及傢俱布置，不拦截主要通道；

(6) 尽量减少管道零部件及阀门的数量。

二、机械循环热水采暖系统

机械循环热水采暖系统是依靠水泵提供的动力使热水流动循环的系统。它的作用压力比自然循环系统大得多，所需管径小，系统型式多样，供热半径长。

1. 机械循环热水采暖系统的组成

图 2-8 所示，系统由热水锅炉、供水管道、散热器、集气罐、回水管道、膨胀水箱及集气罐组成。同自然循环系统比较有如下特点：

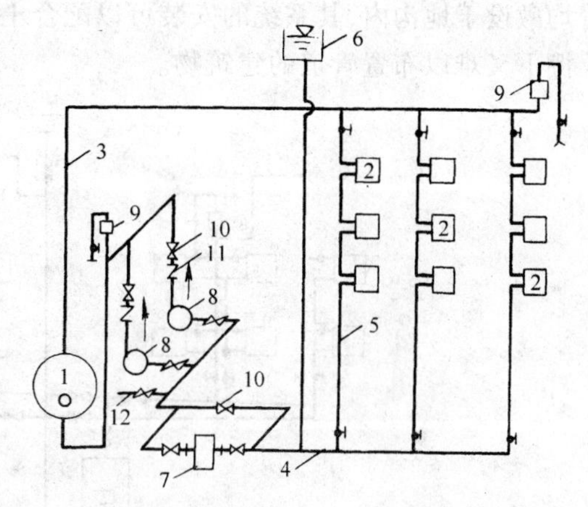

图 2-8　机械循环热水采暖系统

1—锅炉；2—散热器；3—供水干管；4—回水干管；5—立管；6—膨胀水箱；7—除污器；8—循环水泵；9—排气装置；10—闸阀；11—止回阀；12—给水管

(1) 循环动力不同　机械循环以水泵作循环动力，属于强制流动；

(2) 膨胀水箱同系统连接点不同　机械循环系统膨胀管连接在循环水泵吸入口一侧的回水干管上，而自然循环系统多连接在热源的出口；

(3) 排气方法不同　机械循环系统大多利用专门的排气装置(如集气罐)排气，例如上分下回式系统，供水水平干管有沿着水流方向逐渐上升的坡度(俗称“抬头走”，多为0.003)，在最高点设排气装置，如图 2-9。

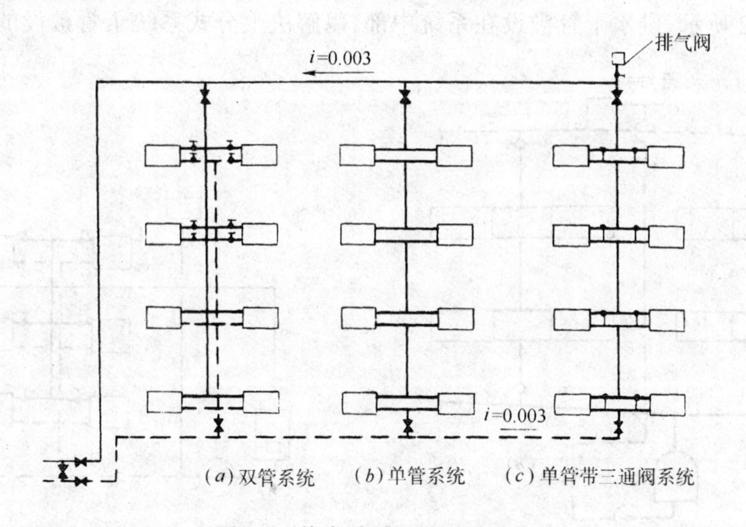

图 2-9　热水采暖上供下回系统

2. 机械循环热水采暖系统的型式

采暖系统的型式种类繁多，在此仅介绍几种常见型式。

(1) 上供下回式系统

如图 2-9 所示，系统供水干管敷设在所有散热器之上(多在顶层天棚下面)，水流沿着立管自上而下流过散热器，回水干管设于底层的暖气沟或地下室中。a 为双立管系统；b 为单管顺序式系统；c 为供水支管加三通阀的单管系统。

(2) 下供下回式系统

如图 2-10 所示，该系统供水干管和回水干管均敷设于底层散热器的下面，由于系统干管均敷设于地沟内，其系统的安装可以配合土建施工进度进行。系统适用于平屋顶而顶层天棚下又难以布置管道的建筑物。

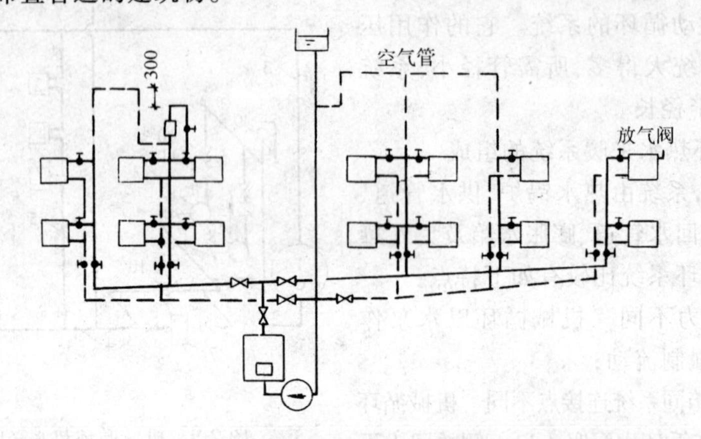

图 2-10 热水采暖下供下回式系统

(3) 下供上回式系统

如图 2-11 所示，供水干管在下，回水干管在上，水在立管中自下而上流动，故亦称作倒流式系统。

(4) 中供式系统

如图 2-12 所示，供水干管敷设在系统中部，以解决上分式系统干管敷设的困难。

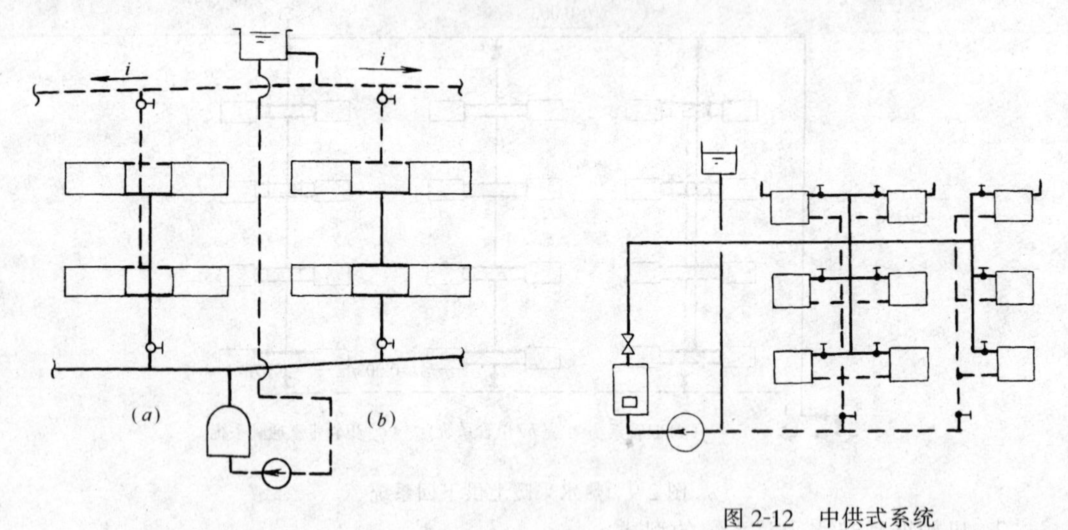

图 2-11 下供上回式系统

(a)双管系统；(b)单管顺流式系统

图 2-12 中供式系统

(5) 水平支管系统

如图 2-13 所示，水平支管系统构造简单，施工简便，节省管材、穿楼板次数少。a、b 为水平单管顺流式系统；c 为水平单管并联系统；d 为水平双管并联系统。

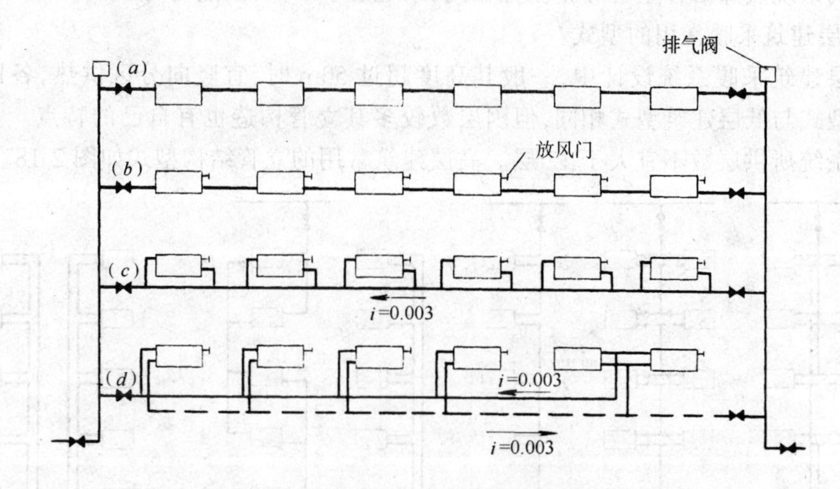

图 2-13　热水采暖水平支管系统

(a)水平单管串联(上接管)系统；(b)水平单管串联(下接管)系统；

(c)水平单管并联系统；(d)水平双管并联系统

(6) 异程式系统

图 2-14 所示的系统为四个分支环路的异程系统，系统南北分环，容易调节；图 2-15 为支状异程式系统，散热设备设在内墙侧，适用于较小型系统。

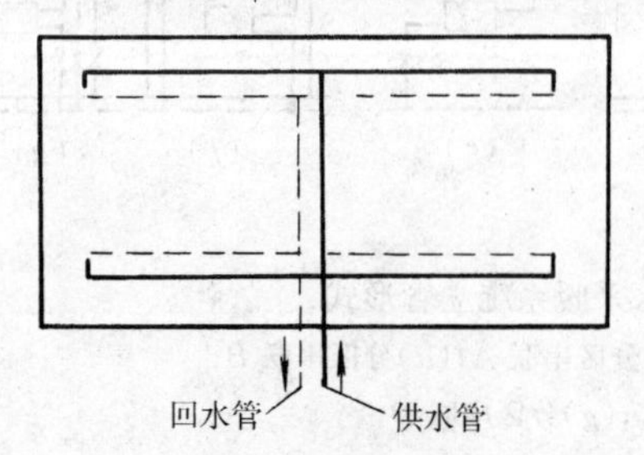

图 2-14　四个支环路的异程系统平面布置

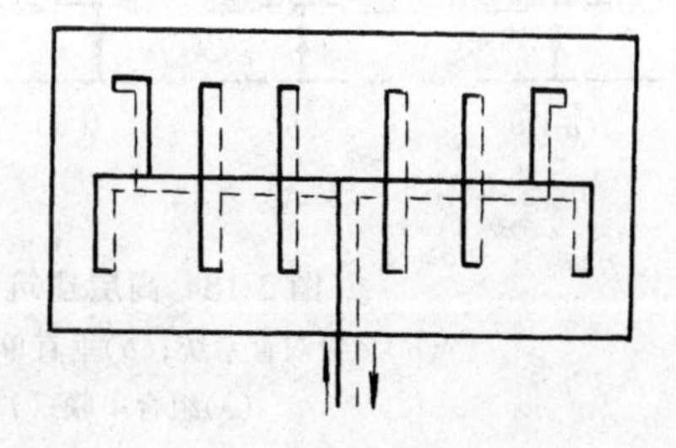

图 2-15　支状异程式系统

(7) 同程式系统

图 2-16 为两个支环路的同程系统，一般将供水干管的始端设置在朝北向侧，而末端设在朝南向侧。图 2-17 为无分支环路的同程式系统，适用于小型系统，或引入口的位置不易平分成对称热负荷时，系统较为适用。

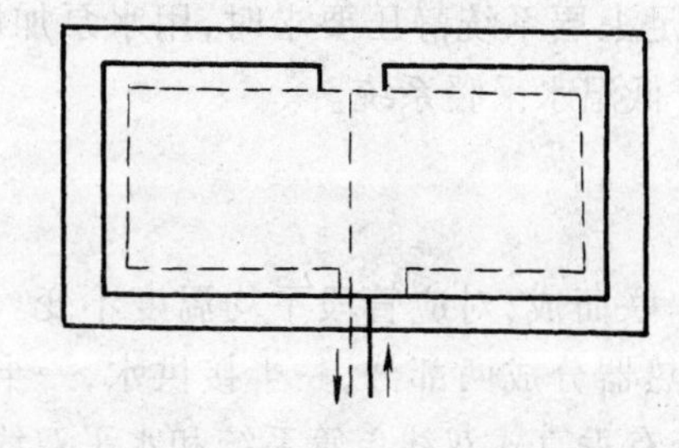

图 2-16　两个支环路的同程系统

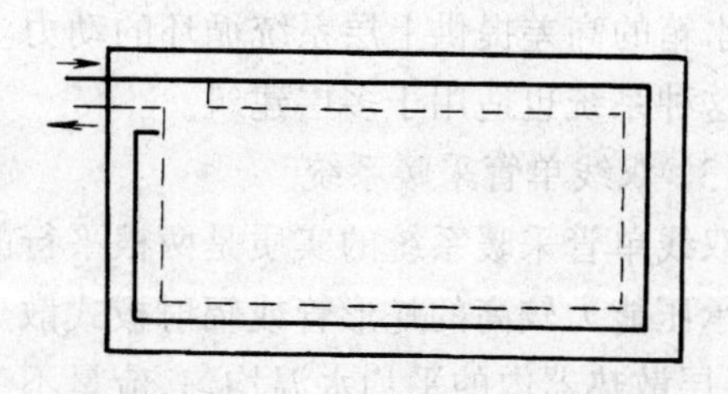

图 2-17　无分支环路的同程系统

同程式系统热媒沿各立管环路流程相同，系统易于平衡，供热均匀。

3. 高层建筑采暖常用的型式

在高层建筑采暖系统设计中，一般其高度超过 50m 时，宜竖向分区供热，各区自成系统。系统型式与低层建筑型式相同，但因层数较多其立管构造也有自己的特点。一个垂直单管采暖系统所供层数不宜大于 12 层。高层建筑常用的立管结构型式如图 2-18。

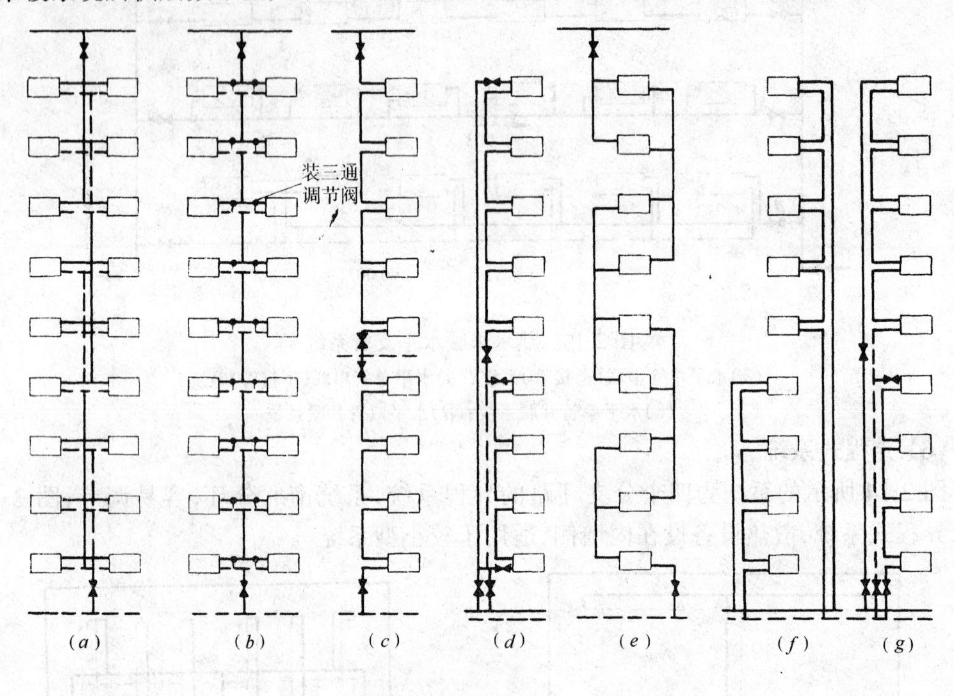

图 2-18　高层建筑常用的热水采暖系统立管形式
(*a*)多级双管系统；(*b*)垂直单管串联；(*c*)分区串联 *A*；(*d*)分区串联 *B*；
(*e*)组合串联；(*f*)分区串联 *C*；(*g*)分区串联 *D*

(1) 高层建筑分区供暖方式

如图 2-19 所示，利用水加热器使上区系统的压力工况与室外网路的压力状况隔绝，从而系统本身可以使用承压能力较低的散热设备，同时也解决了同一外网中低层用户的超压问题。

(2) 高层建筑双水箱供水方式

如图 2-20 所示，下层系统与外网直接连接，上层系统采用两个隔断水箱与外网连接（避免高层系统静压直接作用于外网，外网压力不能满足上层系统静压要求时，用水泵加压。），由两水箱的高差提供上层系统循环的动力。可用于低温水采暖系统。

这种系统也适用于多层建筑。

(3) 双线单管采暖系统

双线单管采暖系统的实质是两根平行的管子串联而成，对应管段平均温度不变。一般采用承压能力较高的蛇形管或辐射板式散热器，散热器分成两部分，一半接供水，一半接回水，各层散热器内的平均水温均匀，流量不变。系统有垂直式双线单管系统和水平双线单管系统两种形式。

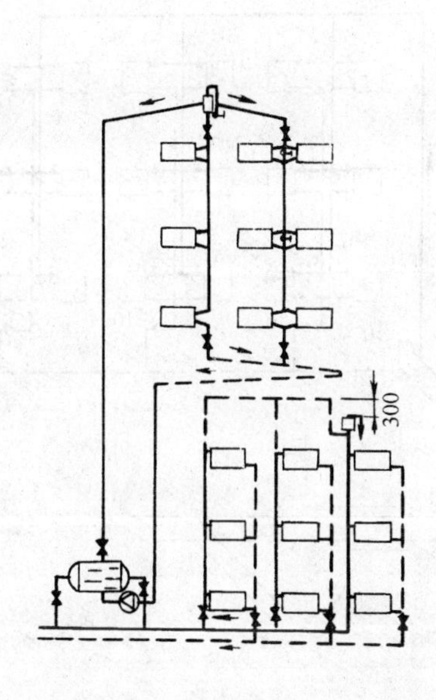

图 2-19　高层建筑分区采暖系统

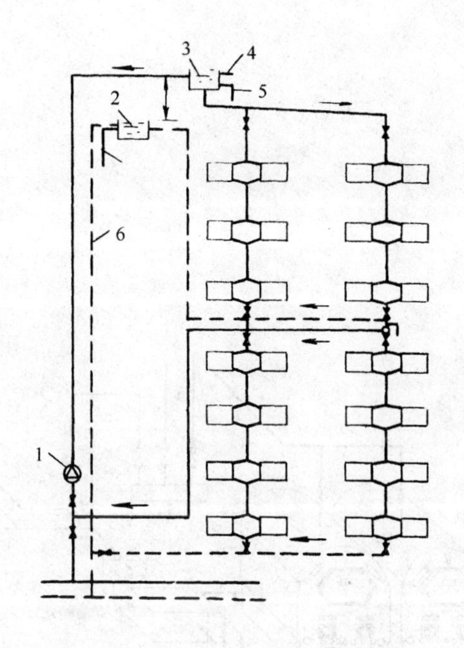

图 2-20　双水箱分区采暖系统

1—加压泵;2—回水箱;3—进水箱;4—溢流管;
5—信号管;6—回水箱溢流回水管

第三节　蒸 汽 采 暖 系 统

以蒸汽作为热媒的采暖系统,称作蒸汽采暖系统。

一、蒸汽采暖系统的组成

低压蒸汽采暖系统中,蒸汽依靠自身的压力克服系统的阻力前进,在散热设备中放出汽化潜热,蒸汽凝结成水,靠重力回流至凝结水池,如图 2-21 所示。系统主要由蒸汽锅炉,散热器、疏水器、凝结水管、凝结水箱、凝结水泵组成。

1. 蒸汽锅炉

蒸汽锅炉是集中供热的常用热源,用来将水加热成蒸汽。

2. 蒸汽管道

将蒸汽由锅炉输送至散热器的管道,水平蒸汽管设有沿途(流向)逐渐下降的坡度(俗称低头走),以便于排除沿途凝结水。

3. 散热器

用来向室内散热的设备,蒸汽在散热器的内部凝结成水。

4. 疏水器

是疏水阻汽装置,能阻止蒸汽通过而排除凝结水和其它非凝结性气体。

5. 凝结水管

将凝结水由散热器送至凝结水池的管道,低压蒸汽系统多为重力回水。

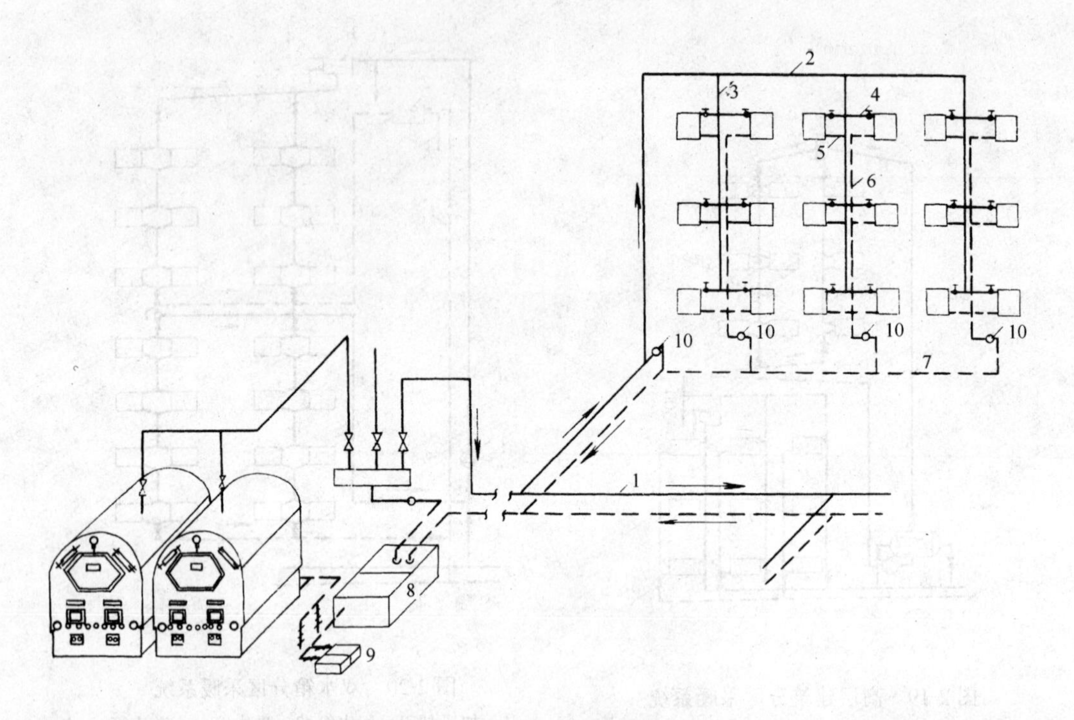

图 2-21　低压蒸汽采暖系统示意

1—室外蒸汽干管；2—室内蒸汽干管；3—蒸汽立管；4—散热器水平支管；5—凝结水支管；6—凝结水立管；7—凝结水干管；8—凝结水池；9—凝结水泵；10—疏水器

6．凝结水池(箱)

用以收集并容纳系统的凝结水。

7．凝结水泵

将凝结水池(箱)的水注入锅炉。

二、低压蒸汽采暖系统的型式

低压蒸汽采暖系统的型式较多，常用的有双管上分式、双管下分式、双管中分式、单管上分式系统，如图 2-22 至 2-25 所示。

低压蒸汽凝结水的回收有重力式和机械式，图 2-26 为重力式回收系统，不设凝结水箱，

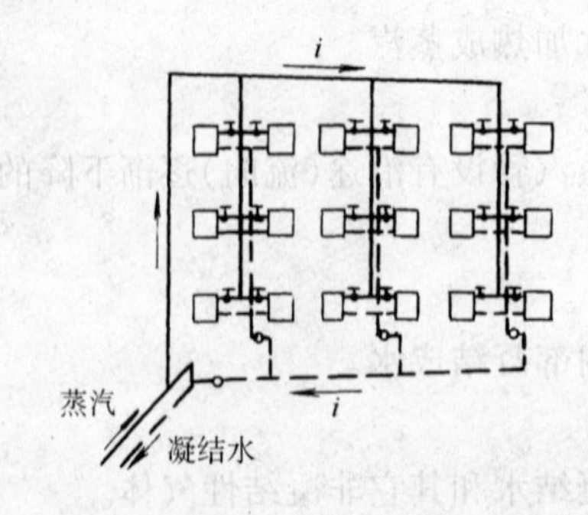

图 2-22　双管上分式蒸汽采暖系统

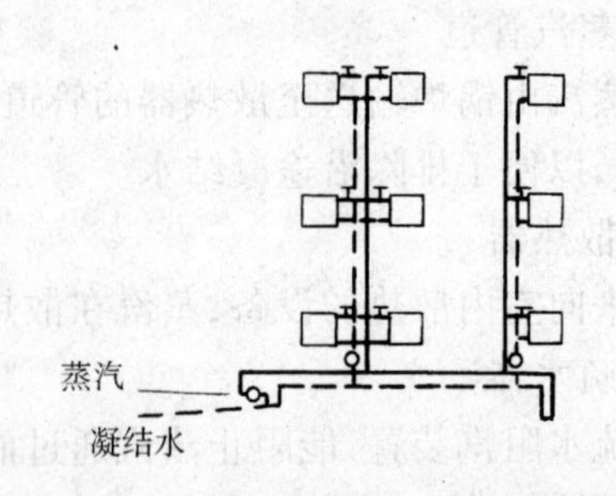

图 2-23　双管下分式蒸汽采暖系统

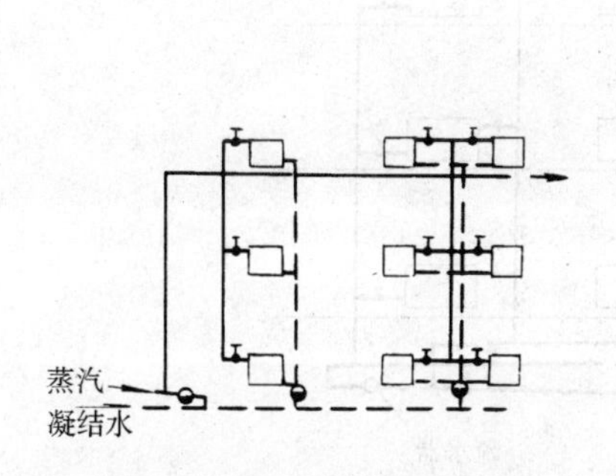

图 2-24 双管中分式采暖系统图式

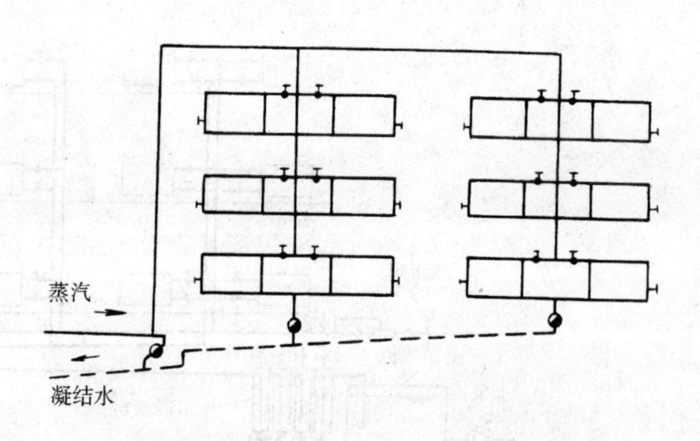

图 2-25 单管上分式蒸汽采暖系统

凝水依靠重力直流回锅炉；图 2-27 为机械回收系统，凝结水先流回至凝结水箱，然后由凝结水泵将凝结水送回锅炉。

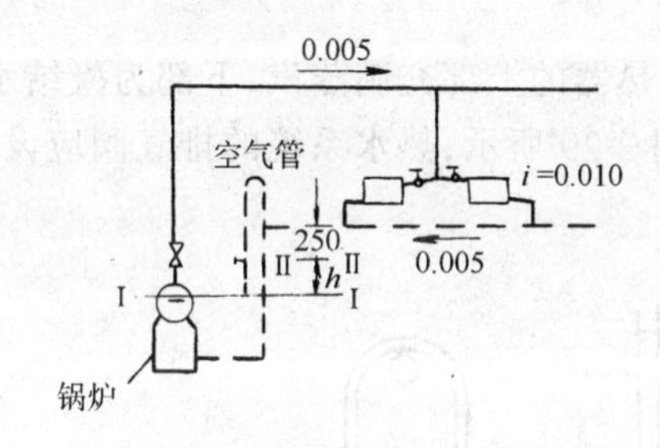

图 2-26 重力式回水蒸汽采暖系统

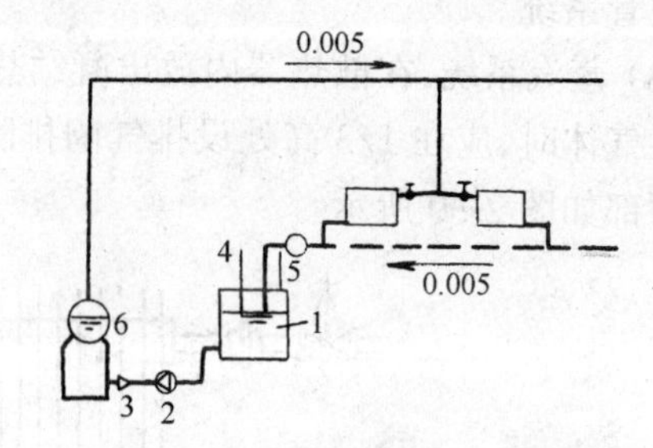

图 2-27 机械式回水蒸汽采暖系统

1—凝水箱；2—凝水泵；3—止回阀；
4—空气管；5—疏水器；6—锅炉

三、高压蒸汽采暖系统

高压蒸汽采暖系统，仅适用于工艺以蒸汽为主的厂区采暖，且在不违犯卫生、技术、节能的要求下应用。如图2-28所示，为便于平衡，系统多采用同程式形式布置干管。

四、蒸汽采暖同热水采暖的比较

1. 蒸汽和热水作为热媒的比较

(1) 在放热量相同的条件下，蒸汽采暖所需的热媒流量少。在蒸汽密度下，静压小。

(2) 散热器平均温度高，较热水采暖节约散热器面积，但亦能使表面的有机灰尘升华，影响室内的空气环境。

(3) 蒸汽系统热得较快，冷得也快，最适用于短时间间歇供暖的建筑物。

(4) 蒸汽系统有跑、冒、滴、漏现象，热效率低。

(5) 管道及设备工作条件差，易腐蚀，使用年限短。

2. 蒸汽采暖与热水采暖系统的比较

(1) 蒸汽系统的供汽水平干管具有沿途下降的坡度，以利于排除凝结水；而热水供热系

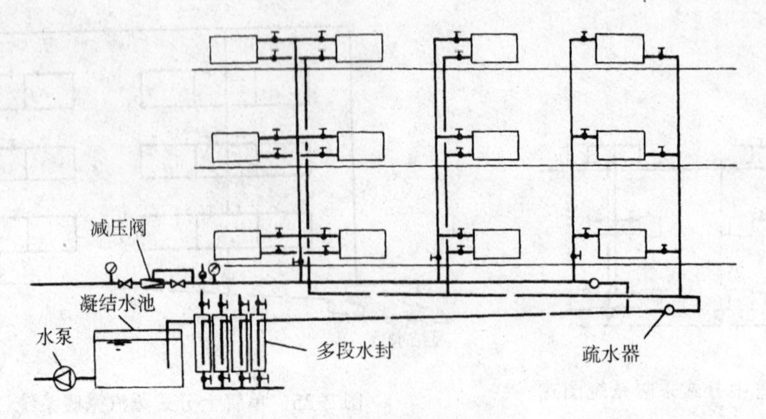

图 2-28　下供同程式系统

统的水平干管具有沿途上升的坡度，以利于排除系统的空气。

(2) 蒸汽系统的立管多是供汽立管和凝结水立管单独设置，多用双管系统；而热水系统用单立管系统。

(3) 蒸汽系统，在散热器内放出凝结热，在散热器的上部充满蒸汽，下部为凝结水，有非凝结性气体时，应在 1/3 高处设排气阀排除，如图 2-29 所示；热水系统的排气阀应设在散热器的顶部如图 2-30 所示。

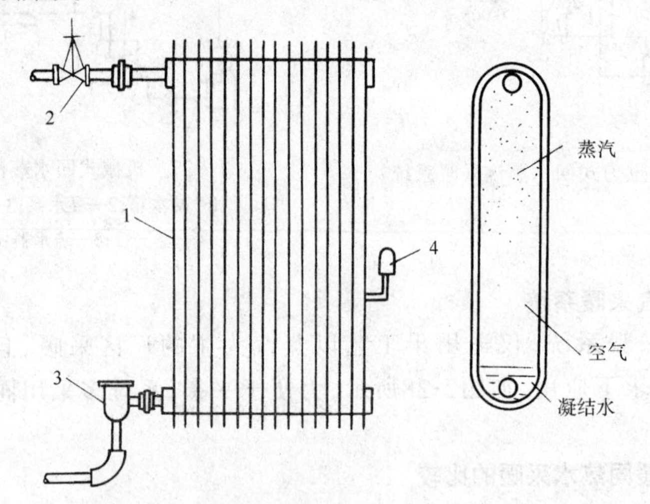

图 2-29　低压蒸汽采暖散热器

1—散热器；2—阀门；3—疏水器；4—自动排气阀

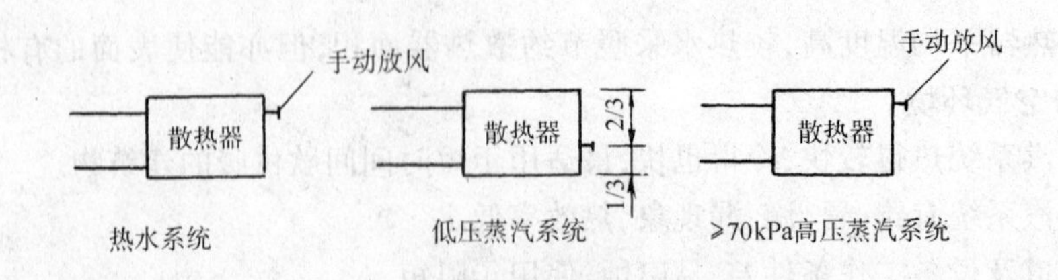

图 2-30　手动放风在散热器上的安装位置

第四节　采暖系统的主要设备

一、采暖散热器

采暖散热器是采暖系统的末端装置，装在房间内，作用是将热媒携带的热量传递给室内的空气，以补偿房间的热量损耗。散热器必须具备一定的条件：首先，能够承受热媒输送系统的压力；其次要有良好的传热和散热能力；还要能够安装于室内，不影响室内的美观和必要的使用寿命。

散热器的制造材料有铸铁、钢材和其它材料（铝、塑料、混凝土等）；其结构形状有管型、翼型、柱型和平板型等；其传热方式有对流和辐射。

1. 铸铁散热器

铸铁散热器用铸铁浇铸而成，主要材料为生铁、焦炭及造型砂。

(1) 翼型散热器

翼型散热器有圆翼型、长翼型和多翼型等几种型式，如图 2-31 及 2-32 所示。

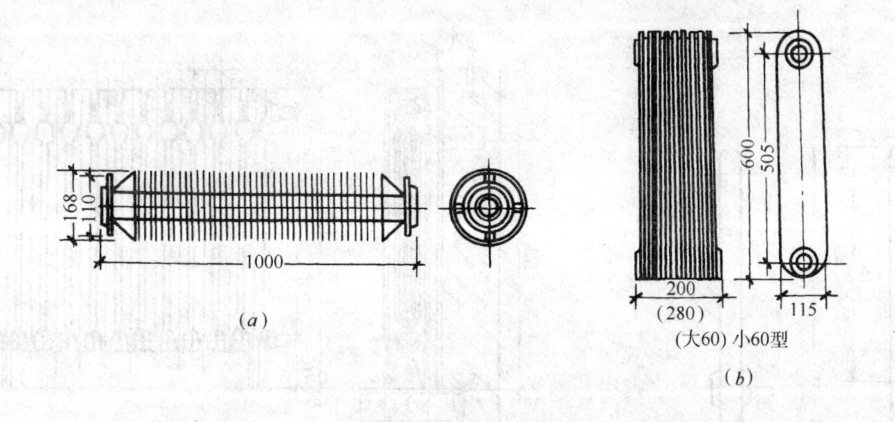

图 2-31　翼型散热器

(a)圆翼型散热器；(b)长翼型散热器

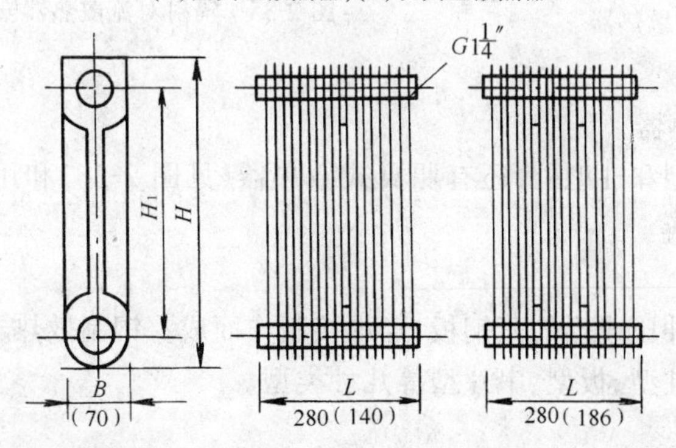

图 2-32　铸铁多翼型散热器

(2) 柱型散热器

铸铁柱型散热器有标准柱型（柱外径约 27mm）、细柱型和柱翼型（又称辐射对流型）等几种型式，见图 2-33、2-34 及 2-35。

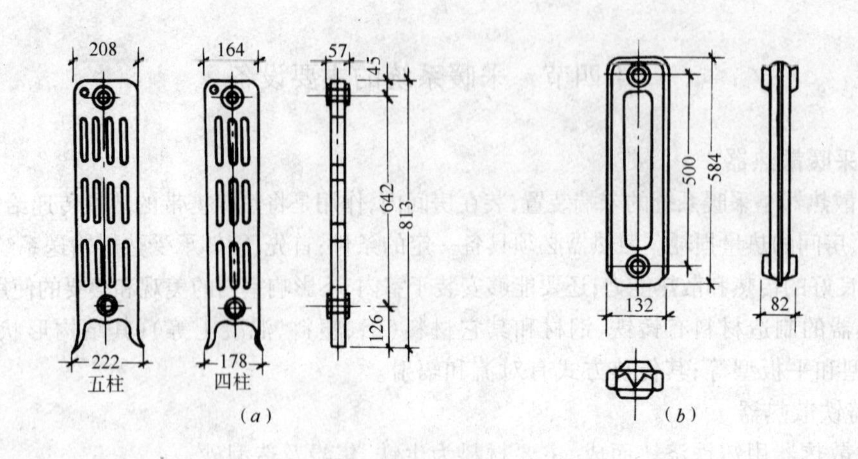

图 2-33　柱型散热器

(a)四柱和五柱型散热器；(b)二柱 M—132 型散热器

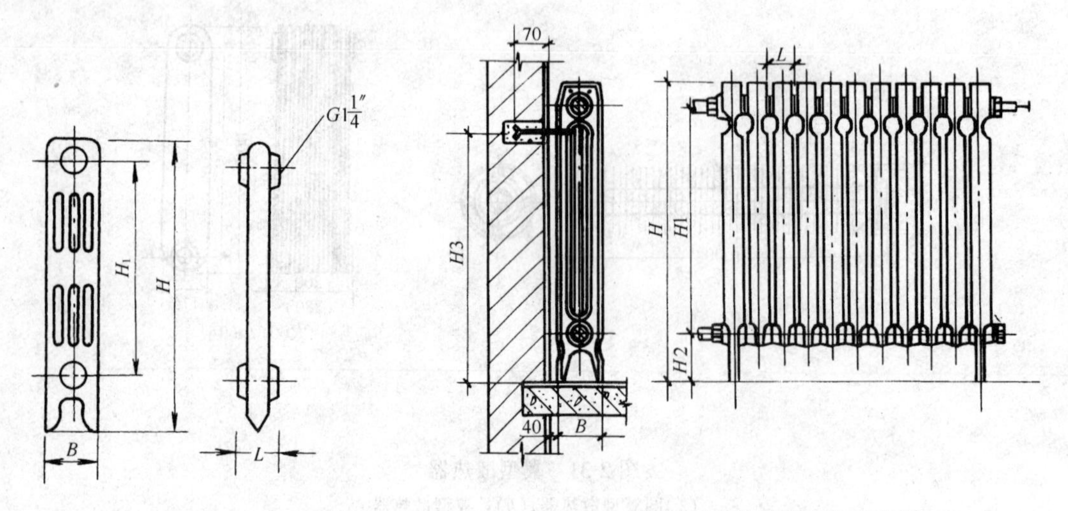

图 2-34　铸铁细柱型散热器

图 2-35　辐射对流散热器安装示意图

(3) 其它型式散热器

铸铁散热器除翼型和柱型外，还有厢翼式散热器（见图 2-36）和用于厨房、卫生间的栅式散热器（见图 2-37）等。

2. 钢制散热器

钢制散热器是由冲压成形的薄钢板，经焊接制作而成。钢制散热器金属耗量少，使用寿命短。钢制散热器有柱型、板型、串片型等几种类型。

(1) 柱型散热器

钢制柱型散热器的外形同铸铁柱型散热器，以同侧管口中心距为主要参数有 300、500、600、900mm 等常用规格，宽度系列为 120、140、160mm，片长（片距）为 50mm，钢板厚为 1.2mm 和 1.5mm 分别为 0.6MPa 和 0.8MPa 工作压力。柱型散热器见图 2-38。

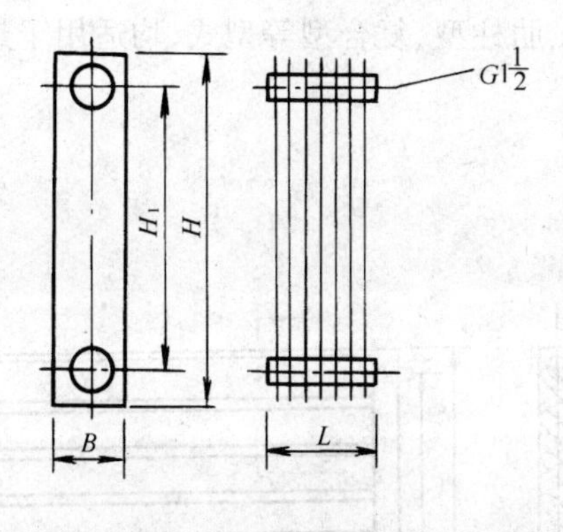

图 2-36　铸铁厢翼型散热器

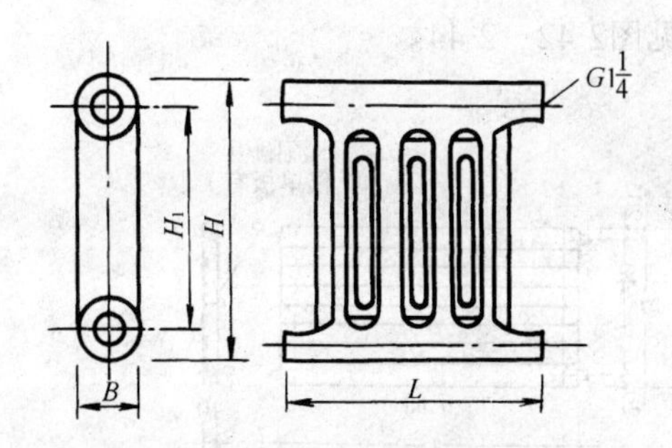

图 2-37　铸铁栅型散热器

(2) 板型散热器

钢制板型散热器多用 1.2mm 钢板制作，有单板带对流片（见图 2-39）和双板带对流片两种类型。

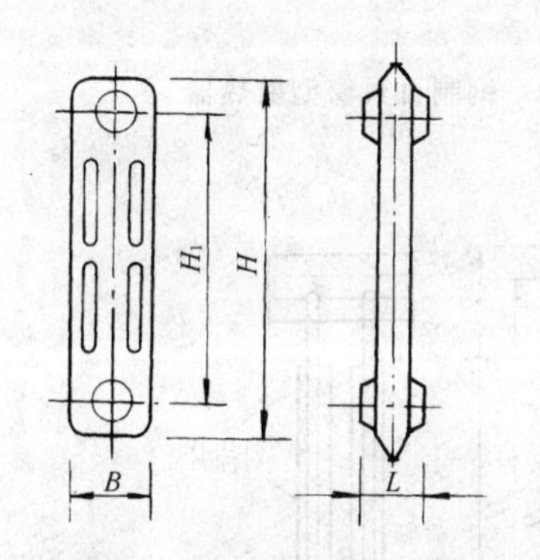

图 2-38　钢制柱型散热器

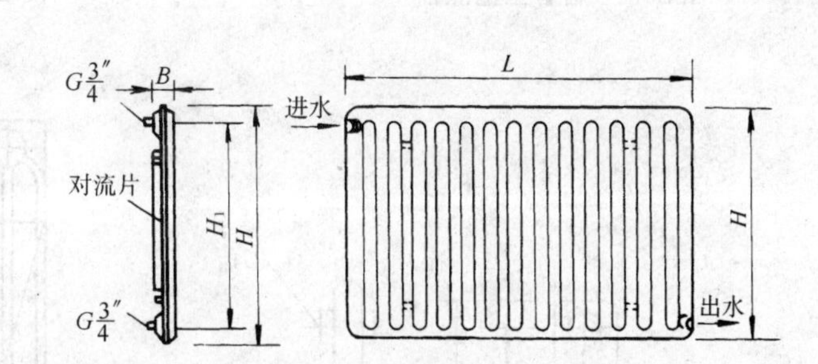

图 2-39　钢制板型散热器

(3) 串片散热器

钢制串片（闭式）型散热器是用普通焊接钢管或无缝钢管串接薄钢板对流片的结构，具有较小的接管中心距，其外形如图 2-40。

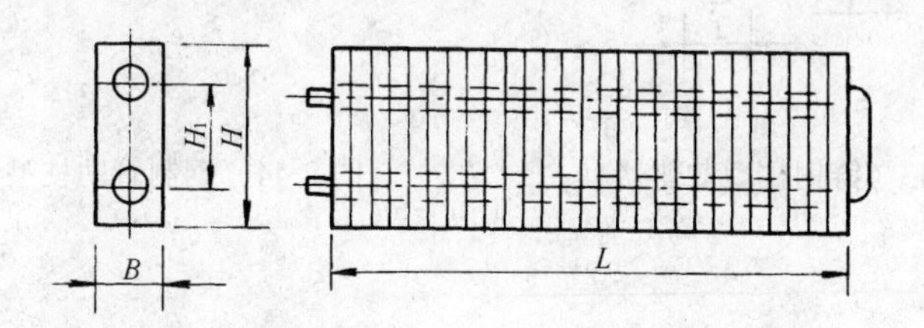

图 2-40　钢制串片（闭式）型散热器

(4) 扁管型散热器

是以钢制矩形截面的扁管为元件组合而成的，有单板带对流片型和不带对流片两种型式，图 2-41 为单板不带对流片型。

除以上各种型式外，钢制散热器还有百叶窗式、肋柱型、复合型等型式，均适用于热水采暖，见图2-42～2-44。

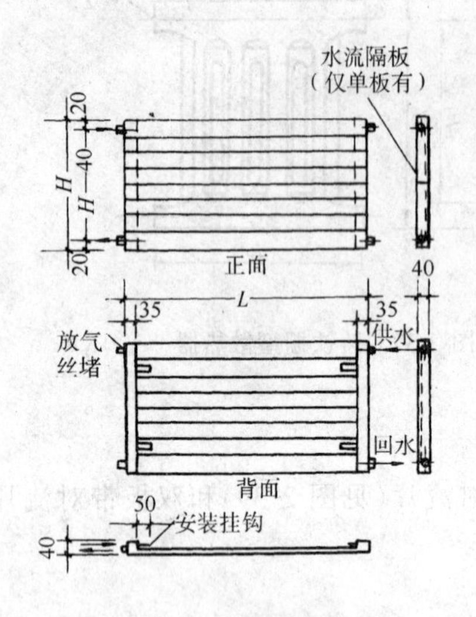

图 2-41　扁管型散热器

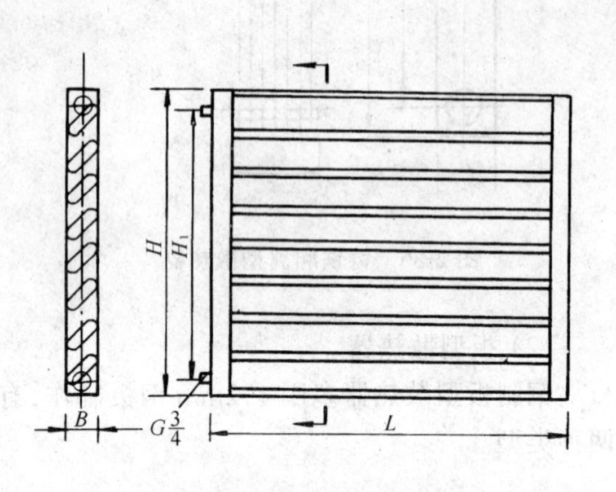
图 2-42　钢制百页窗型散热器

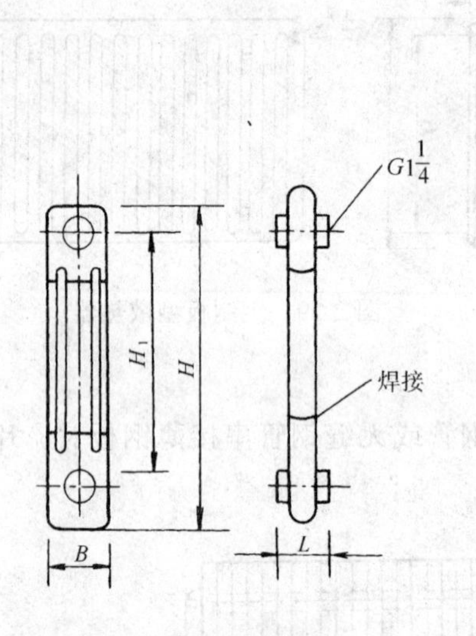

图 2-43　铸钢柱型散热器

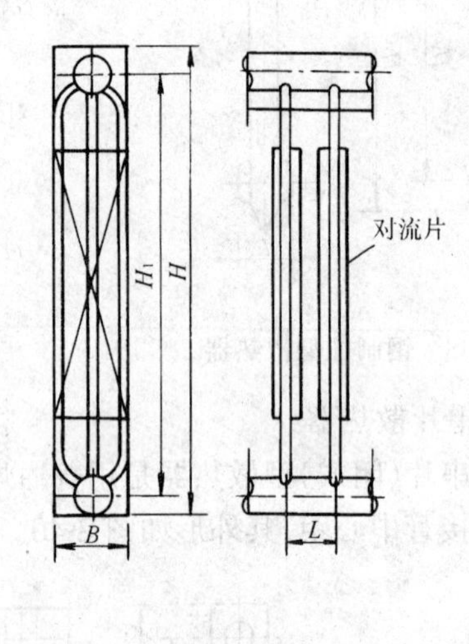

图 2-44　钢制管肋柱型散热器

二、暖风机

暖风机是由吸风口、风机、空气加热器和送风口等部件组成的热风供暖设备，有轴流式和离心式两种类型，如图 2-45、2-46，适用于各种类型的车间，可独立供暖或补充散热器散热的不足。

大型暖风机安装时需用地脚螺栓固定于地面基础上，小型暖风机一般悬挂或支架在墙面和柱子上。图 2-47 为暖风机抱柱式吊装。

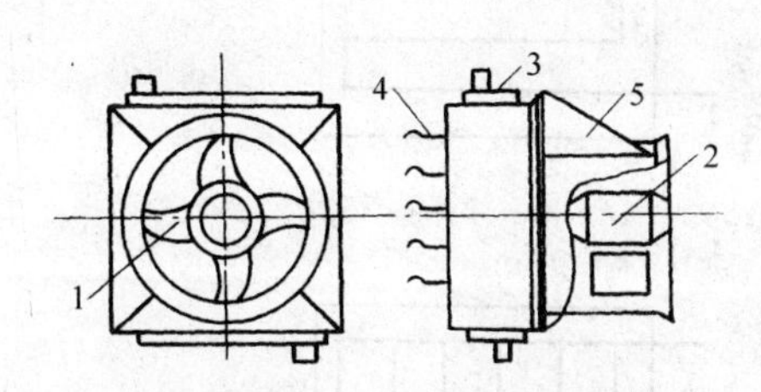

图 2-45　NC 型暖风机

1—轴流式风机；2—电动机；3—加热器；

4—百叶板；5—支架

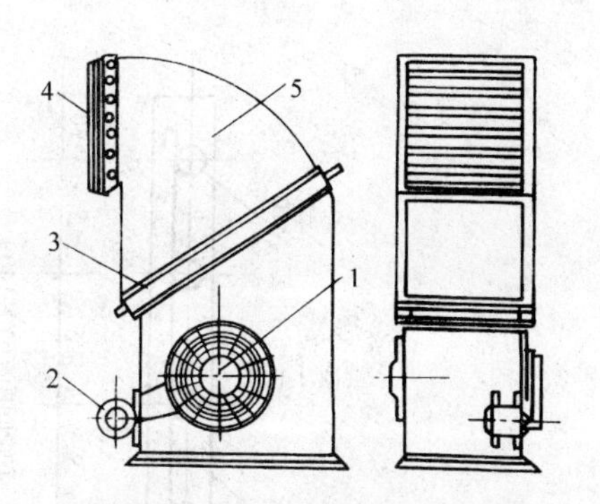

图 2-46　NBL 型暖风机

1—离心式风机；2—电动机；3—加热器；

4—导流叶片；5—外壳

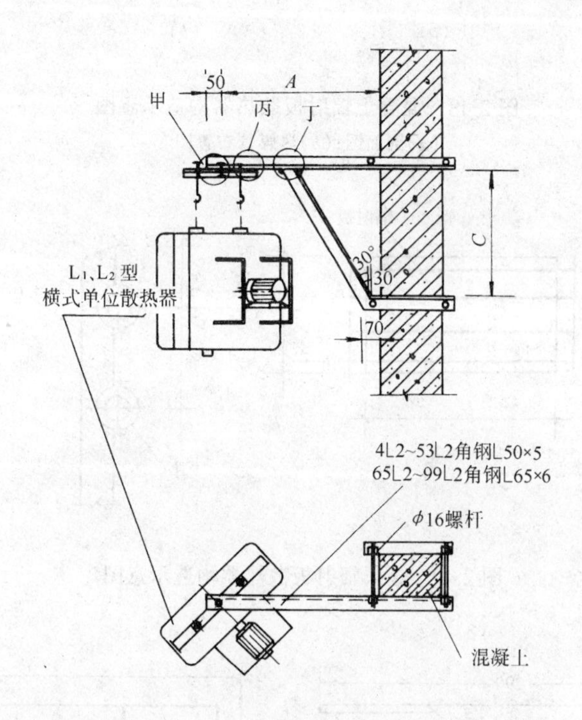

图 2-47　NC 型暖风机安装大样

三、辐射板型散热器

辐射板型散热器是以辐射为主要传热方式的散热设备，按表面温度分为低温辐射板散热器，例如：混凝土辐射板散热器，见图 2-48；中温辐射板散热器，如钢制辐射板，见图 2-49；高温辐射板散热器，如燃气红外线辐射散热器，如图 2-50。钢制辐射板的安装见图 2-51。

四、膨胀水箱

膨胀水箱在热水采暖系统中，用以贮存水受热而增加的体积，在自然循环系统中起排气作用，在机械循环中起定压作用。膨胀水箱在系统中的位置见图 2-4 和 2-8，膨胀水箱的配管见图 2-52。

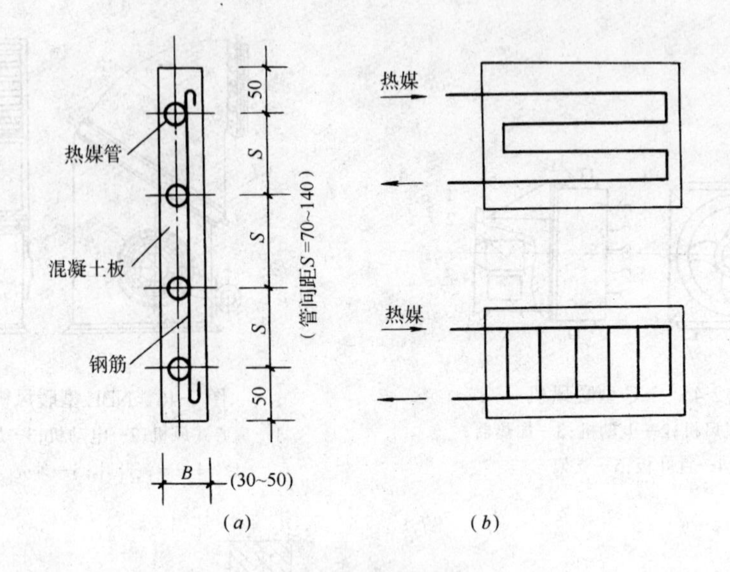

图 2-48　混凝土辐射板散热器构造示意图

(a)剖面图;(b)热媒管布置图

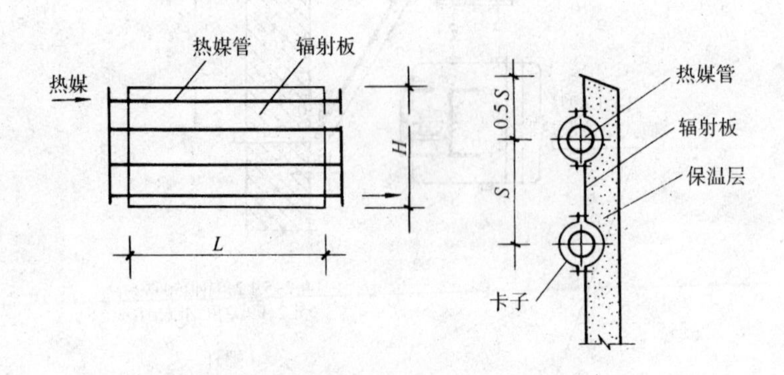

图 2-49　金属辐射板散热器构造示意图

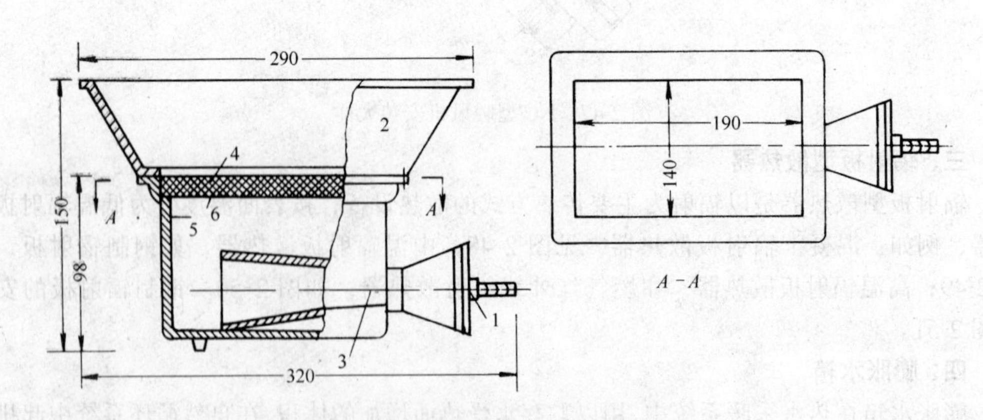

图 2-50　燃气辐射板散热器构造图

1—喷嘴;2—反射罩;3—外壳;4—多孔陶瓷板;

5—分配板;6—多孔陶瓷板托架

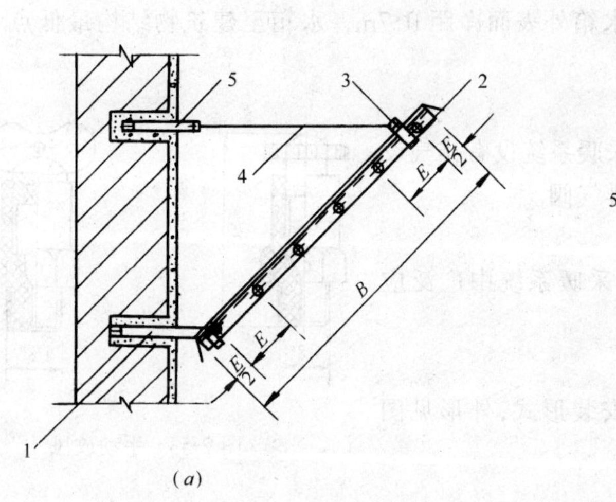

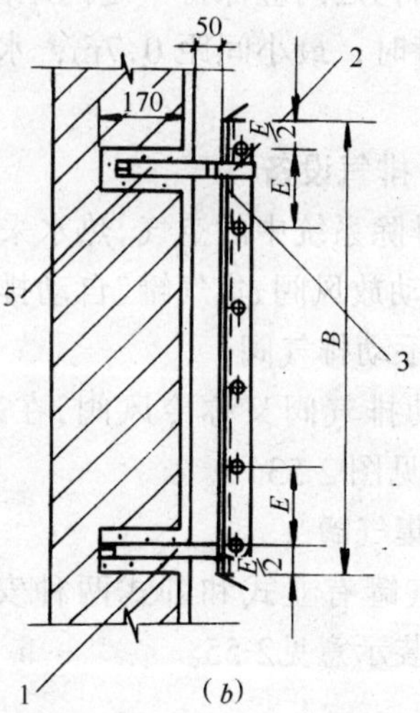

图 2-51 钢制辐射板安装

(*a*)钢制辐射板墙上倾斜安装;(*b*)钢制辐射板墙上垂直安装

1—扁钢托架;2—管卡;3—带帽螺栓;4—吊杆;5—扁钢吊架

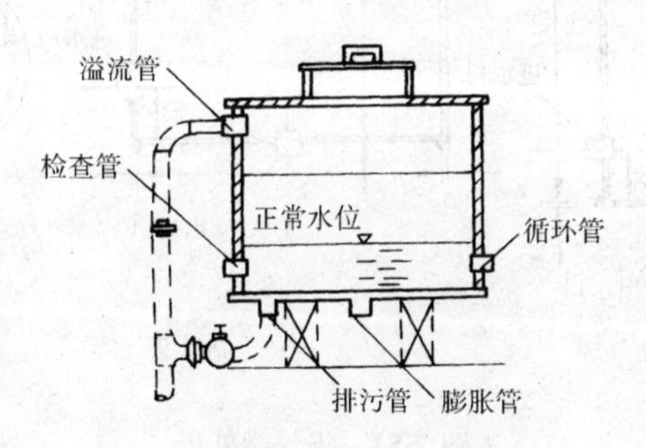

图 2-52 膨胀水箱接管示意

膨胀水箱配管 表 2-2

编号	名称	方形		圆形		阀门
		1~8号	9~12号	1~4号	5~16号	
1	溢水管	*DN*40	*DN*50	*DN*40	*DN*50	不设
2	排污管	*DN*32	*DN*32	*DN*32	*DN*32	设 置
3	循环管	*DN*20	*DN*25	*DN*20	*DN*25	不 设
4	膨胀管	*DN*25	*DN*32	*DN*25	*DN*32	不 设
5	信号管	*DN*20	*DN*20	*DN*20	*DN*20	设 置

水箱间高度为2.2~2.6m，应有良好的通风和采光。为便于操作管理，水箱之间及其

与建筑结构之间应保持一定的距离。如水箱与墙面的距离，当水箱侧无配管时最小0.3m，当有配管时，最小间距0.7m，水箱外表面净距0.7m，水箱至建筑物结构最低点不小于0.6m。

五、排气设备

为排除系统中的空气，热水采暖系统设有排气设备，有手动放风阀、集气罐、自动排气阀。

1．手动排气阀

手动排气阀又称冷风阀，在采暖系统中广泛应用，外形见图2-53。

2．集气罐

集气罐有立式和卧式两种安装形式，外形见图2-54，安装示意见2-55。

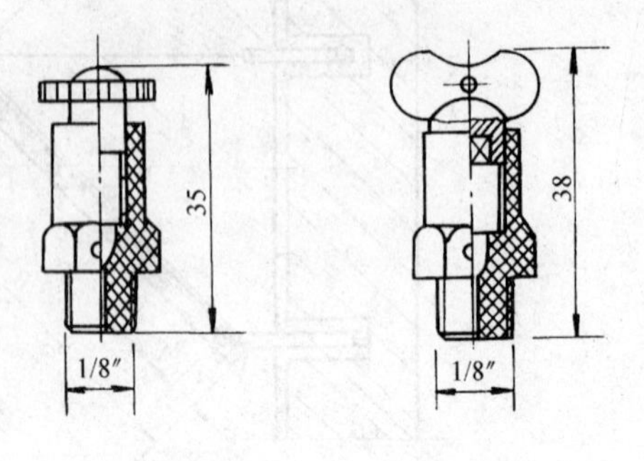

图2-53　手动放风

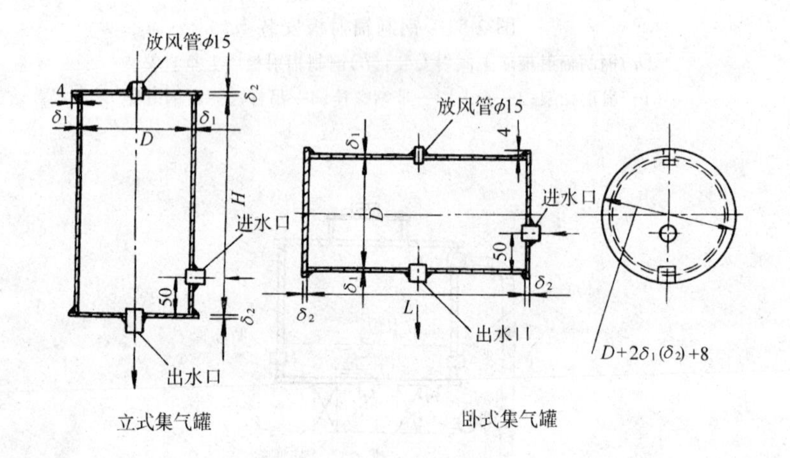

图2-54　集气罐外形

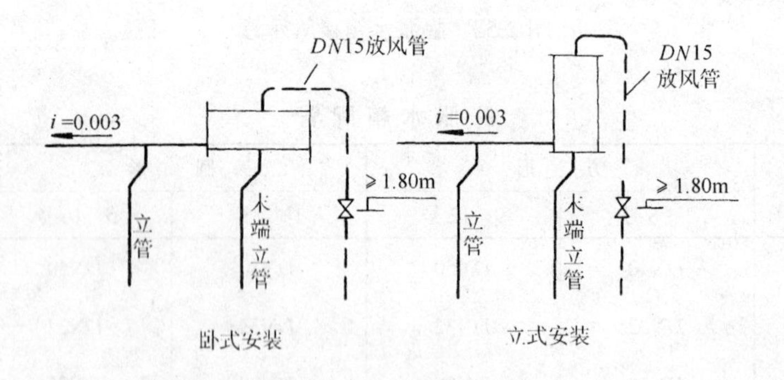

图2-55　集气罐安装示意

3．自动排气阀

自动排气阀是靠阀体内的启闭机构自动排除空气的装置。自动排气阀的种类较多，常用的有ZP-$\frac{II}{I}$和WZ0.8-$\frac{2}{3}$型两种，如图2-56、2-57。

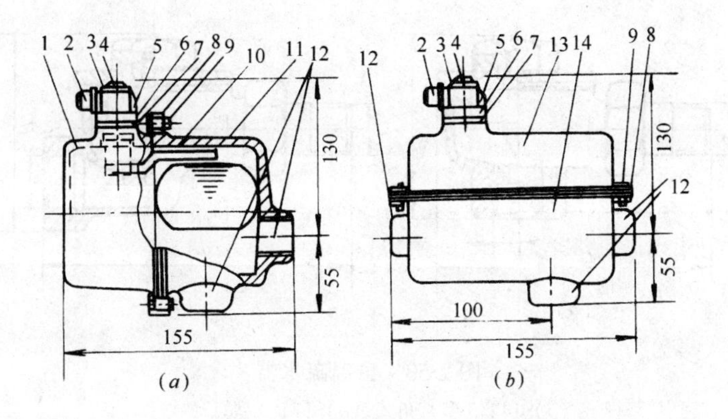

图 2-56　WZ0.8-$\frac{2}{3}$型卧式自动排气阀

(a)WZ0.8-2 型(用于系统末端);(b)WZ0.8-3 型

(用于系统中央或管道中间部位排气)

1—前壳体;2—排气嘴;3—六角扁螺母;4—首次排气嘴;

5—排气压盖;6—六角螺母;7—阀座垫圈;8—胶垫;9—螺栓螺母;

10—浮球机构;11—后壳体;12—接管;13—上壳体;14—下壳体

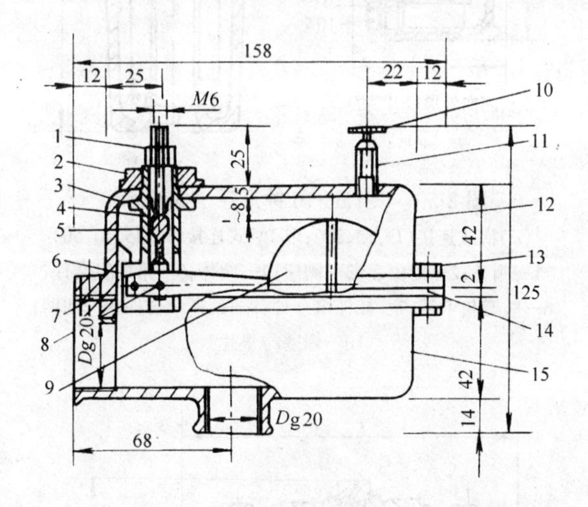

图 2-57　ZP-$\frac{\text{I}}{\text{II}}$、ZPT C 型自动排气阀

1—排气芯;2—六角锁紧螺母;3—阀芯;4—橡胶封头;

5—滑动杆;6—浮球杆;7—铜销钉;8—铆钉;9—浮球;

10—手拧顶针;11—手动排气座;12—上半壳;

13—螺栓螺母;14—垫片;15—下半壳

六、疏水器

疏水器安装在蒸汽系统中,用以自动排除用热设备及输汽管道中的凝结水及空气,阻止蒸汽逸漏。在民用建筑采暖系统中,常用的疏水器主要有:恒温疏水器、钟形浮子式疏水器和浮桶式疏水器,见图 2-58、2-59 及 2-60。

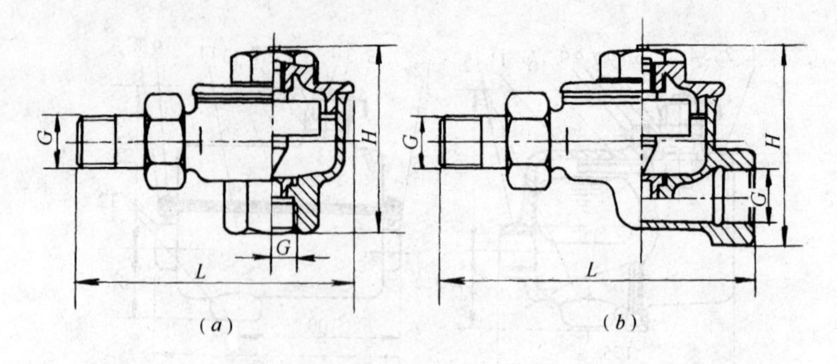

图 2-58　恒温疏水器

(*a*)S14T 3 型直角式;(*b*)S17T 3 型直通式

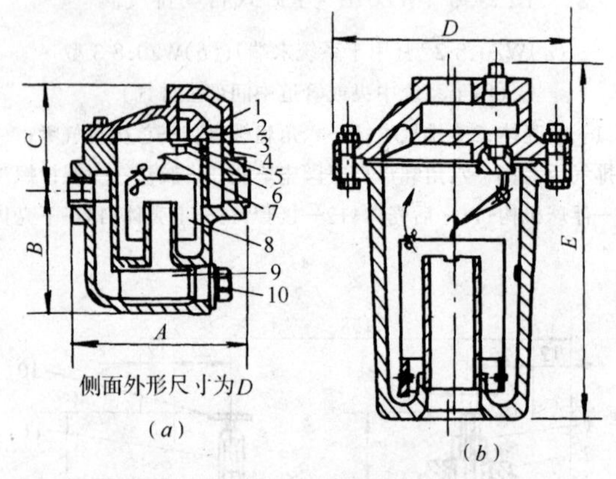

图 2-59　CS15H-16 钟形浮子式疏水器

(*a*)横式连接(*D*,15,20);(*b*)竖式连接(*D*,25,40,50)

1—阀盖;2—定位套;3—阀座;4—阀体;5—吊架组合件;

6—阀瓣与卡簧;7—杠杆组合件;8—吊桶组合件;9—滤网;

10—螺塞与垫片

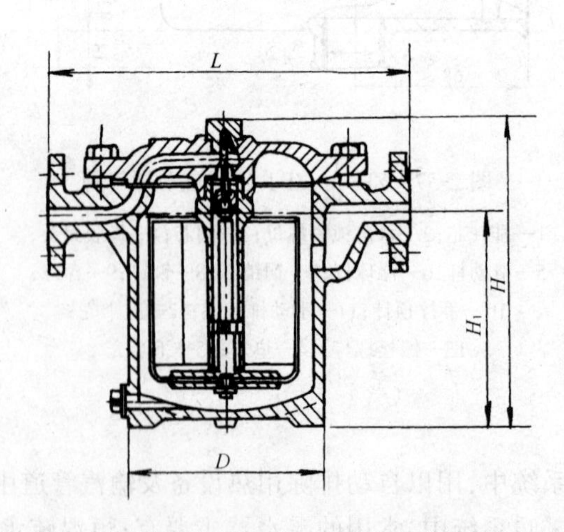

图 2-60　S43H-10 浮桶式疏水器

七、伸缩器与管道支架

在热媒流过管道时，由于温度升高，管道会发生热伸长，为减少膨胀而产生的轴向应力需根据伸长量的大小选配伸缩器，为了使管道的伸长能均匀合理地分配给伸缩器，使管道不偏离允许的位置，在管段的中间应用固定支架固定。管道支架的形式见图 2-61，常用伸缩器的形式见图 2-62～2-65。

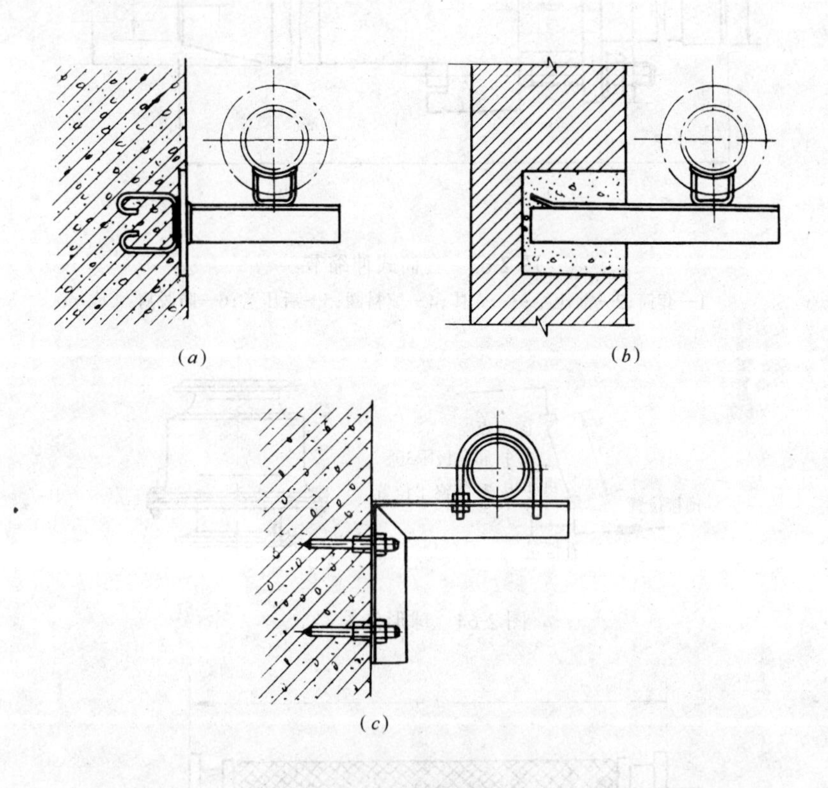

图 2-61 管道支架安装形式

(a)焊接在预埋钢板上的管道支架；(b)直接埋入预留洞槽内的管道支架；(c)用射钉安装的管道支架

工程上常用的伸缩器有方形伸缩器，套筒式伸缩器、波纹伸缩节、金属软管等，见图 2-62～2-65。

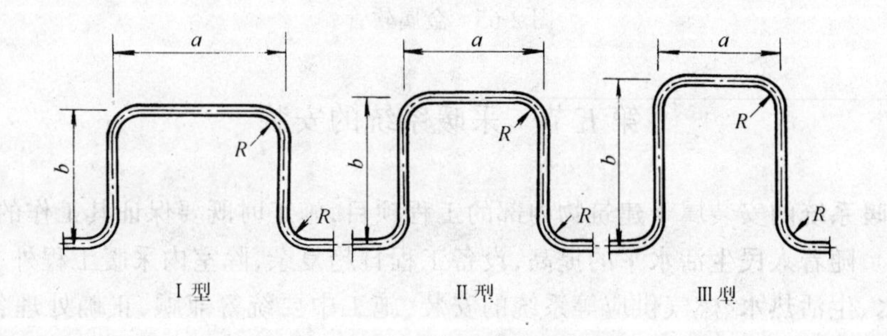

图 2-62 方形伸缩器外形

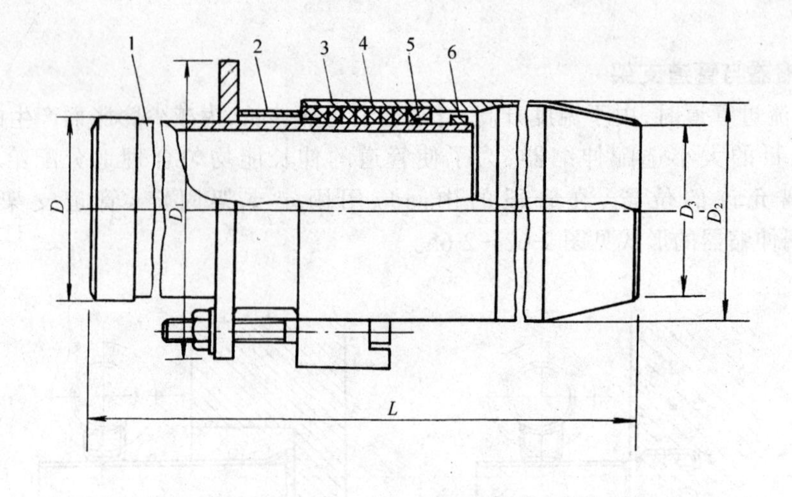

图 2-63　套筒式伸缩节

1—套筒;2—前压兰;3—壳体;4—填料圈;5—后压兰;6—防脱肩

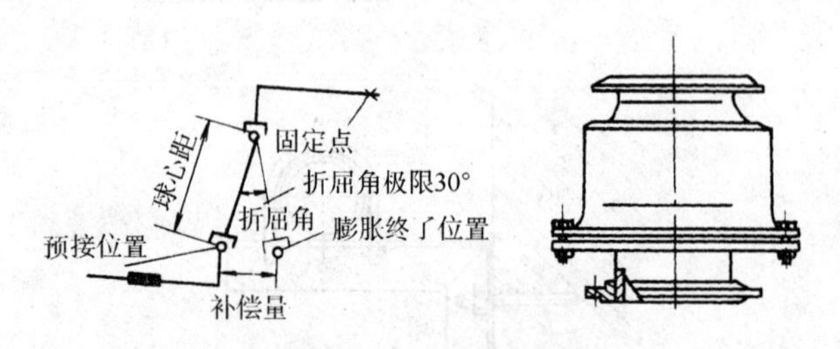

图 2-64　球形伸缩器

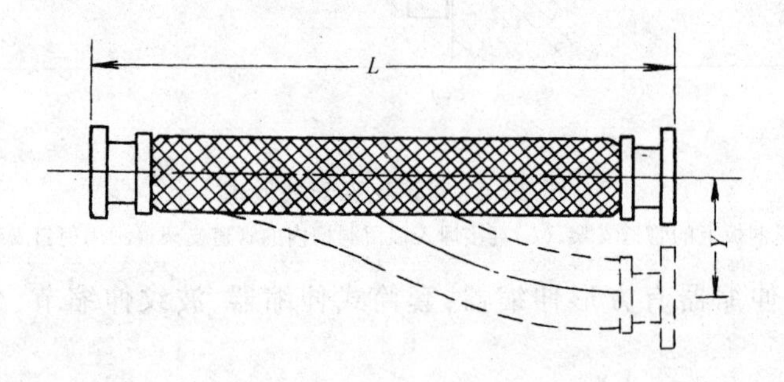

图 2-65　金属软管

第五节　采暖系统的安装

室内采暖系统的安装属于建筑物内部的工程项目,施工时既要保证其工作的可靠性,又要兼顾美观。随着人民生活水平的提高,设备工程日趋复杂,除室内采暖工程外,还有电力、电讯、自来水、生活热水、燃气供应等系统的安装,施工中要统筹兼顾,正确处理各种管线的关系,严格按有关规范和技术标准施工。

一、管道安装

1. 室内采暖管道的测绘和定位

(1) 工作条件

室内采暖管道应在土建主体工程基本完成,穿楼板的孔洞均已预留好,已弹出地面线(或相对线)时进行。此时室内装饰的种类及厚度已经确定;施工图已通过会审,技术资料齐全;散热器已安装就位。

(2) 施工工艺

首先根据设计图纸,对立管位置完成测绘和定位(可用线坠吊线),并对不符合要求的孔洞加以修整,一般孔洞直径比套管外径大 50mm 左右,破坏钢筋时应同土建人员商定技术措施。然后,根据标高和坡度完成水平导管定位,按支架的规格、间距定位,剔孔洞栽支架。再在水平干管的立管甩口位置钉钎子,吊线坠至底层散热器支管的位置,弹出墨线以便核对,并相隔 80mm 将回水立管定位,量取尺寸标注在草图上。最后量取散热器支管的长度尺寸。

2. 室内采暖管道的下料

测绘加工图完成后,经核实无误,在散热器安装就位后可进行室内采暖管道的安装。首先下料,要用与测绘相同的钢盘尺量度,并减去管件所占长度加上拧进螺纹的尺寸,下料并注好尺寸和编号。然后按标准套丝,上好管件、调直,根据要求将特殊管段弯曲成形,最后运抵现场进行安装。

3. 安装

准备工作完成后,按干管、立管、支管的顺序进行安装。

(1) 干管的安装

地沟内的干管应在地沟已砌筑好,未盖沟盖板前安装、试压、隐蔽;位于楼板下的干管,须在楼板安装后方可安装;天棚内的干管在封闭前安装、试压、隐蔽。

安装前,应先检查管道内有无杂物并清理干净;然后从第一节管开始,把管扶正找平,使甩口方向一致,然后按要求焊接(或丝接);并按设计图纸或标准图中规定的位置、标高安装集气罐,安全阀等;最后上好套管、抹灰。

(2) 立管的安装

首先,检查预留孔洞是否准确,将套管先套在立管上,按编号从第一节管开始安装,直到立管安装完毕。

(3) 支管的安装

先核对散热器的安装位置及立管甩头是否准确,然后配散热器支管,将预制好的散热器支管在散热器的补心和立管预留口上试安装,待合适后抹油缠丝麻,锁紧活接,待检查各项尺寸合格后固定套管,堵抹墙洞缝隙。

安装连接图见图 2-66～2-69。

二、散热器的安装

1. 安装位置

采暖散热器的安装位置,应由具体工程的采暖设计图纸确定。一般多沿外墙装于窗台的下面,对于特殊的建筑物或房间也可设在内墙下。

2. 安装前的准备

铸铁散热器在施工现场应按试验压力进行试验,试压合格后方能安装。对于钢制或铝

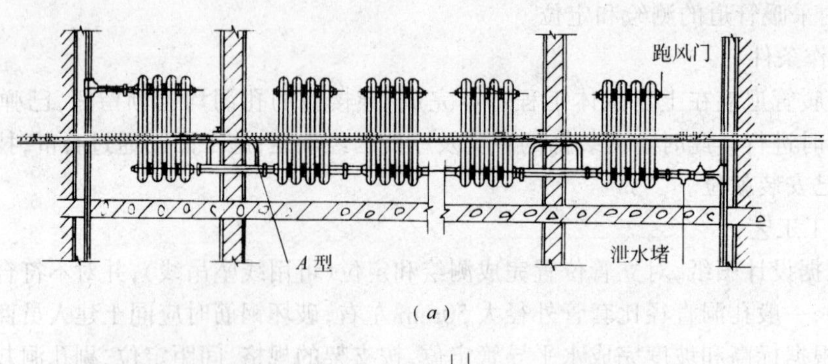

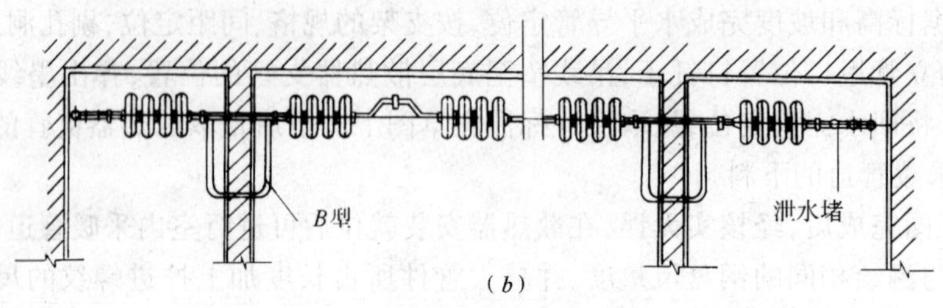

图 2-66　热水供暖水平单管系统管道连接图

(a)立面图;(b)平面图

图 2-67　热水供暖双管系统管道连接图(一)

(a)立面图

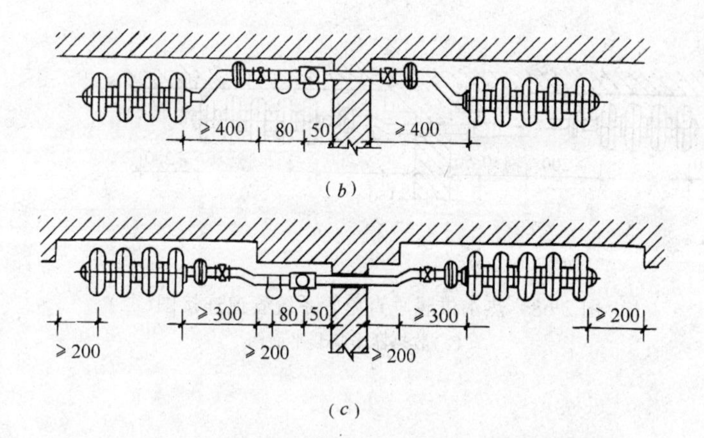

图 2-67 热水供暖双管系统管道连接图(二)

(b)散热器明装平面图;(c)散热器半暗装平面图

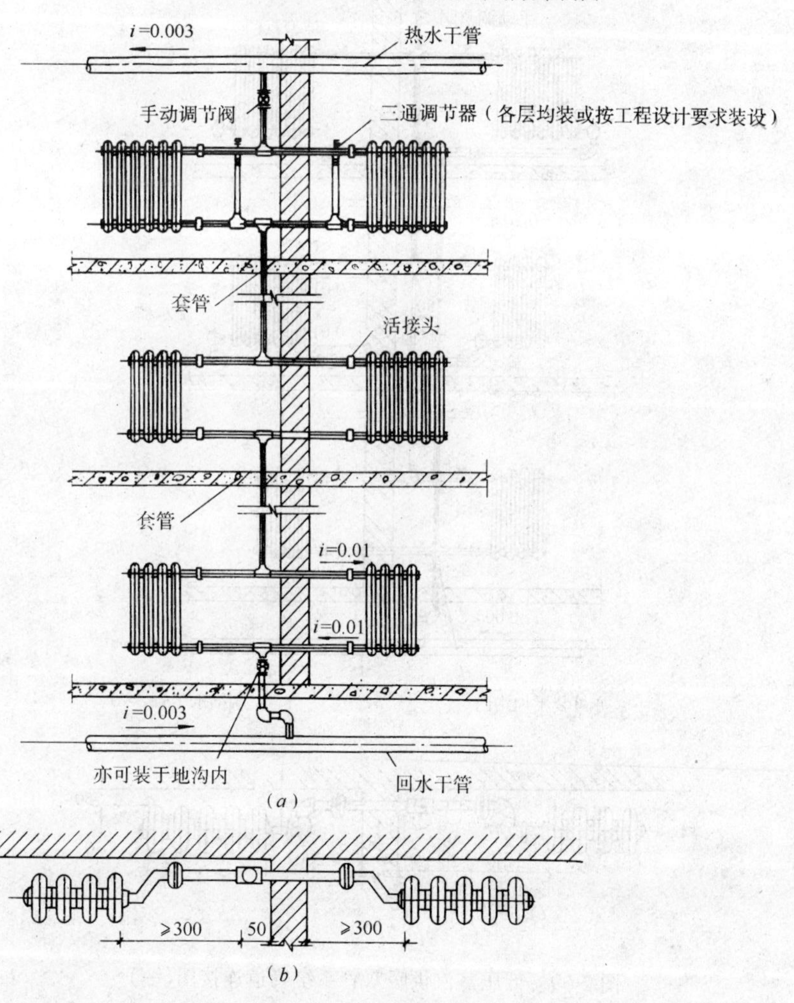

图 2-68 热水供暖垂直单管系统管道连接图(一)

(a)立面图;(b)散热器明装平面图

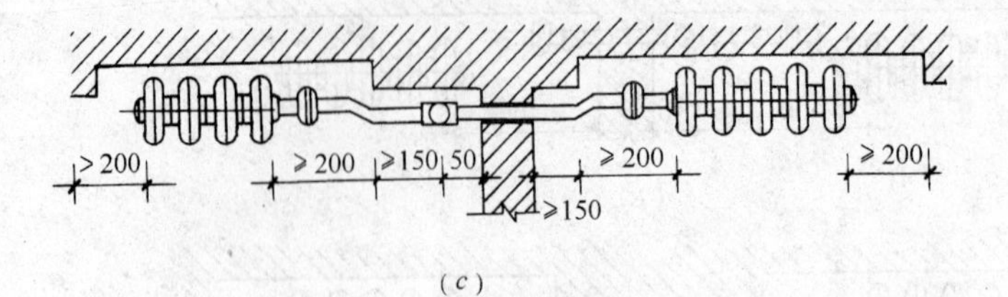

(*c*)

图 2-68　热水供暖垂直单管系统管道连接图(二)

(*c*)散热器半暗装平面图

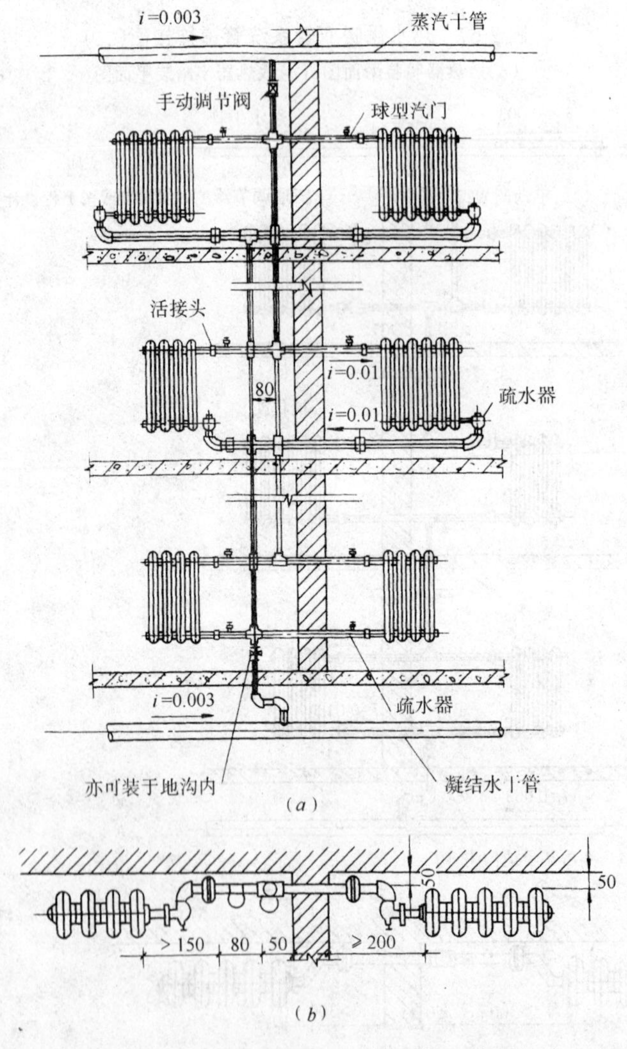

图 2-69　低压蒸汽供暖双管系统管道连接图(一)

(*a*)立面图；(*b*)散热器明装平面图(用角阀连接)；

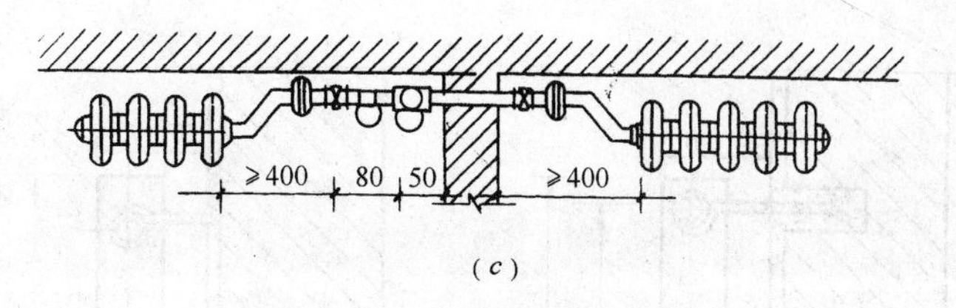

图 2-69　低压蒸汽供暖双管系统管道连接图(二)

(c)散热器明装平面图(用截止阀连接)

制散热器,也应据产品样本进行抽检。散热器的安装应在室内地面和墙面装饰工程完成后进行,安装地点不得有障碍物品。

3. 安装

安装时应首先明确散热器托钩及卡架的位置,并用画线尺和线坠准确画出,并反复检验其正确性,然后打出孔洞,栽入托钩(或固定卡),经反复用量尺复核后,用砂浆抹平压实。待砂浆达到强度后再进行安装,并找平、找正、找垂直。

图 2-70 至 2-73 所示,为散热器安装图。

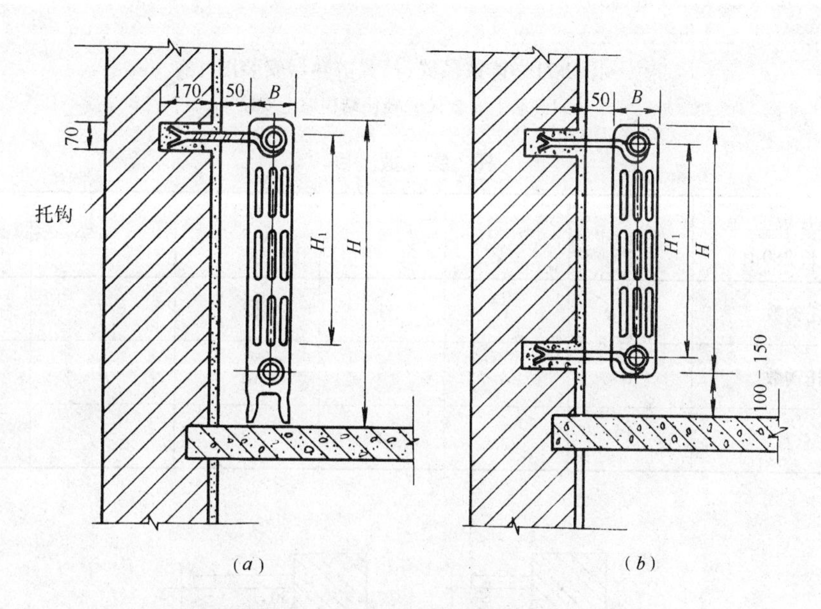

图 2-70　铸铁柱型、柱翼型散热器安装图

(a)散热器落地安装;(b)散热器挂式安装

托　钩　数　目

每组片数	3～8	9～12	13～16	17～20	21～24
上部托钩	1	1	2	2	2
下部托钩	2	3	4	5	6
托钩总数	3	4	6	7	8

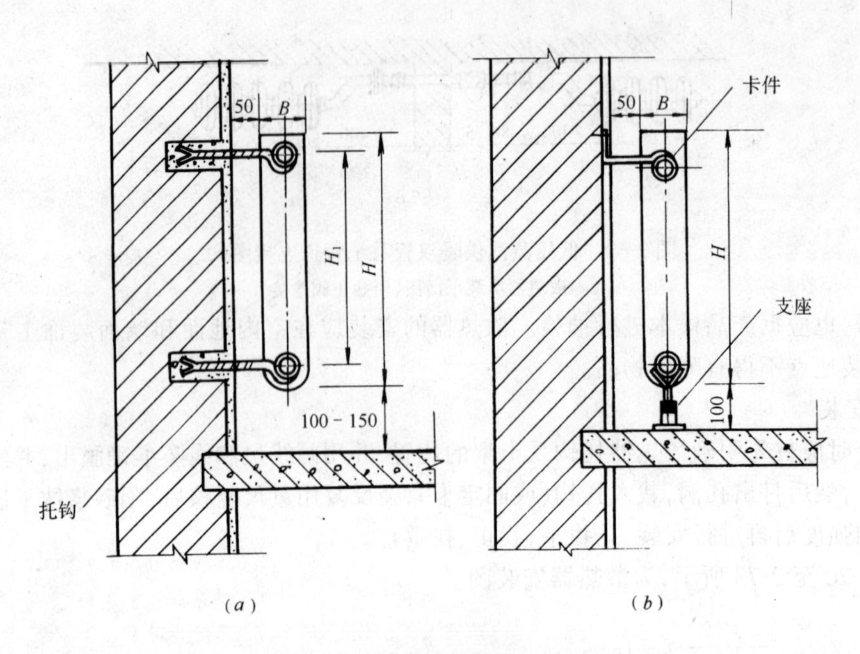

图 2-71　铸铁多翼、长翼散热器安装图

(a)砖墙上安装;(b)轻便结构墙上安装

托　钩　数　目

每组片数 (按A型、长280计)	1	2～3	4	5	6	7
上部托钩数	2	1	1	2	2	2
下部托钩数	1	2	3	3	4	5
托钩总数	3	3	4	5	6	7

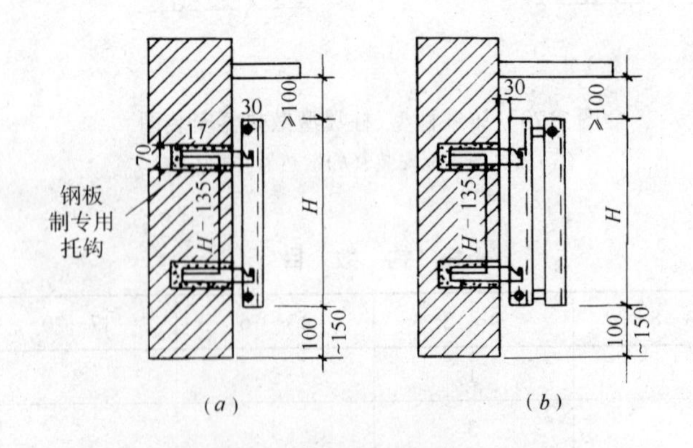

图 2-72　钢制扁管型散热器安装图

(a)单排;(b)双排

三、管道、设备的防腐及保温

1．防腐

为提高管道及设备的防腐蚀能力，工程上多采用涂料防腐的措施。常用的防腐涂料有各类防锈漆、调合漆、酚醛漆、醇酸漆、耐酸漆等。

施工前应先用人工或喷砂除去锈垢，然后手工涂刷或施以压缩空气喷涂；一般在管道保护层外表面刷色漆加以区别，热水供水管刷绿色配以黄色色环，热水回水刷绿色配以褐色色环，色环宽约 50mm，间隔 1m；埋地管的防腐层多在三层以上（沥青底漆、沥青涂层和外保护层）。

2．保温

设备及管道的保温，应在管道全部施工完毕，表面完成防腐处理、验收合格后进行。常见的结构形式有胶泥结构、绑扎结构、浇灌结构三种。现已有成品保温管生产（“氰聚塑”保温管）。

(1) 绑扎结构

常用的保温材料有沥青矿渣棉棉毡、岩棉保温毡、牛（羊）毛毡、超细无脂棉毡及管壳类材料（如水泥蛭石管壳），用玻璃丝布或油毡做保护层，如图 2-74、2-75。

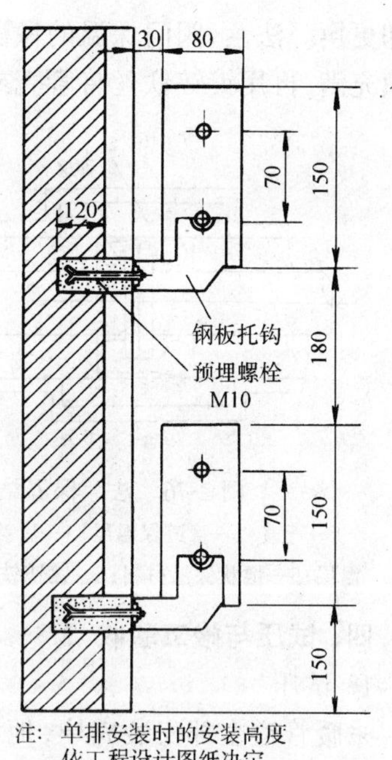

图 2-73　钢制串片型散热器安装图

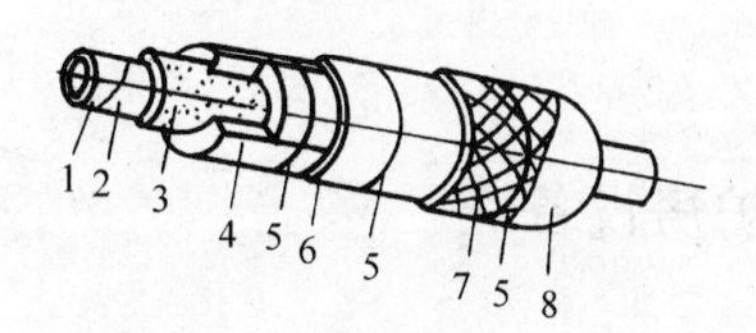

图 2-74　绑扎法保温结构

1—管道；2—防锈漆；3—胶泥；4—保温材料；5—镀锌铁丝；6—沥青油毡；7—玻璃制品；8—保护层

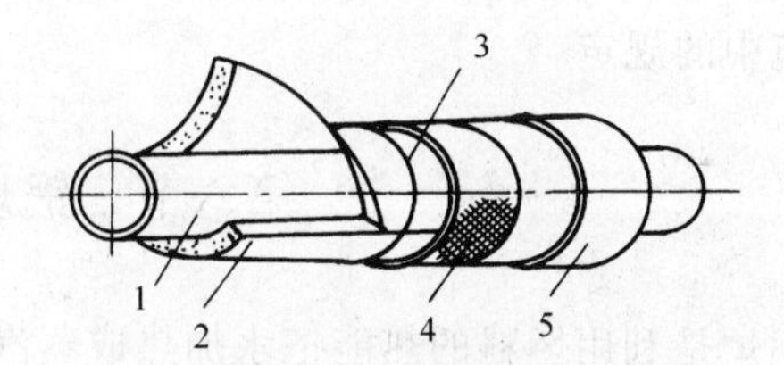

图 2-75　棉毡绑扎保温结构

1—管道；2—保温毡或布；3—镀锌铁丝；4—镀锌铁丝网；5—保护层

(2) 浇灌结构

常用的材料有水泥珍珠岩、泡沫混凝土、聚胺酯泡沫塑料等，多用于无沟敷设的管道。施工时，先挖好土沟，做好垫层，放好防潮材，然后浇灌发泡。

(3) 涂料喷涂

常用的保温材料有聚氨脂泡沫塑料、轻质粒料保温混凝土、硅酸镁保温涂料等。施工前应按正式喷涂工艺及条件进行试喷，至试喷合格，方可进行施工。施工时应分层喷涂一次完成。

(4) 阀门、法兰保温

管道上的法兰、阀门、弯头、三通、四通等管件保温时，应特殊处理，要便于启闭、检修或拆卸更换。法兰、阀门保温的做法如图 2-76～图 2-77 所示,先将其两旁空隙用散状保温材料填充满,再用镀锌铁丝将管壳或棉毡等材料绑扎好,外缠保护层。

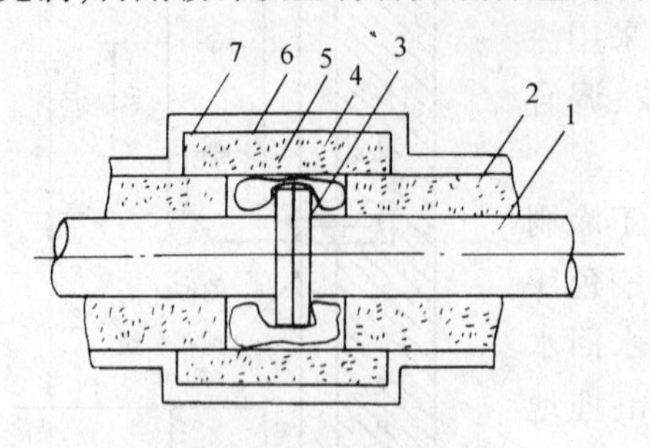

图 2-76　法兰保温结构

1—管道;2—管道保温层;3—法兰;4—法兰保温层;5—散状保温材料;6—镀锌铁丝;7—保护层

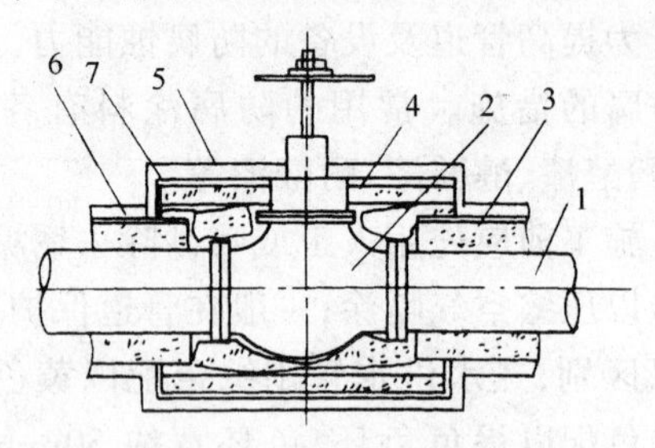

图 2-77　阀门保温结构

1—管道;2—阀门;3—管道保温层;4—绑扎钢带;5—填充保温材料;6—镀锌铁丝网;7—保护层

四、试压与竣工验收

1. 试压

采暖管道全部安装完毕,地沟未盖盖板前,天棚干管隐蔽前进行水压试验。试压过程中,用试验压力对管道预先试压,其延续时间应不少于 10min;然后降至工作压力,进行全面检查,在 5min 内压力降不大于 0.02MPa 为合格。试压合格后进行刷油、保温。

2. 竣工验收

室内采暖系统应按分项、分部或单位工程验收,单位工程竣工验收应在分项、分部工程验收的基础上进行。各分项、分部工程的施工安装,均应符合设计要求及采暖工程施工及验收规范中的规定。

第六节　锅炉与锅炉房设备

锅炉是利用燃料的热能把水加热成蒸汽或热水的设备。蒸汽是推动火力发电厂汽轮机和其它机械的动力,蒸汽和热水也是很多生产部门和生活采暖的热媒。

固定的锅炉可分为电站锅炉和工业锅炉两大类,电站锅炉是火力发电厂的三大主机之一,工业锅炉用于为生产和采暖提供热源。我国现有大量的工业锅炉,它们的单机容量小,金属耗量大,运行效率低,年总耗煤量大。

一、锅炉的工作原理

为了提供出一定数量具有一定压力和温度的蒸汽(或热水),工业锅炉同时进行着三个主要的工作过程。

(1) 燃料的燃烧过程　燃料在炉膛内燃烧,释放出化学能,使炉膛加热至很高的温度,产生高温烟气,向辐射受热面传热。

(2) 烟气的流动和传热的过程　高温烟气流经锅炉的受热面,并向受热面内工质传递热量,烟气温度逐渐降低。

(3) 锅内过程　工质(水或汽水混合物)在锅内流动,冷却金属受热面,本身被加热、汽化,汽水混合物在锅内进行汽水分离。

如图 2-78 所示为一台双锅筒横置式链条炉。其工作过程如下:

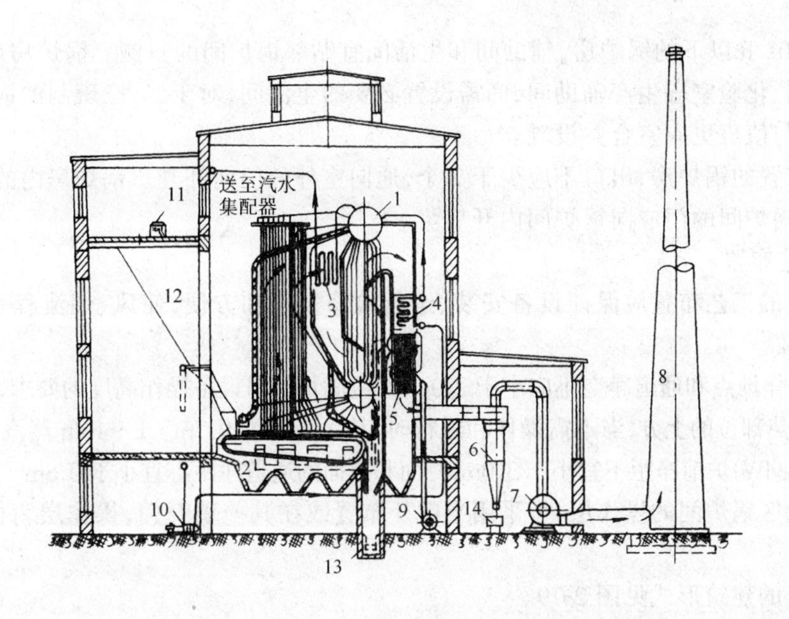

图 2-78　锅炉房设备简图

1—锅筒；2—炉排；3—蒸汽过热器；4—省煤器；5—空气预热器；6—除尘器；7—引风机；8—烟囱；9—送风机；10—给水泵；11—皮带输送机；12—煤仓；13—刮板除渣机；14—灰车

煤经煤仓 12 进入煤斗，靠重力落到由电动机带动不断前移的链条炉排 2 上，经煤闸门调节煤层厚度后，煤随炉排进入炉膛，逐渐被加热、着火、燃烧，待燃尽后变为灰渣，最后从炉排末端落入灰渣斗，由刮板除渣机 13 排出。

送风机 9 将空气送入空气预热器 5，被预热后穿炉排到达燃料层，同燃料发生化学反应形成高温烟气，火焰中心温度可达 1300～1500℃。高温烟气向布置在炉膛四周的水冷壁传热，到炉膛出口处，降至 950～1050℃。烟气离开炉膛后冲刷蒸汽过热器 3 及连接在上下锅筒的对流管束，使内部的工质升温或汽化，烟气温度逐渐降至 400～500℃，进入尾部受热面——省煤器 4 和空气预热器 5。省煤器由无缝钢管弯制而成，烟气在管外侧冲刷，空气预热器用有缝钢管焊制而成，烟气在管内侧冲刷，烟气降为 150～200℃排出锅炉，经除尘器 6，引风机 7 和烟囱 8 排入大气。

给水泵 10 将给水经省煤器 4 送至上锅筒，与锅水混合后从后半部对流管束流入下锅筒，再由下降管进入水冷壁下集箱。水在水冷壁中吸收烟气的辐射热量，使水分蒸发，成为汽水混合物。汽水混合物在上锅筒被分离，水则继续循环，蒸汽被引送至蒸汽过热器 3，达到给定的温度后离开锅炉。

二、锅炉房的布置

1. 锅炉房的位置

锅炉房的位置应根据远期规划选定，并留有扩建的余地。所处的位置应有良好的地质条件，应有良好的通风及采光，并有利于减少烟尘和有害气体对居住区和主要环境保护区的影响。全年运行的锅炉房宜位于居住区和主要环境保护区的全年最大频率风向的下风侧；季节性运行的锅炉房宜位于该季节盛行风向的下风侧。应靠近热负荷比较集中的地区，并有利于管道的布置，也要便于燃料和灰渣的贮运。

2. 锅炉间、辅助间和生活间的布置

对于20t/h以下的锅炉房，辅助间和生活间宜贴邻锅炉间的一侧。锅炉房应设修理间、仪表校验间、化验室等生产辅助间，尚需设置必要的生活间，对于二、三班制的锅炉房可设置休息室，或与值班更衣室合并设置。

单层布置的锅炉房，出口不应少于2个，通向室外的门向外开。锅炉房内的工作间或生活间，直通锅炉间的门应向锅炉间内开启。

3．工艺布置

锅炉房的工艺布置应保证设备安装、运行检修安全和方便，使风、烟流程短，锅炉房面积、体积紧凑。

锅炉操作地点和通道净空不应小于2.0m，并应满足起吊设备操作高度的要求，在锅筒、省煤器及其它发热部位的上方，当不需操作和通行时，其净高可为0.7m。1～4t/h蒸汽锅炉(热水锅炉0.7～2.8MW)炉前净距不宜小于3.0m，侧面和后面的通道净距不宜小于0.8m。

炎热地区锅炉间的操作层，可采用半敞开布置或在其前墙开门，操作层为楼层时，门外设置阳台。

锅炉房的建筑形式见图2-79。

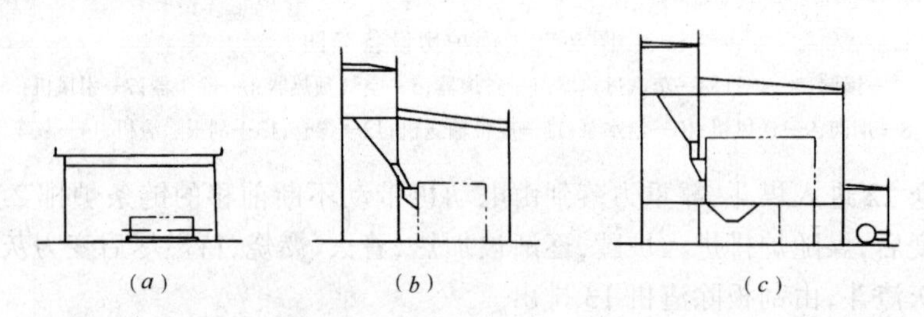

图2-79　锅炉房建筑形式示意图

(a)单层建筑；(b)有运煤廊的单层建筑；(c)双层建筑

三、锅炉房对土建的要求

1．锅炉房应属于丁类生产厂房，建筑为不应低于三级的耐火建筑。

2．锅炉房的尺寸既要满足工艺要求，又要符合国家标准《厂房建筑模数协调标准》的规定，并预留能通过设备最大搬运件的孔洞。

3．锅炉房为多层布置时，锅炉基础与楼地面接缝处应采用能适应沉降的处理措施。

4．钢筋混凝土烟囱和砖烟道的混凝土底板等设计温度高于100℃的部位，应采取保温隔热措施；烟囱和烟道的连接处应设置沉降缝。

5．锅炉房内有振动较大的设备时，应采取隔振措施。

6．锅炉间外墙的开窗面积，应满足通风采光和事故泄压的要求。和其它建筑物相邻时其相邻的墙应为防火墙。

7．锅炉房应有安全可靠的进出口。当占地面积超250m^{2}时，每层至少应有两个通向室外的出口，分设在相对的两侧。只有在所有锅炉前面操作地带的总长度不超过12m的单层锅炉房，才可以设一个出口。

8．锅炉房的地面及除灰室的地面，至少应高出室外地面约150mm，以免积水和便于泄水，外门的台阶应做成坡道，以利运输。

9．锅炉房楼层地面和屋面的荷载应根据工艺设备和检修荷载要求确定，如无详细资料时，可按表 2-3 确定。

楼面、地面、屋面荷载　　表 2-3

名　称	活荷载 (kN/m^2)	名　称	活荷载 (kN/m^2)
锅炉间楼面	6～12	除氧层楼面	4
辅助间楼面	4～8	锅炉间及辅助间屋面	0.5～1
运煤层楼面	4	锅炉间地面	10

注：1. 表中未列的其他荷载应按现行国家标准《建筑结构荷载规范》的规定选用；
2. 表中不包括设备的集中荷载；
3. 运煤层楼面有皮带头部装置的部分应由工艺提供荷载或可按 $10kN/m^2$ 计算；
4. 锅炉间地面考虑运输通道时，通道部分的地坪和地沟盖板可按 $20kN/m^2$ 计算。

四、锅炉房布置举例

本锅炉房设有两台 KZL2-0.7 型快装锅炉，每小时产出 0.7 表压的饱和蒸汽 4 吨，通过热交换器加热水供生活和采暖用热。该锅炉房设有锅炉间、水处理间、休息室、浴室和风机室。锅炉间净高 7.0m，室外地坪低于室内地坪 0.3m。

锅炉房设备的平、剖面图见图 2-80、图 2-81。

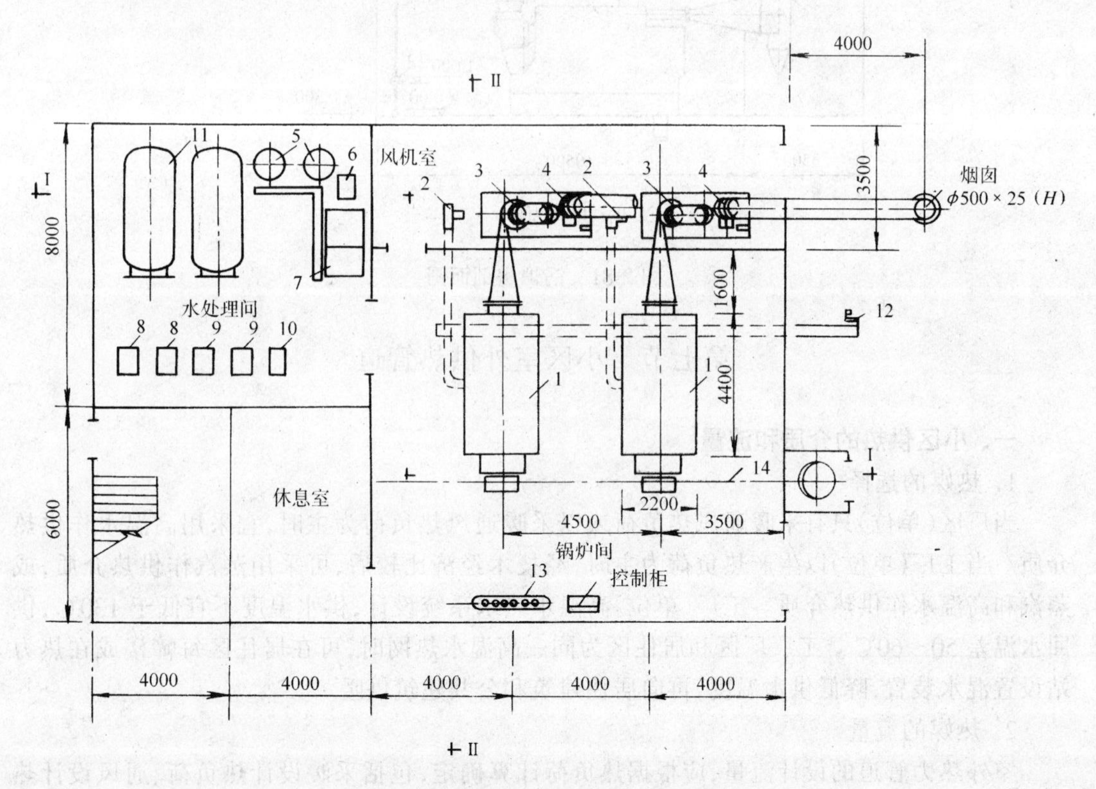

图 2-80　锅炉房设备平面布置图

1—锅炉；2—送风机；3—除尘器；4—引风机；5—水处理设备；6—盐水泵；7—盐水池；8—循环泵；9—锅炉给水泵；10—蒸汽泵；11—加热器；12—出渣机；13—分汽缸；14—电动葫芦

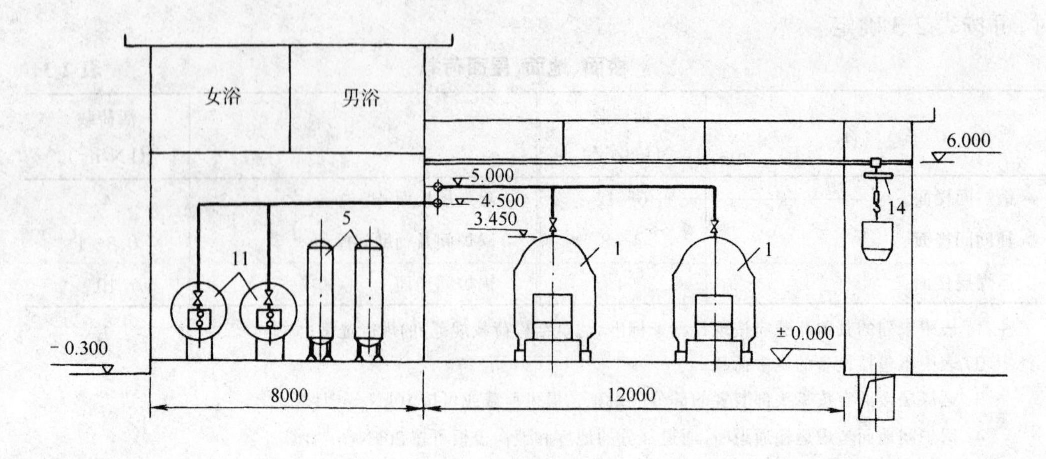

Ⅰ－Ⅰ剖面图

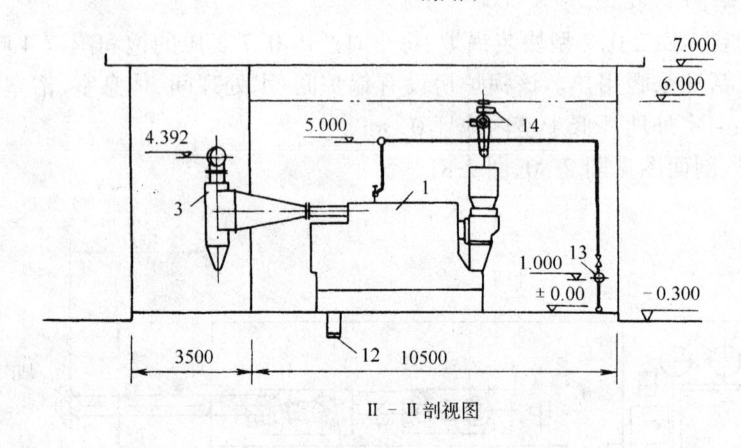

Ⅱ－Ⅱ剖视图

图 2-81　锅炉房剖面图

第七节　小区室外供热管道

一、小区供热的介质和流量

1．热媒的选择

当厂区(单位)只有采暖通风热负荷或以采暖通风热负荷为主时,宜采用高温水作供热介质。当工厂(单位)以生产热负荷为主时,经技术经济比较后,可采用蒸汽作供热介质,或蒸汽和高温水作供热介质。工厂(单位)高温水热水系统设计,供水温度不宜低于130℃,供回水温差50～60℃。工厂厂区和居住区为同一高温水热网时,可在居住区每幢楼或在热力站设置混水装置,降低供水温度,再向居住建筑和公共建筑供暖。

2．热媒的流量

室外热力管道的设计流量,应根据热负荷计算确定,包括采暖设计热负荷、通风设计热负荷、生活用热设计热负荷和生产工艺热负荷。

采暖热负荷是集中供热系统中最主要的热负荷,约占全部热负荷的80%以上。可用体积热指标、面积热指标等方法进行计算。面积热指标的计算可按下式进行

$$Q = q_F \cdot F$$

式中 Q——建筑物采暖耗热量,W;

q_F——单位面积耗热量指标,W/m²;

F——建筑物的面积,m²。

民用建筑采暖单位面积耗热量指标 q_F 值是据同类建筑资料统计而成的,其推荐值见表2-4。

民用建筑热指标推荐值　　表2-4

建筑物类型	热指标(W/m²)	建筑物类型	热指标(W/m²)
住宅	55～65	旅馆	60～70
居住区综合	60～70	商店	65～80
学校办公	60～80	食堂、餐厅	115～140
医院、托幼	65～80	影剧院、展览馆	95～115
图书馆	45～75	大礼堂、体育馆	115～165

注:总建筑面积大,外围护结构热工性能好,窗户面积小,采用较小的指标,反之可采用较大的热指标值。

二、室外供热管道的平面布置和定线原则

1. 平面布置类型

供热管道的平面布置图式与热媒的种类、热源与用户的相对位置及热负荷的变化特征有关,主要有枝状和环状管网两类,如图2-82、2-83。

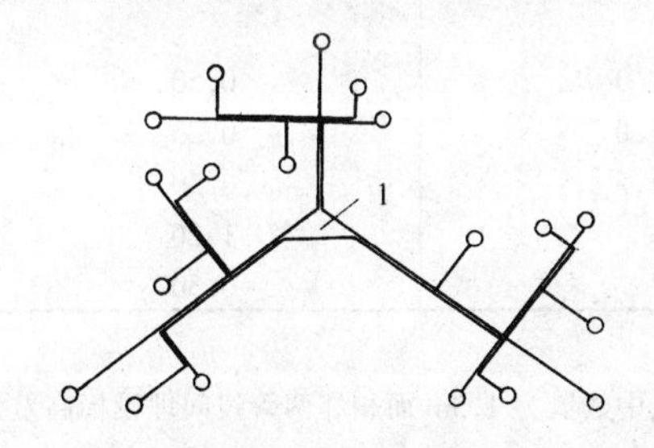

图2-82　枝状管网

1—热源

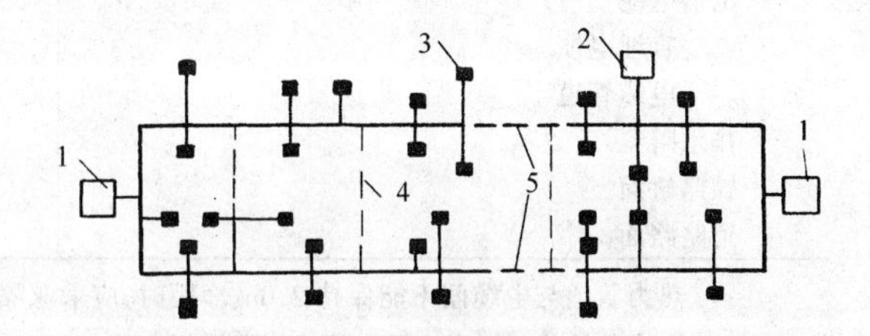

图2-83　环状管网

1—热源;2—后备热源;3—集中热力点;4—热网后备旁通管;5—热源后备旁通管

(1) 枝状管网　管网构造简单,造价低,运行管理方便,它的管径随着距热源距离增加而减小。缺点是没有供热的后备性能:即当网路上某处发生事故时,在损坏地点以后的所有的用户,供热均被断绝。对于厂区或居住小区的热水管网多采用枝状管网,若有特殊用户不允许中断供热时,可采用复线管道,以保证其要求。

(2) 环状管网

小区一般不设环形管网,对于中型或大型供热管网,为提高热网的可靠性,可做成环状管网。这种管网通常做成两级型式,热水主干线为第一级作成环状;第二级用户分布管网,仍为枝状。

2. 定线的原则

确定供热管道的平面位置叫"定线",小区(或厂区)热力管道的布置,应根据全区建筑物、构筑物的方向与位置、街道的情况、热负荷的分布、总平面布置(包括其它各种管道的布置),维修方便等因素综合考虑确定,并应符合下列要求:

(1) 管道主干线应通过热负荷集中的区域，其走向宜与厂区干道或建筑物(构筑物)平行。

(2) 山区建厂应因地制宜地布置管线，并避开地质滑坡和洪峰对管线的影响。

(3) 应少穿越区内的主要干道，避开建筑扩建厂地和厂区的材料堆场；不宜穿越电石库等由于汽、水泄漏将引起事故的场所。

(4) 室外供热管道管沟与建筑物、构筑物、铁路和其它管线的净距，应符合有关规范的要求，见表 2-5 和表 2-6。

埋地热力管道和热力管沟外壁与其他各种地下管线之间的最小净距(m) **表 2-5**

名　　称	水 平 净 距	交 叉 净 距
给水管	1.5	0.15
排水管	1.5	0.15
煤气管(包括天然气管)压力 P(kPa)		
$P \leqslant 400$	1.0	0.15
$400 < P \leqslant 800$	1.5	0.15
$800 < P \leqslant 1600$	2.0	0.15
乙炔、氧气管	1.5	0.25
压缩空气或二氧化碳管	1.0	0.15
电力电缆	2.0	0.50
电信电缆		
直埋电缆	1.0	0.50
电缆管道	1.0	0.25
排水暗渠	1.5	0.50
铁路轨面		1.20
道路路面		0.50

注：1. 热力管道与电缆间不能保持 2.0m 净距时，应采取隔热措施。

2. 表中数值为 1m 而相邻两管线间埋设标高差大于 0.5m 以及表中数值为 1.5m 而相邻两管线间埋设标高差大于 1m 时，表中数值应适当增加。

3. 当压缩空气管道平行敷设在热力管沟基础上时，其净距可减小至 0.15m。

埋地热力管道、热力管沟外壁与建筑物、构筑物的最小净距(m) **表 2-6**

名　　称	水平净距	名　　称	水平净距
建筑物基础边	1.5	照明、通讯电杆中心	1.0
铁路钢轨外侧边缘	3.0	架空管架基础边缘	0.8
道路路面边缘	0.8	围墙篱栅基础边缘	1.0
铁路、道路的边沟或单独的雨水明沟边	0.8	乔木或灌木丛中心	2.0

注：1. 当管线埋深大于邻近建筑物、构筑物基础深度时，应用土壤内摩擦角校正表中数值。

2. 管线与铁路、道路间的水平净距除应符合表中规定外，当管线埋深大于 1.5m 时，管线外壁至路基坡脚的净距不应小于管线埋深。

3. 本表不适用于湿陷性黄土地区。

三、室外供热管道的敷设

室外供热管道的敷设方式，应根据气象、水文、地质、地形等条件和运行、维修等因素确定。供热管道的敷设方式可分为架空敷设和地下敷设两类，地下敷设又分成地沟敷设和直埋敷设。

1. 架空敷设

架空敷设适于厂区和居住区对美观要求不高的情况下，一般街区不宜架空敷设。在下列情况下宜采用架空敷设：

(1) 地下水位高或年降雨量较大；

(2) 土壤具有腐蚀性；

(3) 地下管线密集的区域；

(4) 地形复杂或有河沟岩层、溶洞等特殊障碍的地区。

架空热力管道按其不同的条件可采用低、中、高支架敷设，如图 2-84、2-85 和 2-86所示。厂区架空热力管道与建筑物、构筑物、道路、铁路和架空导线之间的净距应符合表 2-7 的要求。

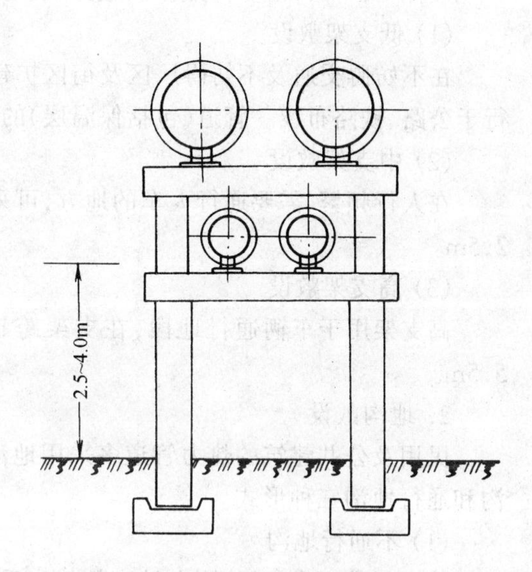

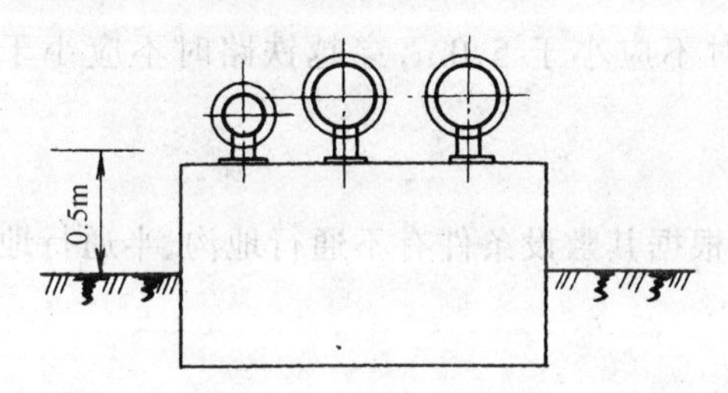

图 2-84　低支架示意图

图 2-85　中支架示意图

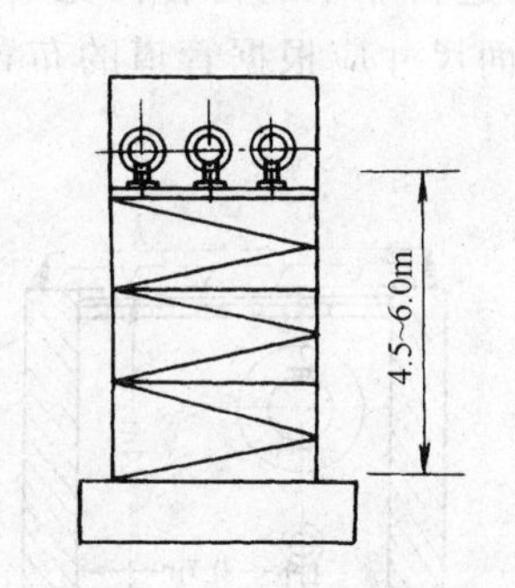

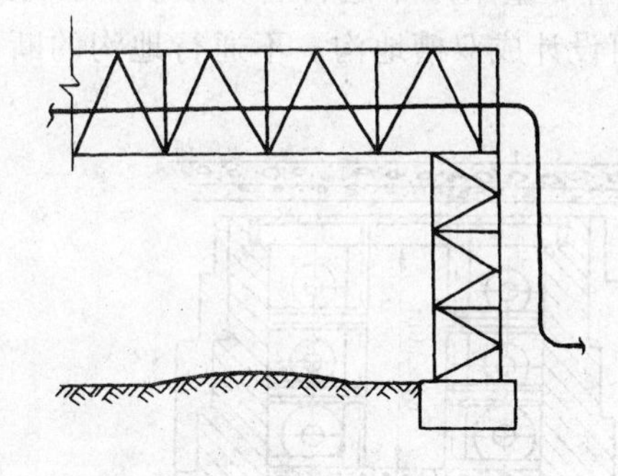

图 2-86　高支架示意图

厂区架空热力管道与建筑物、构筑物、道路、铁路和架空导线之间的最小净距(m)　　**表 2-7**

名　　称	水 平 距 离	交 叉 净 距
一、二级耐火等级的建筑物	允许沿外墙	
铁路钢轨	外侧边缘 3.0	跨铁路钢轨面 5.5
道路路面边缘、排水沟边缘或路堤坡脚	1.0	距路面 5.0
人行道路边	0.5	距路面 2.5

续表

名　　称	水平距离	交叉净距
架空导热(导热在热力管道上方)		
1kV 以上	外侧边缘 1.5	1.5
1～10kV	外侧边缘 2.0	2.0
35～110kV	外侧边缘 4.0	3.0

注:当有困难时,在保证安全的前提下,道路路面边缘、排水沟边缘或路堤坡脚的交叉净距可减至 4.5m。

(1) 低支架敷设

在不妨碍交通及不妨碍厂区及街区扩建的地段,宜采用低支架敷设,沿厂区的围墙或平行于公路、铁路布线。管道(包括保温层)的外壁与地面净距不宜小于 0.5m。

(2) 中支架敷设

在人行频繁、需要通行大车的地方,可采用中支架敷设,管道外壁与地面净距不宜小于 2.5m。

(3) 高支架敷设

高支架用于车辆通行地段,在支架跨越公路时不应小于 5.0m,穿越铁路时不应小于 5.5m。

2. 地沟敷设

民用及公共建筑的热力管道多采用地沟敷设,根据其敷设条件有不通行地沟、半通行地沟和通行地沟三种形式。

(1) 不通行地沟

管道根数不多,又能同向坡度的热水采暖管道、高压蒸汽和凝结水管道,以及低压蒸汽的支管部分,均应尽量采用不通行管沟敷设,以节省造价。不通行管沟宽度一般不宜超过 1.5m,超过时可设计成双槽地沟。不通行地沟的断面尺寸应根据管道的布置情况确定,如图2-87～2-89。

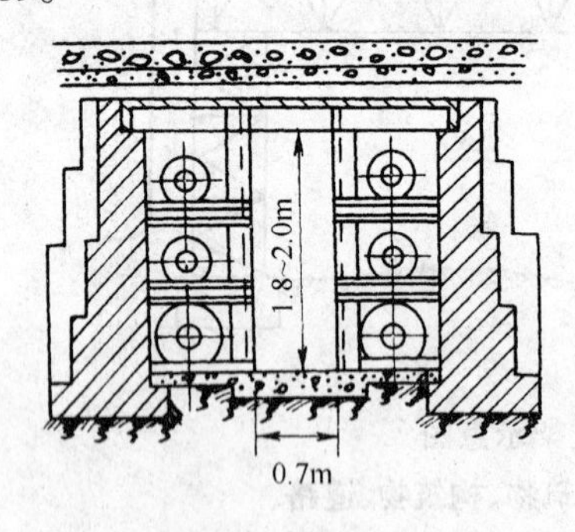

图 2-87　通行地沟

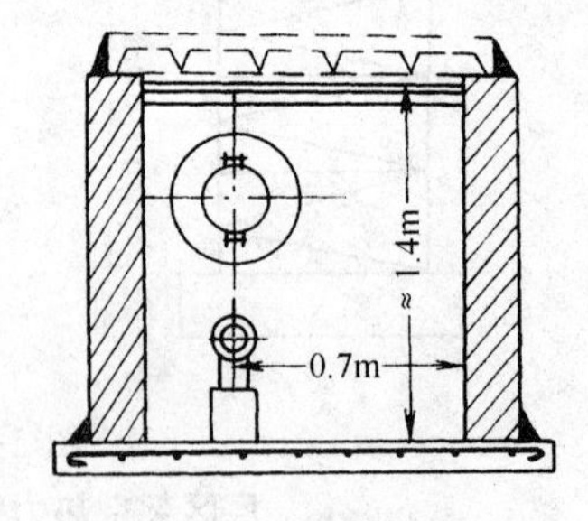

图 2-88　半通行地沟

图 2-89　不通行地沟

(2) 半通行地沟

当管道根数较多且管道通过不允许经常开挖的地段时宜采用半通行管沟。半通行管沟的净高宜为 1.2～1.4m。当管道排列高度超过 1.2m 时,净高按需增高。如采用横贯地沟断面的支架,其下面的净高不宜小于 1.0m。半通行地沟内管道应尽量采用沿沟壁一侧单排上下布置。

人行通道净宽不应小于0.6m。半通行地沟见图2-88。

(3) 通行地沟

因投资费用大，一般不宜采用。管道通过不允许经常开挖的地段(穿过重要的交通运输线、城市马路时)，或管道的数量多，且任一侧的管道排列高度(包括保温层在内)大于或等于1.5m时，可采用通行地沟，通行地沟的净高不宜小于1.8m，通道净宽不宜小于0.7m，通行地沟见图2-87。

地沟宜设置在最高地下水位以上，并应采取措施防止地面水渗入沟内，地沟盖上部宜覆土，厚不宜小于0.3m，地沟的沟底宜有不小于0.002的纵向坡度，坡向检查井的集水坑。半通行和通行地沟应有较好的自然通风，并设供检修人员出入的人孔。

标准地沟的做法见图2-90，按室内条件、室外一般条件(不过车)和小区次要道路汽车通过条件划分荷载等级。

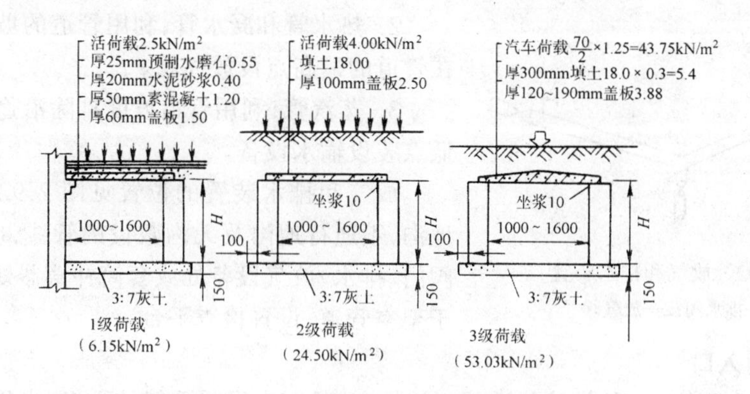

图2-90 标准管沟做法及荷载等级

3. 直埋敷设

在与设置地沟敷设比较，技术上经济上合理时，对于直径 $DN\leqslant500$mm的热力管道均可采用直埋敷设。直埋敷设一般使用在地下水位以上(并非绝对)的土层内，它是将保温后的管道直接埋于地下，节省了大量建造地沟的材料、工时和空间，其作法见图2-91。由于保温层与土壤直接接触，无沟敷设时要求保温材料除导热率小之外，还应吸水率低、电阻率高，并应具有一定的机械强度。为了防止水的侵蚀，保温结构应为整体无缝结构。直埋敷设的管管应有一定的埋设深度，外壳顶部的埋深应不小于表2-8的要求。

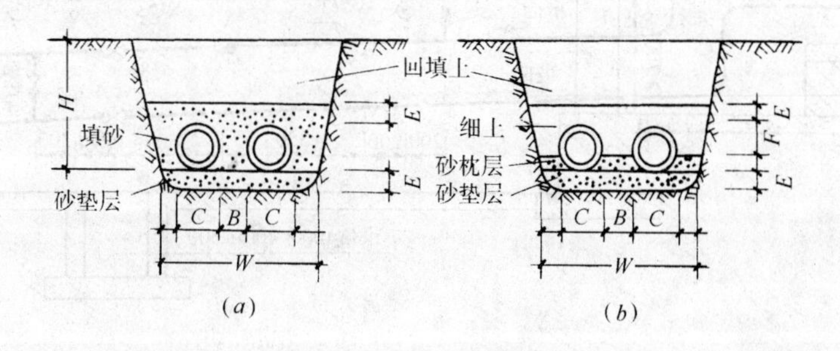

图2-91 管道直埋断面形式

(a)砂子埋管;(b)细土埋管

$B\geqslant200$mm; $C\geqslant150$mm; $E=100\sim150$mm; $F=100$mm

直埋敷设管道外壳顶部埋设深度(m)　　　表 2-8

管径(mm)		50～125	150～200	250～300	350～400	≥450
车行道下		0.8	1.0	1.0	1.2	1.2
非车行道下	无补偿直埋敷设	0.6	0.6	0.7	0.8	0.9
	有补偿直埋敷设	0.5	0.5	0.5	0.5	0.5

四、管道的排水与放气

无论蒸汽、凝水或热水管道,除特殊情况外,均有适当的坡度,其目的在于:

1. 在停止运行时,利用管道的坡度排净管道中的水,最低点装泄水阀。

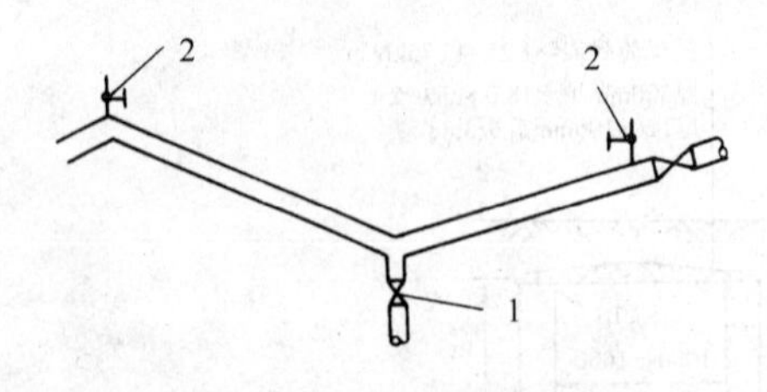

图 2-92　放气和排水装置
1—排水阀;2—放气阀

2. 热水管和凝水管,利用管道的坡度排除空气,在管道的最高点设放气阀。

3. 蒸汽管,利用管道坡度排除沿途凝结水,在最低点装设输水设备。

放气和排水装置的位置见图 2-92,对于半通行地沟,不通行地沟及无沟敷设的管线,应在管道上设阀门、排水、放气设备处或套筒补偿器处设检查井,对于架空管道,设置检查平台。

五、热力入口

室内采暖系统与室外供热管道的连接处,就是室内采暖系统的入口,也称作热力入口。系统的引入口宜设在建筑物负荷对称分配的位置,一般在建筑物的中部,敷设在用户的地下室或地沟内。入口处设有必要的仪表和调节、检测、计量设备。如图 2-93 为热水采暖系统引入口的做法,图 2-94 为蒸汽系统引入口的做法。

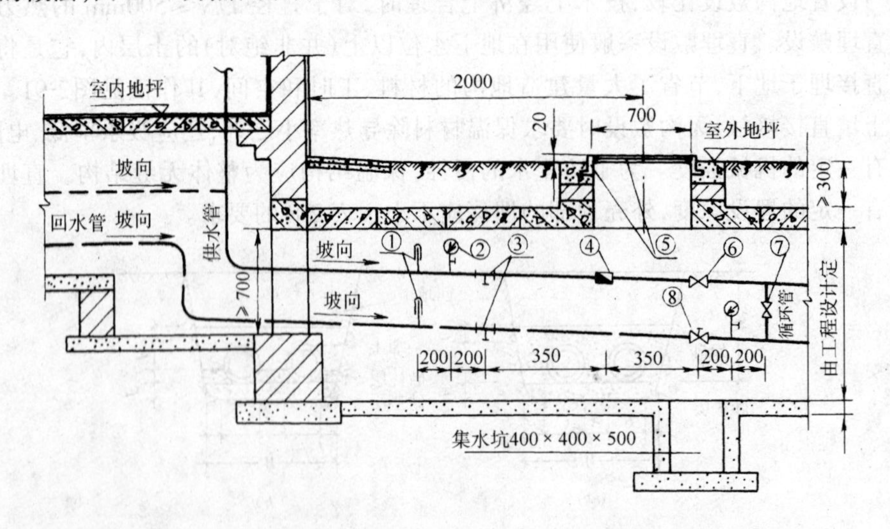

图 2-93　热水采暖系统和入口装置

①—温度计;②—压力表;③—泄水丝堵;④—热水流量计;⑤—井盖;⑥—闸板阀;⑦—闸阀;⑧—平衡阀

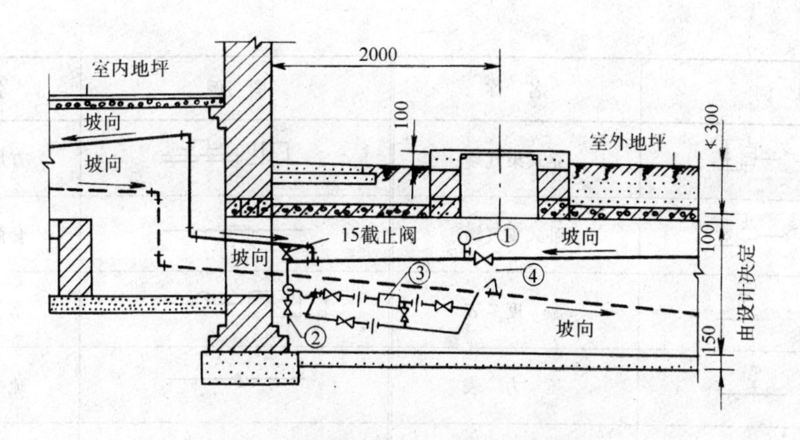

图 2-94　低压蒸汽供暖系统入口装置图

①—压力表；②—泄水阀；③—疏水器；④—闸板阀

第八节　建筑采暖施工图

一、制图的基本规定

1. 图纸幅面规格符合有关尺寸的要求。

2. 采暖工程专业图常用图例可参照表 2-9，也可以自行补充，但应避免混淆。

采 暖 工 程 常 用 图 例　　表 2-9

图　例	名　称	图　例	名　称
——————	采暖热水供给管	——·——·——	热水回水管
—— —— ——	采暖热水回水管	——————	排 水 管
——/——/——	蒸 汽 管		闸　阀
—/— —/— —	凝 结 水 管		止 回 阀
— — — —	排 气 管		调 节 阀
——×——	循 环 管		截 止 阀
——+——	膨 胀 管		三 通 阀
—//——//——//	压力凝结水管		安 全 阀
——R——	软 化 水 管		散 热 器
——N——	盐 水 管		固 定 卡
——·——	给 水 管		减 压 阀
——··——	热 水 管		自动排气阀

续表

图例	名称	图例	名称
	立式集气罐		方形伸缩器
	卧式集气罐		套筒伸缩器
	温度表		水泵
	压力表		疏水器
	调压板		管沟及人孔
	活接头		地漏
	立式除污器		水龙头
	卧式除污器		软接头

3. 管道标高一律注管中心，单位为 m，标高注在管段的始、末端，翻身及交叉处，要能反映出管道的起伏与坡度变化。

4. 管径规格的标注，焊接钢管一律标注公称直径，并在数字前加“*DN*”，无缝钢管应标注外径×壁厚，并在数字前加 *D*，例如：*D*89×4 指其外径为 89mm，而其壁厚为 4mm。

5. 散热器的种类尽量采用一种，可以在说明中注明种类、型号，平面及立管系统图中只标注散热器的片数或长度，种类在二种或两种以上时，可用图例加以区别，并分别标注。标注方法见图 2-95。

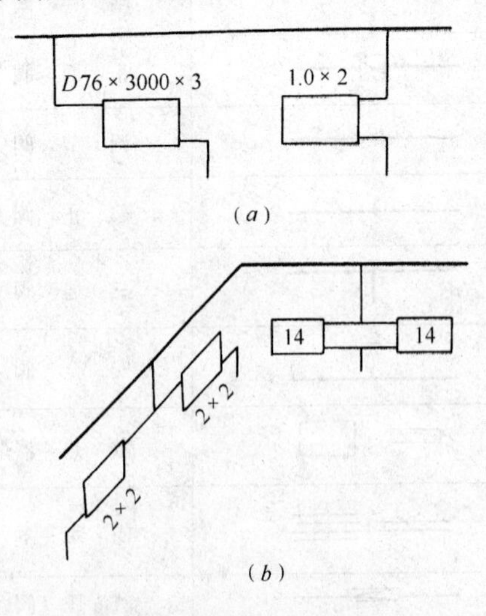

注：1. 柱式散热器应只注数量；

2. 圆翼形散热器应注根数、排数；

如：3×2（每排根数｜排数）

3. 光管散热器应注管径、长度、排数；

如：*D*108×3000 × 4（管径(mm)｜管长(mm)｜排数）

4. 串片式散热器应注长度、排数

如：1.0×3（长度(m)｜排数）

图 2-95 散热器的画法和标注
(*a*)光管式、串片式散热器画法；
(*b*)柱式、圆翼形散热器画法

6. 采暖立管的编号,可以用 8～10mm 中线单圈,内注阿拉伯数字,立管编号同时标于首层、标准层及系统图(透视图)所对应的同一立管旁。系统简单时可不进行编号。系统图中的重叠,密集处,可断开引出绘制,相应的断开处宜用相同的小写拉丁字母注明。

二、施工图的组成

采暖系统施工图包括设计和施工说明,采暖平面图、采暖系统图、详图及设备材料明细表。

1. 设计和施工说明

用线条、图形无法或难以表达的有关内容:建筑物的建筑面积,总耗热量、热媒参数、系统的阻力等概况性问题;系统采用的形式及主要设计意图;散热器的种类、型式及安装要求;管道的敷设方式;防腐、保温、水压试验的要求等;施工中需要参看的有关规范、标准图号;其它需要说明的情况。

2. 采暖平面图

采暖平面图是用正投影原理、采用水平全剖的方法,连同房屋平面图一起画出的,平面图是施工图的重要图纸,又是绘制系统图的依据。

(1) 标准层平面图

标准层平面指中间(相同)各层的平面布置图,标注散热设备的安装位置、规格、片数(或尺寸)及安装形式,立管的位置及数量等。

(2) 顶层平面图

除表达与标准层相同的内容外,对于上分式系统要标注总立管、水平干管的位置、管径的大小,坡度及干管上的阀门、管道的固定支架、伸缩器的位置、热水系统膨胀水箱、集气罐等设备的平面位置、规格及型号,选用标准图号等。

(3) 首层平面图

除与标准层平面相同的内容外,还应注明系统引入口的位置、编号、管径、坡度及套用标准图号等。下分式系统标明供水干管的位置、管径、坡度;上分式系统要注明回水干管(蒸汽系统为凝水干管)的位置、管径和坡度。有地沟时,还应注明地沟的位置尺寸,活动盖板的位置和尺寸。

3. 系统图

采暖系统中,系统图用单线绘制,与平面图比例相同。系统图是表示采暖系统空间布置情况和散热器连接形式的立体透视图,反映系统的空间形式。

系统图标注各管段管径的大小,水平管的标高、坡度、散热器及支管的连接情况,对照平面图可反映采暖系统的全貌。

4. 详图

采暖平面图和系统图难以表达清楚,而又无法用文字加以说明的问题,可以用详图表示。详图包括有关标准图和绘制的节点详图。

标准图是室内采暖施工图的重要组成部分,供热管、回水管与散热器之间的具体连接形式、详细尺寸和安装要求,一般都要用标准图反映出来。标准图亦反映采暖系统设备和附件的制作和安装,表达其详细构造、尺寸及和系统的接管详细情况。

三、识图

采暖系统施工图的识读方法与建筑给排水施工图的识读方法相同,识读时应将平面图与系统图对照起来看图,对常见的图例要熟悉。

首先,通过看平面图对建筑平面布置进行初步了解,如图 2-96 所示,系统的引入口位于

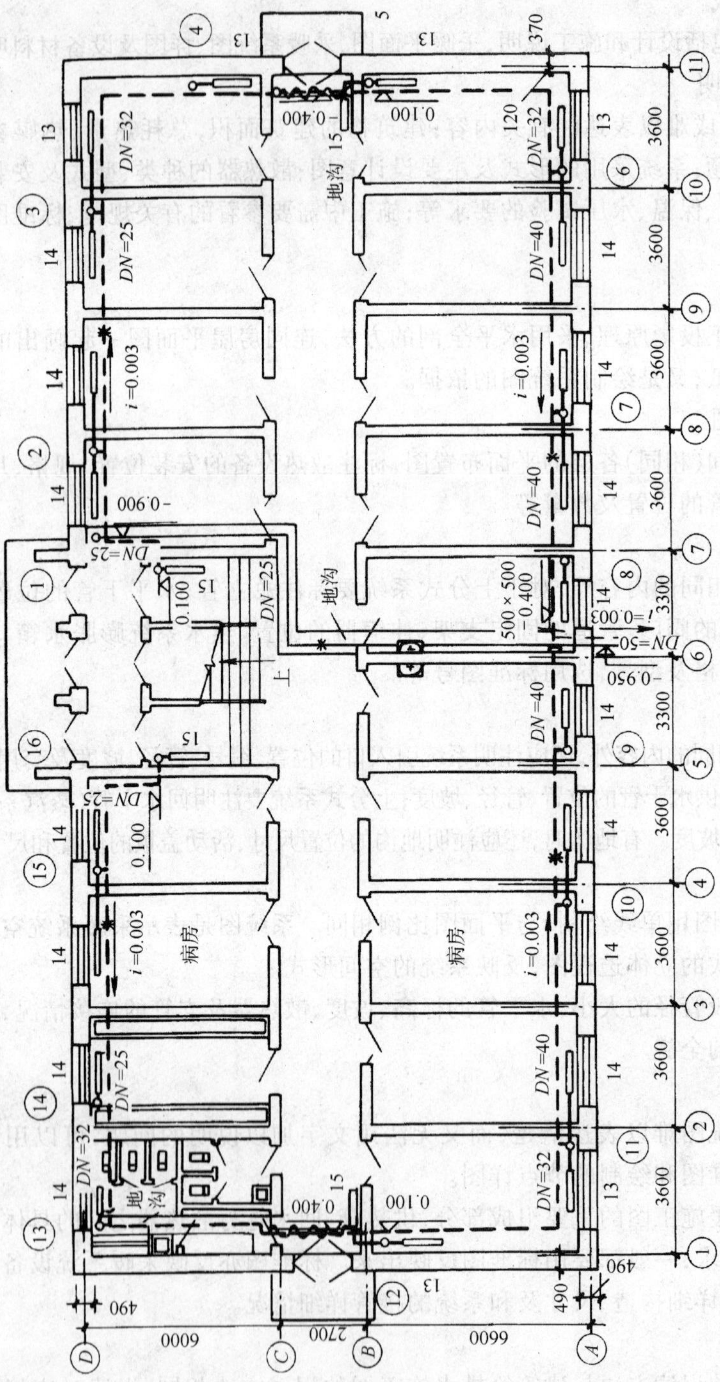

图 2-96　一层供暖系统平面图

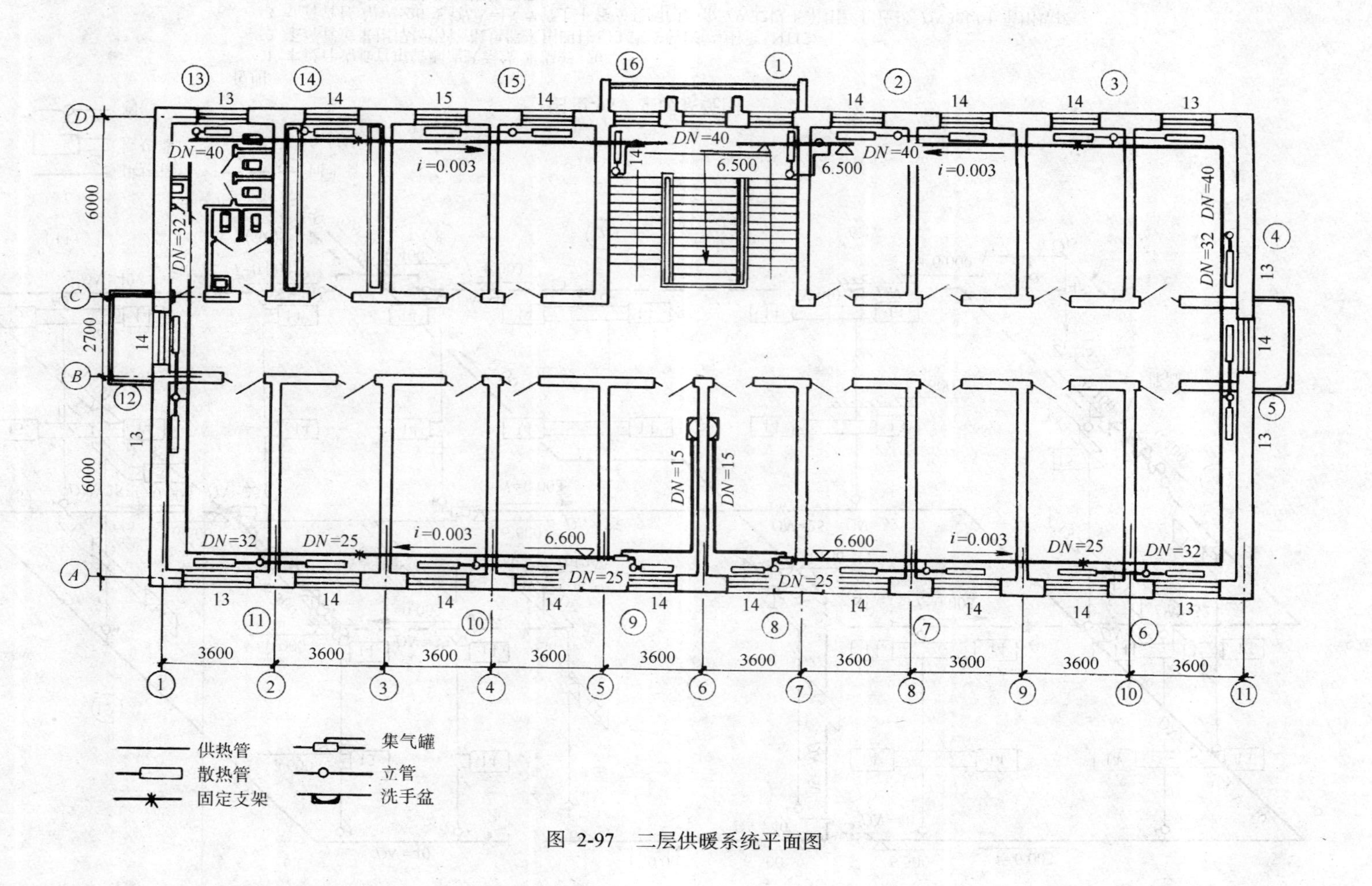

图 2-97　二层供暖系统平面图

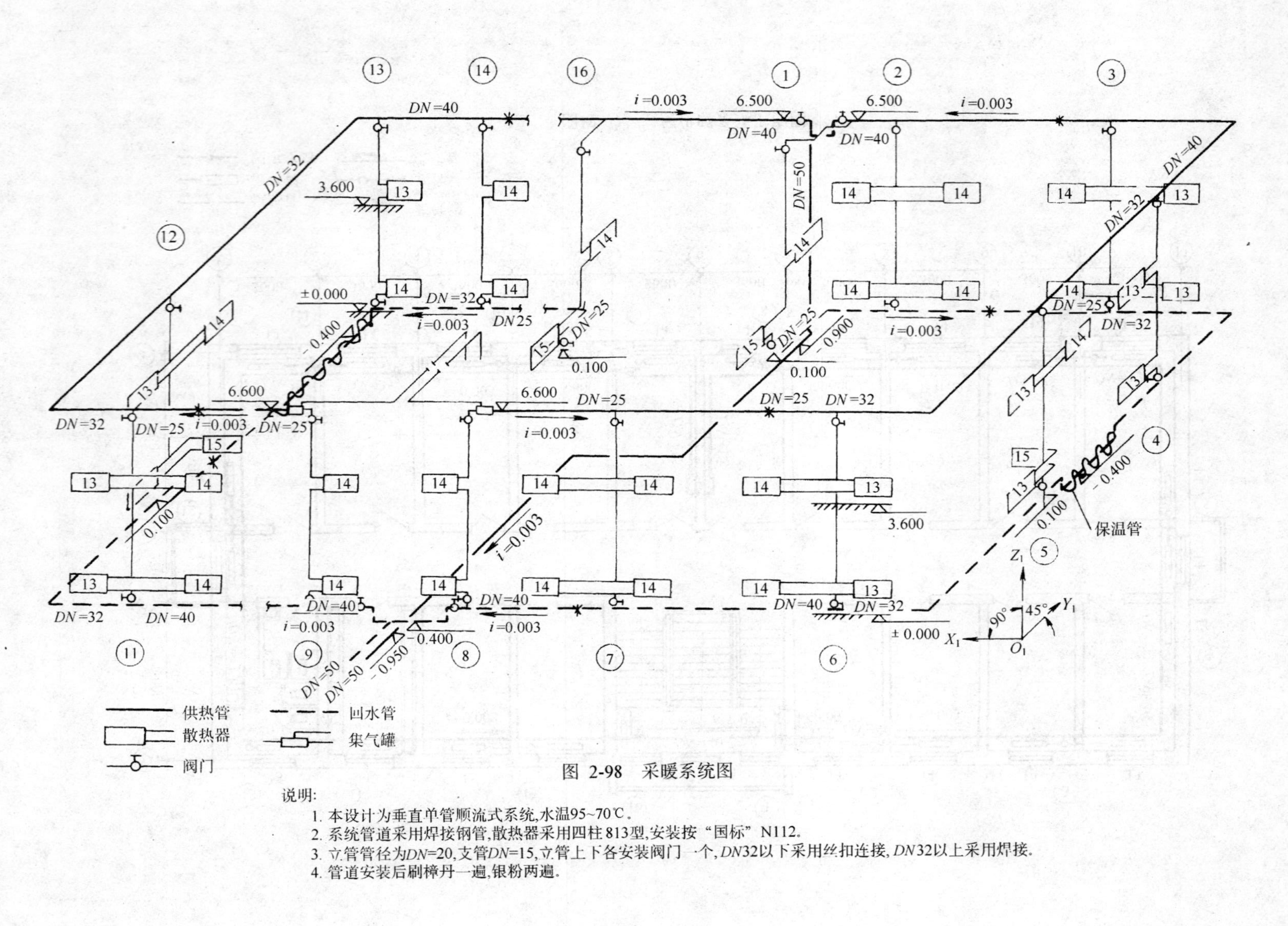

图 2-98 采暖系统图

说明:

1. 本设计为垂直单管顺流式系统,水温95~70℃。
2. 系统管道采用焊接钢管,散热器采用四柱813型,安装按"国标"N112。
3. 立管管径为DN=20,支管DN=15,立管上下各安装阀门一个,DN32以下采用丝扣连接,DN32以上采用焊接。
4. 管道安装后刷樟丹一遍,银粉两遍。

该建筑物南侧，供水干管自6号轴线右侧经地沟引入，沿轴线向北，在轴线©处转折向右，沿轴线"7"至北墙（轴线"*D*"）垂直上至二层。干管在二层左右分成两支，沿外墙前进分别向各立管供水。干管末端设有集气罐，以排除系统中的气体，放气管引至洗手盆。两分支的回水管，以北侧门厅两侧的散热器回水管为起点，沿外墙贴地面敷设，左右对称，左侧一支在穿越卫生间时进入地沟，直至穿过走廊，右侧仅设过门地沟。两支管回水汇合后，同给水总管平行引至系统的引入口，各立管流程距离相等，为同程式系统。

再看系统图，从系统图可以看到系统供水干管和水平干管的标高，及与平面图对应的固定支架的位置；系统共有立管16根，立管上下设截止阀；根据工程说明可知，立管均为*DN*20支管均为*DN*15；散热器为四柱813型。

第三章 通风与空气调节

第一节 通 风

各种生产过程都会程度不同地产生有害气体、蒸汽、粉尘、余热、余湿，通常把这些物质称为工业有害物，它会使室内工作条件恶化，危害生产者健康，影响产品质量，降低劳动生产率。另外，人们日常活动中不断地散热散湿和呼出二氧化碳，也会使室内空气环境变坏，还有其它原因也会对室内环境产生影响。例如太阳辐射热对室温的影响等，因此，良好的室内空气环境无论对保障人体健康，还是保证产品质量，提高经济效益都是十分重要的。

实践证明，通风是改善室内空气环境的有效措施之一。所谓通风就是为改善生产和生活条件，采用自然或机械方法，对某一空间进行换气，以造成卫生、安全等适宜空气环境的技术。通风的任务除了创造良好的室内空气环境外，还要对从室内排出的有害物质进行必要的处理，使其符合排放标准，以避免或减少对大气的污染。

一、通风系统的分类

通风系统按其动力不同分为自然通风和机械通风；按其作用范围可分为全面通风和局部通风。

1．自然通风和机械通风

(1) 自然通风　自然通风分为有组织和无组织通风两类。所谓无组织自然通风是通过门窗缝隙及围护结构不严密处而进行的通风换气方式。有组织自然通风是指依靠风压、热压的作用，通过墙和屋顶上专设的孔口、风道而进行的通风换气方式。

依靠风压通风是指利用建筑物迎风面和背风面的风压差。迎风面产生正压，背风面产生负压，这个压差促使空气通过门窗等缝隙进出室内。

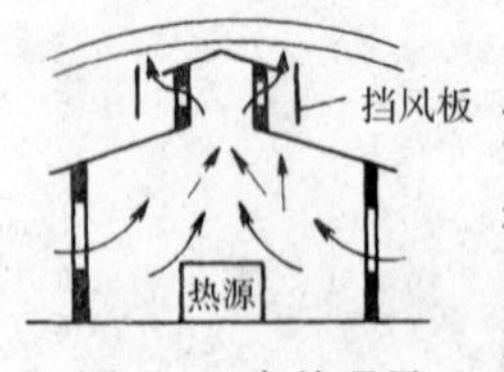

图 3-1　自然通风

热压指室内温度高于室外温度时，因室内热空气密度小而上升，室外冷空气经下部门窗补充进来。热压的大小除跟室内外温差有关外，还与建筑物的高度有关。如图 3-1 是车间自然通风的一种方式它由侧窗进气，从天窗排出，为避免倒风和气流折回现象，在天窗一定距离设置了挡风板。

(2) 机械通风　所谓机械通风即依靠通风机造成的压力迫使空气流通，进行室内外空气交换的方式。

机械通风因有通风机的作用，其压力能克服较大的阻力，可将适当数量经过处理的空气送到房间的任意地点，也可将房间污浊的空气排出室外。

通常情况下机械通风和自然通风共同作用。

2．局部通风和全面通风

(1) 局部通风　局部通风系统分为局部送风和局部排风两大类。它们利用局部气流使局部工作地点不受有害物的污染，造成良好的空气环境。

图 3-2 为局部送风系统，也称空气淋浴，主要用于高温车间，将冷空气直接送到工人身体。

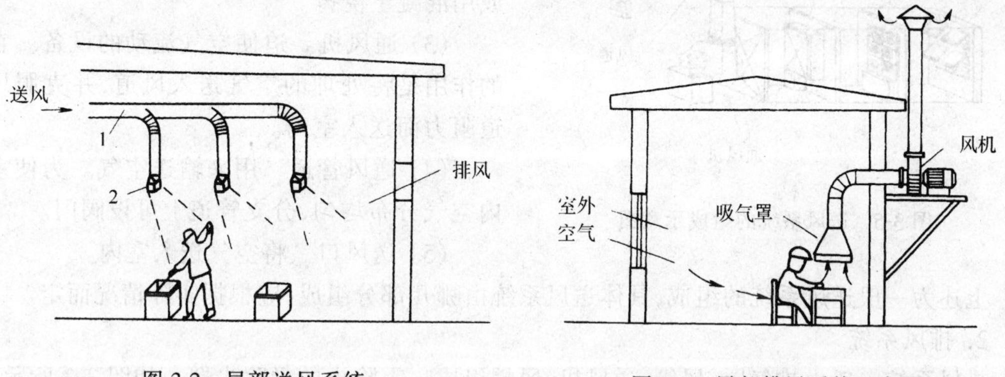

图 3-2　局部送风系统

1—风管；2—送风口

图 3-3　局部排风系统示意图

图 3-3 为局部排风系统，它主要由局部排风罩，净化设备，通风机组成，将局部有害气体（高温、高湿、粉尘）等排出室外。

(2) 全面通风　采用全面通风时，要不断向室内供给新鲜空气，同时从室内排除污染空气，使空气中有害物质降低到容许浓度以下。

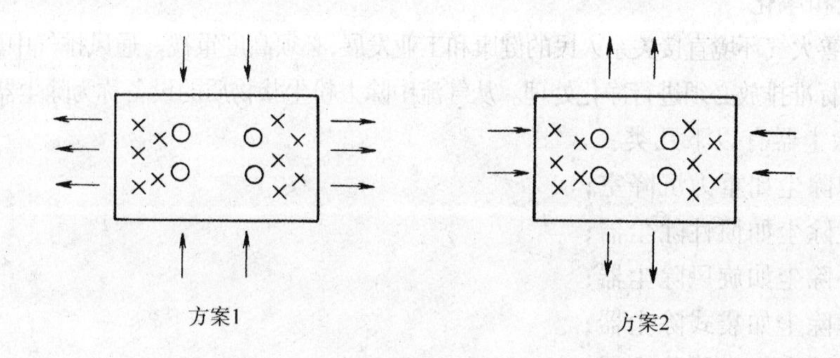

图 3-4　气流组织方案

应当指出：全面通风的效果不仅与换气量有关，而且与通风的气流组织有关。图 3-4 中"×"表示有害物源，"o"表示人的工作位置，箭头表示进排风方向。方案 1：是将进风先送到人的工作位置，再经过有害物源排到室外，这样人的工作地点保持空气新鲜。方案 2：是将进风先经过有害物源，再送到人的工作位置，这样工作区的空气比较污浊。由此可见，要满足全面通风的要求，不仅需要足够的通风换气量，而且要有合理的气流组织。

二、通风系统的组成

对于各种类型的通风，送风系统和排风系统一般由下列部分组成。

1. 送风系统

送风系统一般由进气口、进气室、通风机、通风管道、调节阀、出风口等部分所组成。如图 3-5 所示。

(1) 进风口　进风口上设有百叶风格，可以挡住室外杂物进入进气室，故称为百叶窗。

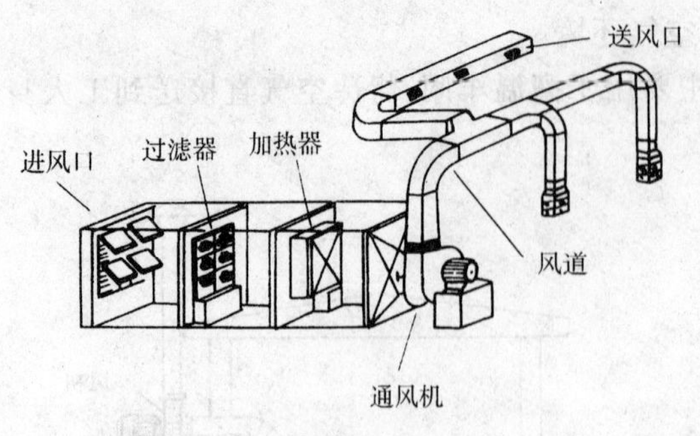

图 3-5　送风系统的组成示意图

(2) 进气室　进气室内设有过滤器和空气加热器，用过滤器滤掉灰尘，再由空气加热器将空气加热到所需温度。进气室可用砖砌或用混凝土浇铸。

(3) 通风机　迫使空气流动的设备。它的作用是将处理的空气送入风道，并克服风道阻力而送入室内。

(4) 通风管道　用来输送空气。为使室内空气分布均匀，分支管道上可设阀门。

(5) 送风口　将空气送入室内。

上述为一般送风系统的组成，具体送风系统由哪几部分组成，应根据实际情况而定。

2. 排风系统

排风系统一般由排气罩、风管、通风机、风帽组成。需除尘的设除尘器。如图 3-3 所示。

(1) 排气罩　将污浊或有害的气体收集并吸入风管的部件。

(2) 风管　同送风系统，用来输送污浊气体。

(3) 通风机　迫使污浊空气流动。

(4) 风帽　处于通风系统末端，将污浊气体排入大气。

(5) 除尘器　除去室内污浊气体中的粉尘。

三、除尘和净化

保护和改善大气环境直接关系人民的健康和工业发展，必须高度重视。通风排气中所含的有害物质(尘、毒)如超标准排放必须进行净化处理。从气流中除去粉尘状物质的设备称为除尘器。

常用的除尘器有以下几类：

(1) 重力除尘如重力沉降室；

(2) 惯性除尘如惯性除尘器；

(3) 离心除尘如旋风除尘器；

(4) 过滤除尘如袋式除尘器；

(5) 洗涤除尘如水膜除尘器；

(6) 静电除尘如电除尘器。

1. 重力沉降室　重力沉降室是通过重力使尘粒从气流中分离的，它的结构如图 3-6 所示。含尘气流进入比管道截面大若干倍的除尘室后速度迅速下降，其中的尘粒在重力作用下缓慢向灰斗沉降，起到除尘的目的。

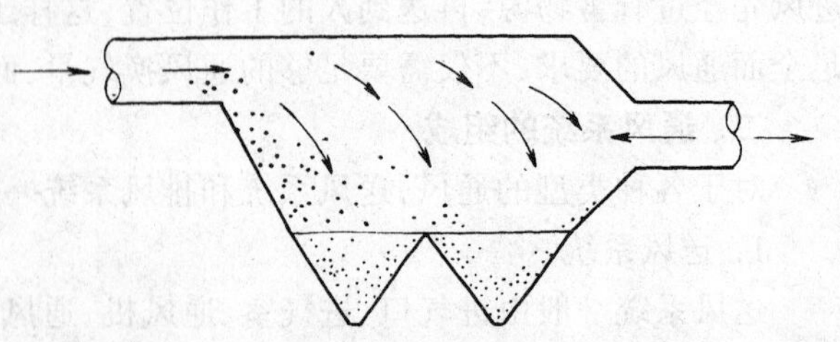
图 3-6　重力沉降室

重力沉降室的主要优点是：设备简单、管理方便、造价低、阻力小、不受温度、压力限制。缺点是：体积大，除尘效率低，仅能除去大颗粒。因此，仅限于气体的预净化和初步净化等场合。

有时为了提高沉降室的除尘效果，可在沉降室内增设一些挡板，利用惯性使尘粒与隔板碰撞。此种除尘器称为惯性除尘器。

2. 旋风除尘器

旋风除尘器属于离心除尘。

普通的旋风除尘器由筒体、锥体、排出管三大部分组成如图 3-7 所示。

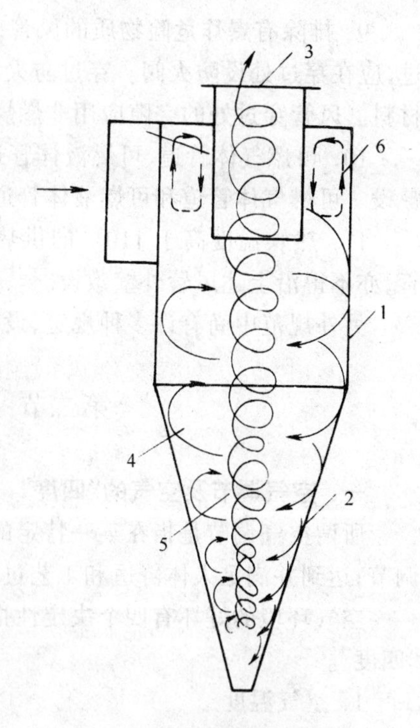

图 3-7 普通的旋风除尘器

1—筒体;2—锥体;3—排出管;4—外涡旋;5—内涡旋;6—上涡旋

含尘气流由切线进口进入除尘器后沿外壁自上而下作旋转运动到达锥体底部后旋转向上,沿轴心向上旋转,最后经排出管排出。气流作旋转运动时,尘粒在惯性离心力的作用下向外壁移动,到达外壁的尘粒在气流和重力的作用下沿壁面落入灰斗。

旋风除尘器的优点是:设备结构简单,体积小,造价低,除尘效率高。缺点是:粉尘碰撞器壁磨损较大。

旋风除尘器在通风工程中应用比较广泛,它直接用于净化室外排气、烟气除尘等,也用于多级除尘系统的初步净化。

除尘设备还有其它许多种类这里不再一一叙述。

四、防火与防爆

通风和空调中要特别注意防火、防爆,因为如果不注意的话,一旦发生火灾,将迅速沿风管蔓延,造成极大损失。所以通风应注意:

1. 凡属下列情况之一时,不应采用循环空气。

(1) 甲乙类生产厂房。

(2) 空气中含有燃烧危险的粉尘和纤维未经处理的丙类生产厂房。

(3) 其它建筑物中含有容易起火或有爆炸危险物质的房间。

2. 遇水后能产生可燃或有爆炸危险混合物的工艺过程,不得采用湿法除尘或湿式除尘器。

3. 有防火和防爆要求的通风系统,其进风口应设置在不可能有火花溅落的安全地点,必要时加围护装置。排风口应该在室外安全处。

4. 含有爆炸危险物质的局部排风系统所排出的气体,应排至建筑物的空气动力阴影区和正压区以上。

5. 排除、输送有燃烧或爆炸危险混合物的通风设备及风管,均应采取静电接地措施,且不应采用容易积聚静电的绝缘材料制作。

6. 排除有爆炸危险的气体、蒸汽和粉尘的局部排风系统,其风量,应按在正常运行和事故情况下,风管内的这些物质的浓度不大于爆炸下限的 50% 计算。

7. 通风和空调系统送、回风管的防火阀及其感温、感烟控制元件的设置,应按国家现行的《建筑设计防火规范》和《高层民用建筑设计防火规范》执行。

8. 排除有爆炸危险物质的局部排风系统,其干式除尘器和过滤器,不得布置在经常有人或短时间内有大量人员逗留的房间的下面,如同上述房间贴邻布置时,应用耐火极限不小于 3h 的实体墙。

9. 排除有爆炸危险物质的风管，不应穿过防火墙，其它风管不易穿过防火墙，如必须穿过，应在穿过处设防火阀。穿过防火墙两侧各 2m 范围内的风管，其保温材料应采用非燃烧材料。风管穿过处的空隙应用非燃烧材料填塞。

10. 可燃气体管道、可燃液体管道和电线，不得穿过风管的内腔，也不得沿风管的外壁敷设。可燃气体管道和可燃液体管道，不应穿过通风机室。

11. 热媒温度高于 110℃ 的供热管道，不应穿过输送有爆炸危险物质或可燃物质的风管，亦不得沿上述风管外壁敷设。

另外规范中尚有许多种规定，设计或施工通风管道时注意查阅。

第二节　空调系统的分类与组成

一、空气调节及空气的“四度”

所谓空气调节是指在某一特定的空间内对空气温度、湿度、洁净度和空气流动速度进行调节，达到并满足人体舒适和工艺过程的要求。

空气环境的好坏有四个决定性指标，即温度、湿度、清洁度和流动速度，它们称为空气的“四度”。

1. 空气温度

温度是表示空气冷热程度的指标。常用的有摄氏温度和开氏温度。摄氏温度用符号 t 表示，单位℃。开氏温度用符号 T 表示，单位 K，二者的关系为：$T = 273.15 + t$（K）

空气温度的高低对人的舒适和健康影响很大。正常情况下，人体温度维持在 36.5～36.7℃，如果温度过高，会造成人体热量不能及时散发。温度过低，会使人体失去过多热量。两种情况均使人不舒服甚至生病。

同样温度过高或过低对生产过程及产品的质量也会造成很大的影响。

2. 空气的湿度

自然界里的空气都是干空气和水蒸气的混合物，叫做“湿空气”或简称空气。把不带有水蒸气的空气称为“干空气”。

湿空气 = 干空气 + 水蒸气

在一定压力下，空气的温度越高，容纳的水蒸气越多；温度越低，容纳的水蒸气越少。一定温度下，空气中水蒸气达到最大值时的状态称为饱和状态。一般情况下空气都是未饱和的。

反映空气湿度的参数有绝对湿度、相对湿度和含湿量。

(1) 绝对湿度——每 $1m^3$ 的湿空气中含有的水蒸气的质量（kg/m^3）。

(2) 相对湿度——湿空气的绝对湿度与同温度下的饱和绝对湿度的比值。用符号 φ 表示。

(3) 含湿量——在湿空气中与 1kg 干空气同时并存的水蒸气质量（以克计）。

空气的相对湿度是衡量空气潮湿程度的重要指标。相对湿度过大，人体会感到闷热。如相对湿度过小，就会感到口干舌燥。

在生产过程中，空气的相对湿度直接影响着产品的质量，例如纺织车间，湿度过大，纱线会粘结在一起，不好加工。湿度过小，会使纱线变粗变脆，加工时产生静电，从而造成飞花和断头。影响产品质量。

3. 空气的清洁度

空气的清洁度是表示空气新鲜程度和洁净程度的指标。

空气的新鲜程度是指空气中含氧的比例是否正常。空气中的氧是人类生存所必须的，正常情况下，氧气占空气质量的23.1%。如在不通风的人多的房间里停久了，由于人吸收氧气呼出二氧化碳，空气中氧气减少，二氧化碳增加，同时人体及生产还可能产生其它异味或有害气体。到一定程度，人就会产生不适感，而必须补充新鲜空气来代替污浊空气。

空气的洁净度是指空气中粉尘和有害气体的浓度。含有粉尘或有害气体的空气不但影响人体健康而且会影响产品质量，只有把这类空气中的粉尘和有害气体降到一定程度才是干净的空气。

所以新鲜而洁净的空气才是清洁空气。

4. 空气的速度

空气的速度表示室内空气流动快慢的程度。

室内的通风换气都是通过空气流动来实现的。如果空气流速过小，人会感到闷气，而流动速度过大，人体又会有吹风感。人体对空气流动的感觉不仅取决于空气流速的大小，而且与温度高低，人的活动量，人体暴露在流动空气中的面积等因素有关。当人体活动量大时，需要的流速大一些。温度较高时也需流速大些。

总之，空气的温度、湿度、清洁度和速度这"四度"是决定人和生产所需空气环境的主要因素。由于这些因素的影响，使人感觉冷、热、干燥、潮湿、凉爽、闷热等，在生产工艺中影响到产品的质量，所以要想使人体感觉舒适，保证健康，产品质量达到要求，必须进行室内通风或空气调节。舒适性空气调节室内计算参数可参照表3-1；工艺性空气调节室内温湿度及其允许波动范围，应根据工艺需要并考虑必要的卫生条件确定。

舒适性空气调节室内参数 **表3-1**

参数 / 季节	温度	相对湿度	室内风速
夏季	24~28℃	40%~65%	0.2~0.5m/s
冬季	18~22℃	40%~60%	≤0.2m/s

对于高级民用建筑(系统对室内温度、湿度、空气清洁度和噪声标准等环境功能要求严格，装备水平较高的建筑物，如国家级宾馆、会堂、剧院、图书馆、体育馆等。)，当采用采暖通风达不到舒适性标准时，应设置空气调节；对于生产性厂房及辅助建筑，采用采暖通风达不到工艺对温湿度要求时，应设置空气调节。

二、空调系统的分类

可以分别按设备的布置情况、被处理空气的来源、负担热湿负荷介质的不同及送风速度不同来划分。

1. 按空气处理设备的布置情况分

(1) 集中式空调系统　特点是所有的空气处理设备(包括风机、水泵等)都集中在一个空调机房，处理后的空气经风道送至各空调房间。这种系统处理风量大，运行可靠，需要集中的冷、热源，便于管理和维修，机房占地大。

(2) 局部式空气调节系统　这种系统特点是所有的空气处理设备全部分散地设置在空气调节房间中或邻室内，而没有集中的空调机房。在各房间中分散设置的空气处理设备一般都集中在一个箱体内，组成空调机组。局部空调设备使用灵活，安装简单，节省风道。

(3) 混合式空气调节系统　这种系统除了设有集中的空气调节机房外，还在空调房间内设有二次空气处理设备，其中多数为冷热盘管，以便将送风再进行一次加热或冷却，以满足不同房间对送风状态的不同要求。

2. 按处理空气的来源分

(1) 全新风式空气调节系统　全新风式空气调节系统的送风全部来自室外（不利用空调房间的回风），经处理后送入室内吸收余热、余湿，然后全部排至室外。这种系统主要用于不允许采用回风的房间，如产生有毒气体的车间等，参见图 3-8(*a*)。

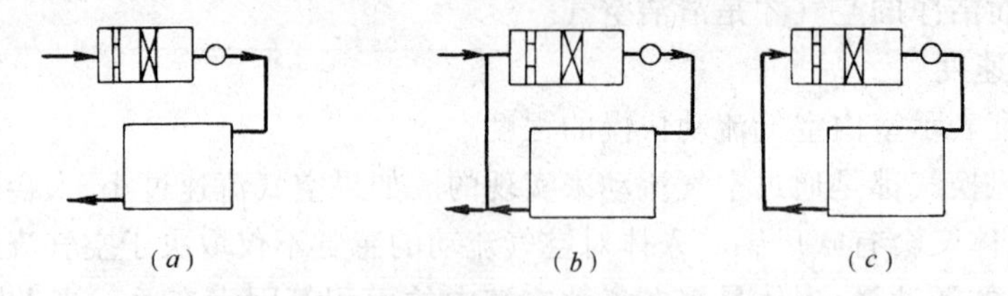

图 3-8　空调系统分类示意图（按空气来源分）

(2) 新、回风混合式空气调节系统　这种系统的特点是空调房间送风，一部分来自室外新风，另一部分利用室内回风。这种既用新风，又用回风的系统，不但能保证房间卫生环境，而且也可减少能耗，参见图 3-8(*b*)。

(3) 全回风式空气调节系统　这种系统所处理的空气全部来自空调房间，而不补充室外空气（见图 3-8(*c*)）。全回风系统卫生条件差，耗能量低。

3. 按负担热湿负荷所用的介质分

(1) 全空气式空气调节系统　在这种系统中，负担空气调节负荷所用的介质全部是空气（图 3-9(*a*)）。由于作为冷、热介质的空气的比热较小，故要求风道断面较大。

(2) 空气-水空气调节系统　空气-水空调系统负担空调负荷的介质既有空气，又有水（见图 3-9(*b*)）。由于使用水作为系统的一部分介质，而减少了系统的风量。

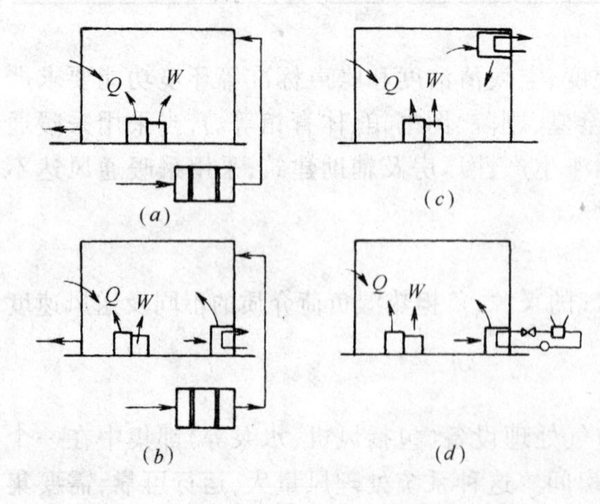

图 3-9　空调系统分类示意图（按介质分）

(3) 全水式空气调节系统　这种系统中负担空调负荷的介质全部是水。由于只使用水作介质而节省了风道（见图 3-9(*c*)）。

(4) 冷剂式空气调节系统　在冷剂式系统中，负担空调负荷所用的介质全部是冷剂（见图 3-9(*d*)）。一般空调机组均采用这种系统。

4. 按风道中空气流速分

(1) 高速空气调节系统　高速空调系统风道中的流速可达 20～30m/s。由于风速大，风道断面可以减小许多，故可用于层高受限，布置管道困难的建筑物中。

(2) 低速空气调节系统　低速空调系统中空气流速一般只有 8～12m/s,风道断面较大,需占较大的建筑空间。

三、空气调节系统的组成

1. 全空气系统

该系统房间负荷均由集中处理后的空气负担,属于全空气系统,有定风量或变风量的单风管或双风管集中式系统,全空气诱导系统。这里仅以一次回风的单风管系统为例加以说明,如图 3-10 所示,其组成有:

(1) 空气处理设备　包括预热器,过滤器,喷水室,二次加热器等,它们主要是用来对空气进行加热,冷却,加湿,减湿等处理,以满足空调房间的要求。

(2) 通风机　包括送风机和回风机。送风机是将处理后的空气压入送风管道。回风机是将部分室内空气吸入回风管道。

(3) 送风管道　将处理后的空气送入空调房间。

(4) 回风管道　将室内回风送入空气处理设备。

(5) 调节阀门　用来控制新风量,各房间送风量及回风量的大小。

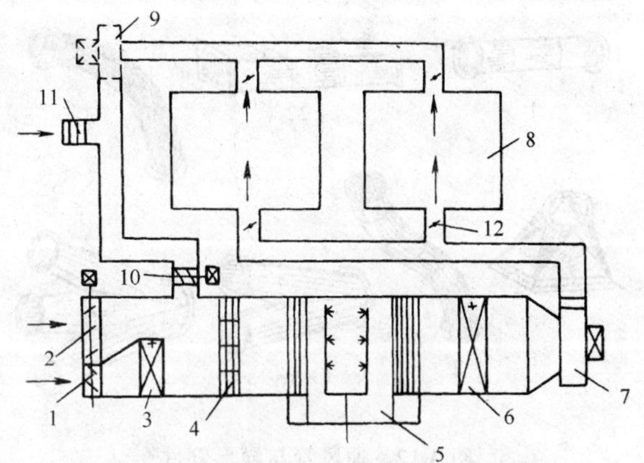

图 3-10　一次回风的喷水式系统

1—最小新风阀;2—最大新风阀;3—预热器(第一次加热器);4—过滤器;5—喷水室;6—第二次加热器;7—送风机;8—空调房间;9—回风机;10—一次回风阀;11—排风阀;12—调节阀门

2. 空气-水系统

空调房间的负荷由集中处理的空气负担一部分,其它负荷由水作介质送入空调房间,对空气进行处理,如图 3-9(*b*)所示。其组成有:

(1) 空气部分其组成同全空气系统;

(2) 水处理装置:处理水使其满足要求(见制冷部分);

(3) 供水管道:将处理后的水送入风机盘管;

(4) 风机盘管:如图 3-11 所示,把水担负的负荷送入室内;

(5) 回水管道:将使用过的水送回水处理装置重新处理。

3. 全水系统

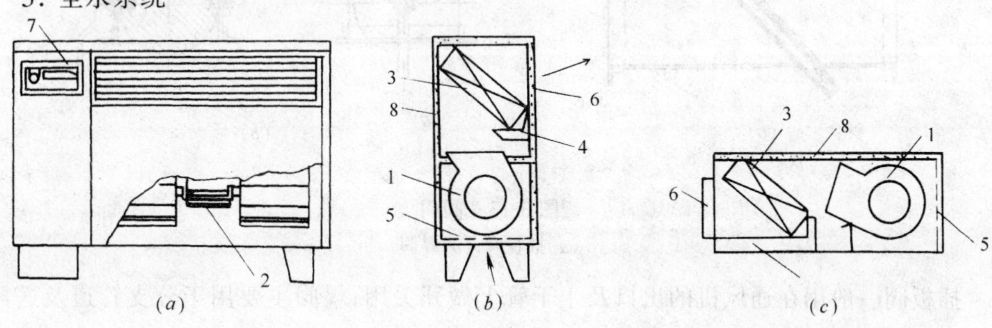

图 3-11　风机盘管构造图

1—风机;2—电机;3—盘管;4—凝水盘;5—过滤器;6—出风口;7—控制器;8—吸声材料

这种系统的负荷全部由水来负担，其组成同空气-水系统的水系统，见图 3-9(c)。

第三节　通风空调的管道和设备

一、通风管道及部件

在通风和空调系统中，通风管道用来送入或排出空气。在系统的始末端，设有进、排气的装置，为切断、打开或对系统进行调节，还要在某些部位设置阀门。

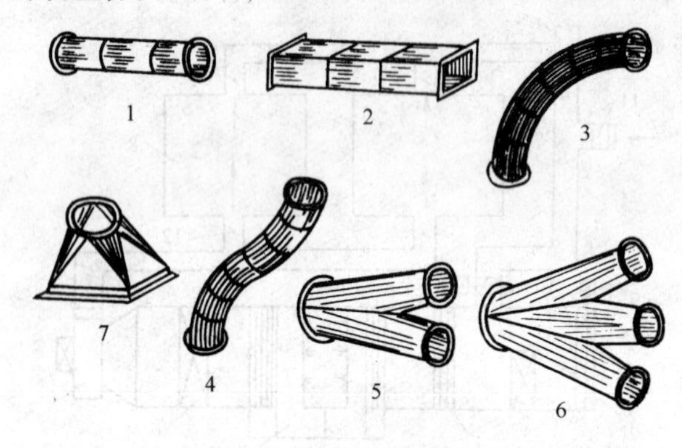

图 3-12　通风管与异形管件

1—圆直管；2—矩形直管；3—弯头；4—来回弯；5—三通；6—四通；7—变径管

1. 风道

(1) 风道的形状　通风管道的横断面，有圆形和矩形两种。当断面积相同时，圆形节省材料，而矩形更容易和建筑物配合。

(2) 管件　通风管道除直管外，还有弯头、乙字弯、三通、四通、变径管等管件，如图 3-12 所示。

① 弯头：用来改变管路的方向。

② 乙字弯：用来绕过其它管道或梁柱等。

③ 三通、四通：用于管道分支或合流。

④ 变径管：用于改变管径或断面形状。

2. 阀门

阀门主要用于系统的开关或调节风量大小。常用的有插板阀和蝶阀。如图 3-13 所示。

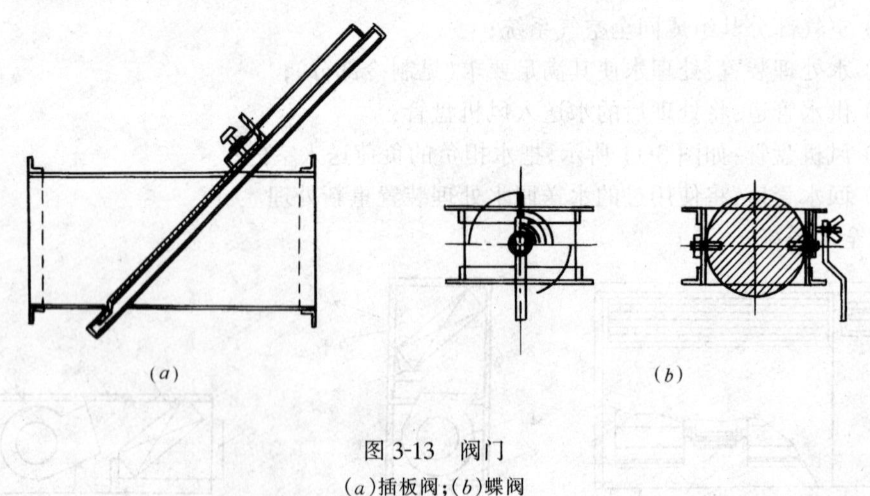

图 3-13　阀门

(a)插板阀；(b)蝶阀

插板阀一般用在通风机的出口及主干管上做开关用；蝶阀主要用于分支管道及送风口之前，用来调节流量。

另外有防火阀、止回阀等。防火阀的作用是当发生火灾时能自动关阀，防止火灾沿风道蔓延；止回阀的作用是防止风机停止运转时气流倒灌。

3. 进风口、排风口、吸气罩

根据使用部位的不同,进排风口可分为室外和室内两种。

(1) 室外进风口　室外进风口的作用是将室外新鲜空气收集起来,供送风系统使用。

一般常用的室外进风口是百叶窗如图 3-14 所示。它可挡住树叶、纸片等杂物,同时避免雨、雪进入室内。

室外进风口可以直接设在建筑物的墙上,也可以设在专门砌筑的进气塔上,但必须选择空气比较新鲜、灰尘较少,且远离室外排风口的地方。

(2) 室外排风口　室外排风口是排风管道的出口,它的作用是将室内污浊的空气排入大气。为防止雨雪及风沙倒灌,一般都设有风帽。

(3) 室内送风口　室内送风口的作用,就是均匀地向室内送风。室内送风口的种类较多,常用的有侧向送风口、散流器和孔板送风口。

侧向送风口,就是在风道的侧壁上直接开的孔口,或者是在风道侧壁上装设的矩形送风口,为调节风量和控制气流方向,孔口可设挡板或插板,如图 3-15 所示。

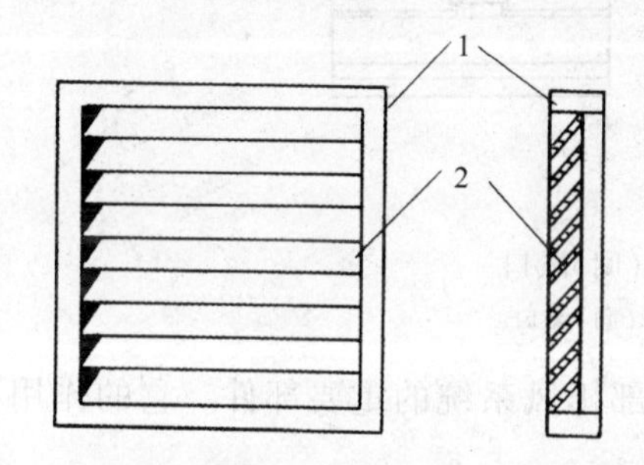

图 3-14　室外进风口示意图

1—框;2—拦护风格

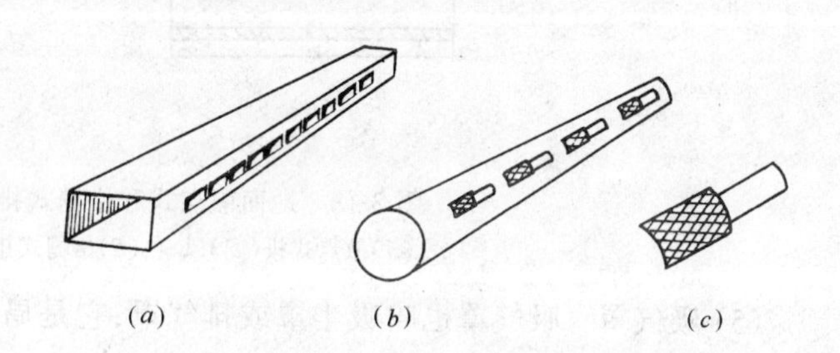

图 3-15　侧向送风口

(*a*) 设在矩形风道上;(*b*)设在圆形风道上;(*c*)插板

散流器是自上而下送风的一种风口,一般明装或暗装在送风管的末端。如图 3-16 所示。

孔板送风口是将空气通过开有若干圆形或条缝形小孔的孔板送入室内。图 3-17 所示为顶棚孔板送风口。

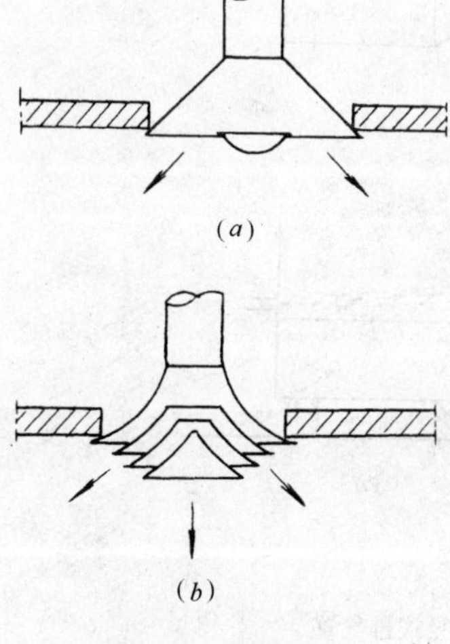

图 3-16　散流器

(*a*)盘式;(*b*)流线型

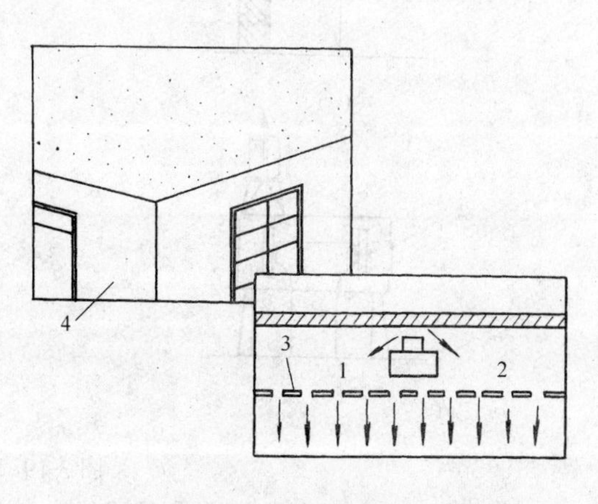

图 3-17　孔板送风口

1—风管;2—静压层;3—孔板;4—空调房间

(4) 室内排风口　室内排风口的作用,是将室内空气排入风道中去的装置。有装在风管或间墙侧壁上的方形风口,表面装有百叶风格或金属网格,也有安装在地面上的散点式或格栅式风口等。

散点式排风口,上部装有蘑菇形的罩,常设在影剧院的座席下,如图 3-18(a)所示。格栅式排风口,一般做成与地面相平。如图 3-18(b)所示。

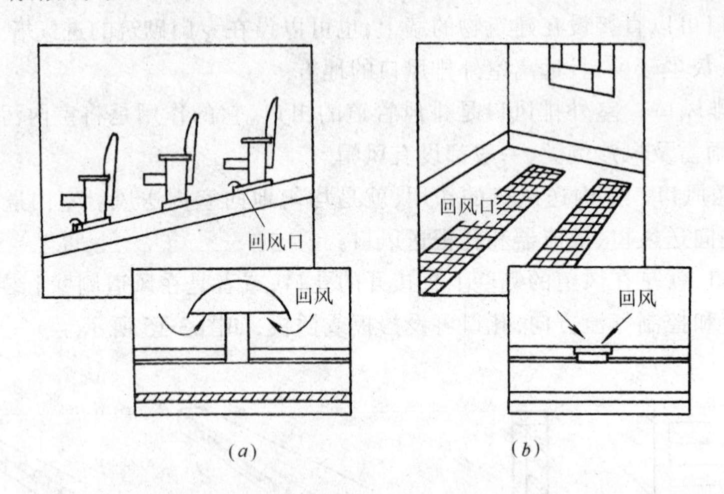

图 3-18　地面散点式和格栅式排(回)风口

(a)散点式排(回)风口;(b)格栅式排(回)风口

(5) 吸气罩　吸气罩也叫吸尘罩或排气罩,它是局部排风系统的重要部件。它的作用是有效地将有害气体或粉尘吸入排风管道。

吸气罩的种类很多,有伞形罩,条缝罩,密闭罩,吹吸罩等。如图 3-19 所示。

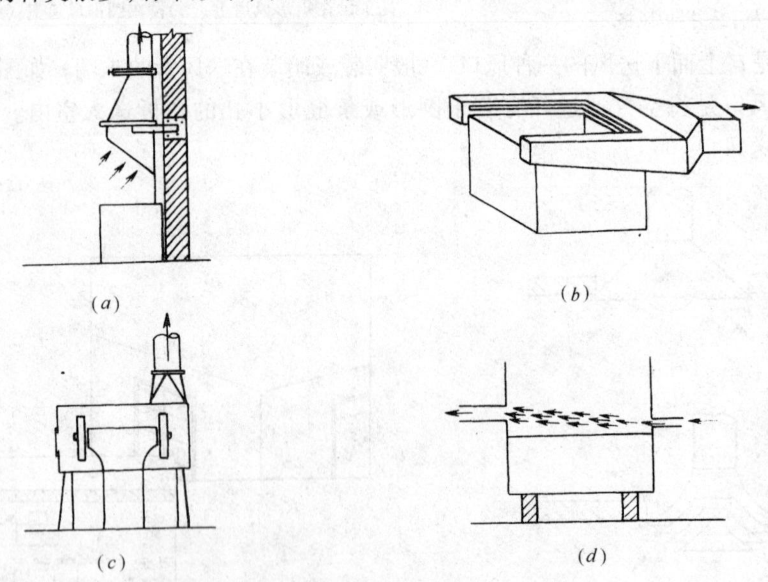

图 3-19　吸气罩

(a)伞形罩;(b)条缝罩;(c)密闭罩;(d)吹吸式排气罩

图 3-19(a)所示为伞形罩。

根据需要伞形罩口可向上,向下或水平方向,分别称为上吸式,下吸式或侧吸式。图中是上吸式侧吸罩。

图 3-19(b)为设在敞口槽边的侧吸罩,气流由条缝口进入吸风箱而由管道排掉。

图 3-19(c)为设在碾轮上的密闭罩,它将有害气体限制在一个小范围内。

图 3-19(d)为吹吸式排气罩,一边吹气,一边吸气,将有害气体排出。

二、空调系统的设备

空调系统中有许多设备,选择的系统不同,其设备也不完全相同。这里介绍几种常用空调系统的设备。

1. 组合式空气处理设备

如图 3-20 所示主要由新风入口,回风口,过滤器,消音器,喷淋室,加热器(冷却器)出风口等组成。新风口自室外引入新鲜空气。回风口自空调房间引入部分回风。过滤器用于除去空气中的灰尘。消音器用于消除空气流动时产生的噪音。喷淋室主要用于加湿空气。加热器(冷却器)将空气加热(冷却)到所需温度。出风口将处理后的符合空调要求的空气送入空调管道。

2. 诱导器

如图 3-21 所示。它是一末端装置,由静压箱、喷嘴和冷热盘管组成。经过集中处理的一次风首先进入诱导器的静压箱,然后以很高的速度自喷嘴喷出。由于喷出气流的引射作用,在诱导器内形成负压,室内回风(称为二次风)就被引入,然后一次风与二次风混合构成了房间的送风。盘管可以加热空气也可冷却空气。

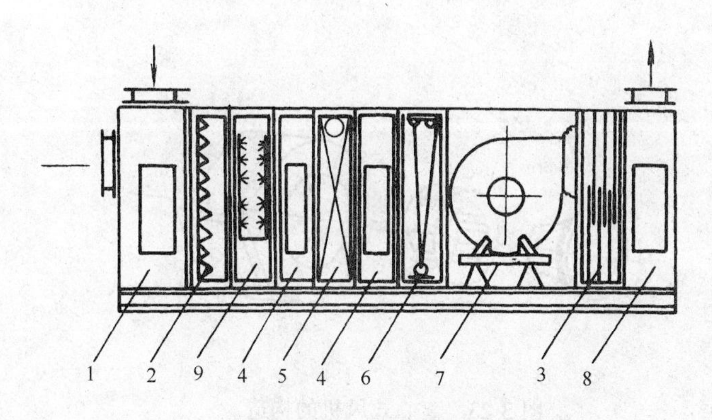

图 3-20 组合式空调机组

1—混合段;2—初效过滤段;3—消声段;4—中间段;5—表冷段;6—电加热段;7—送风机段;8—送风段;9—淋水段

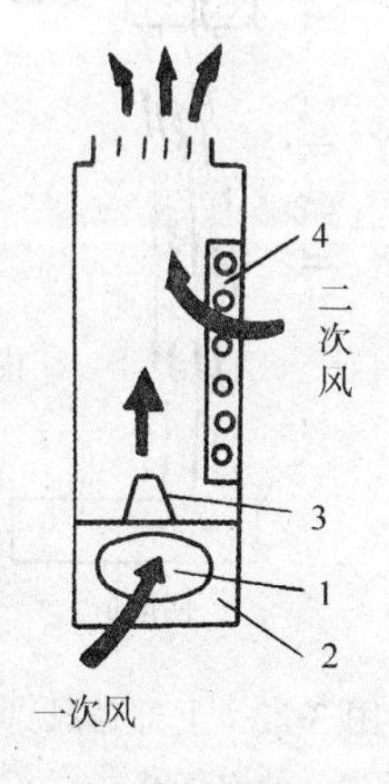

图 3-21 诱导器结构示意图

1—一次风连接管;2—静压箱;3—喷嘴;4—冷(热)盘管

3. 风机盘管

风机盘管机组简称风机盘管,它也是一种末端装置。普通风机盘管的构造如图 3-11 所示,主要由盘管(换热器)和风机组成,并由此得名。

风机盘管内部的电机多为单项电容调速电机,可以通过调节电机输入电压使风量分为高、中、低三档,因而可以相应地调节风机盘管的供冷(热)量。

除风量调节外,风机盘管的供冷(热)量也可以通过水量调节阀自动调节。此外,也有用冷却盘管的旁通风门来调节室温的风机盘管。

从结构型式看,风机盘管有立式、卧式和柱式等,也有兼有净化与消毒功能的风机盘管产品。风机盘管的型式仍在不断发展,近年来已有冷量超过十几千瓦和高余压的风机盘管出现。

4. 大门空气幕

在经常开启大门,供运输工具出入的厂房,或人流进出频繁的公共建筑,为了避免大门开启时,夏季热空气或冬季冷空气的大量侵入,可在大门上设置空气幕,利用送风气流形成的气幕,减少或隔绝室外空气的侵入。常用的有侧面送风空气幕,上部送风的空气幕,下部送风的空气幕。目前常用的是上部送风空气幕,如图 3-22。把贯流风机直接装在大门上向下吹风,用一层厚的(即大风量的)缓慢流动的气流组成空气幕,阻挡横向进入室内的空气。这种气幕出口流速低,混入的二次空气量少,因此消耗的能量少。这种气幕的投资费用和运行费用都较低。有时为了更加有效,在贯流风机的出口处增设加热或冷却装置,使空气幕的空气温度和室内相近,这样效果更加明显。

5. 风机

风机是用来输送气体的设备。

风机分为两大类:离心风机和轴流风机。

(1) 离心式风机的构造及工作原理。图 3-23 为离心式风机的构造示意图。它的主要工作部件是叶轮、机壳、机轴、吸入口、排气口等。

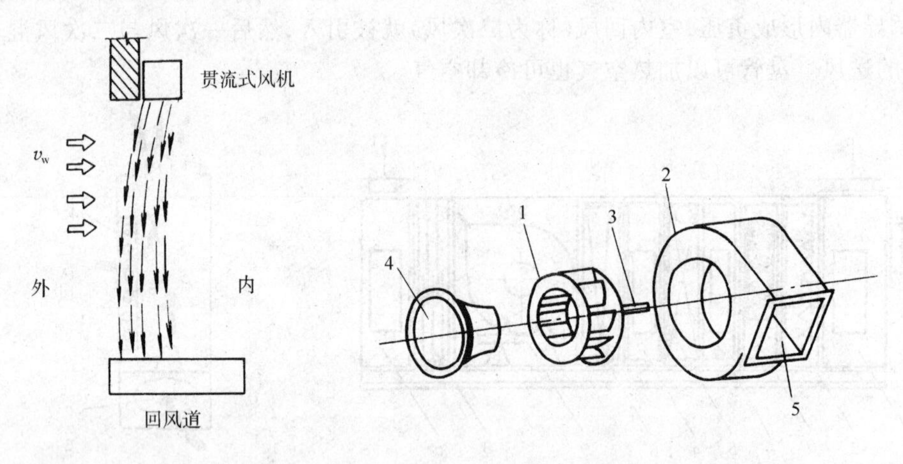

图 3-22 上部送风的空气幕

图 3-23 离心式风机的构造
1—叶轮;2—机壳;3—机轴;4—吸气口;5—排气口

离心式风机的工作原理为:叶轮在电动机的带动下随机轴一起高速旋转,叶片间的气体在离心力的作用下径向甩出,同时在叶轮的吸口处形成真空,外界气体在大气压力作用下被吸入叶轮内,以补充排出的气体。由叶轮甩出的气体进入机壳后被压向风道,如此源源不断地将气体输送到需要的场所。

(2) 轴流风机的构造及工作原理。如图 3-24 所示,轴流风机由叶轮,机壳,进气口,电动机等组成。

叶轮安装在圆筒形的机壳内,叶轮直接连在电动机轴上,当电动机带动叶轮旋转时,空气由吸气口进入叶轮并随叶轮转动,同时沿轴向向前流动。

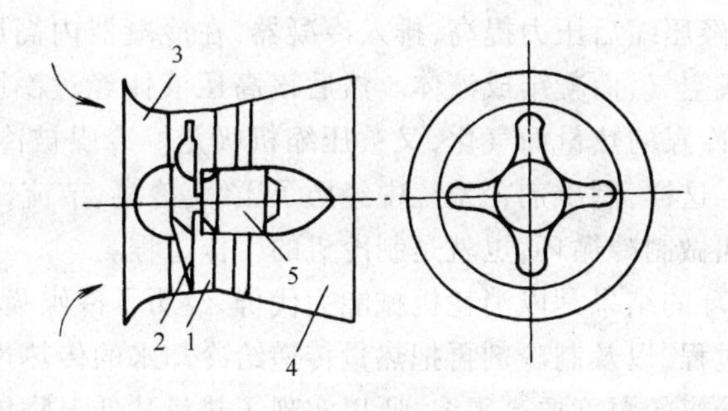

图 3-24　轴流式风机构造简图

1—机壳；2—叶轮；3—吸入门；4—扩压段；5—轴

由于空气在机壳内始终沿轴向流动，故得名轴流式风机。

第四节　空调制冷的基本原理

“制冷”就是使自然界的某物体或某空间达到低于周围环境温度并使之维持这个温度。制冷装置是空调系统中冷却干燥空气所必须的设备，是空调系统的重要组成部分。实现制冷可通过两种途径，一是利用天然冷源，一种是采用人工制冷。对于空调来说二者都可应用。天然冷源有很多种适用于空调，主要是地下水和地道风，利用天然冷源是一种比较经济简便的获得低温的方法，有条件时应尽量采用。

人工制冷是以消耗一定的能量为代价，实现使低温物体的热量向高温物体转移的一种技术，人工制冷的设备称为制冷机，制冷机有压缩式、吸收式、喷射式等，在空调中应用最广泛的是压缩式和吸收式。

一、蒸气压缩式制冷系统

1. 蒸气压缩式制冷的基本原理

蒸气压缩式制冷机是利用液体在低温下气化吸热的性质来实现制冷的。制冷装置中所用的工作物质称为制冷剂，制冷剂液体在低温下气化时能吸收很多热量，因而制冷剂是人工制冷不可缺少的物质。常用的制冷剂有氨、氟利昂 22 等。在大气压力，氨的气化温度为 -33.4℃，氟利昂 22 的气化温度为 -40.8℃，对于空调和一般制冷要求均能满足。氨价格低廉，易于获得，但有刺激性气味，有毒，有燃烧和爆炸危险，对铜及其合金有腐蚀作用。氟利昂无毒，无气味，不燃烧，无爆炸危险，对金属不腐蚀，但其渗透性强，泄漏时不易发现，价格较贵。

用来将制冷机产生的冷量传递给被冷却物体的媒介物质称为载冷剂或冷媒。常用的冷媒有空气、水和盐水。空调中喷水室所用的冷冻水就是冷媒。

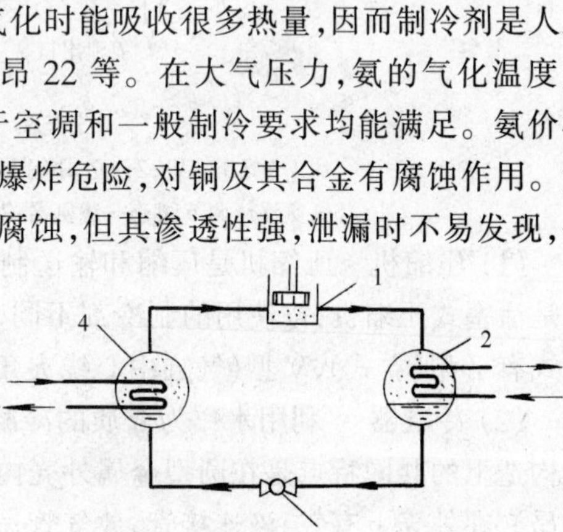

图 3-25　蒸气压缩式制冷工作原理

1—压缩机；2—冷凝器；3—膨胀阀；4—蒸发器

蒸气压缩式制冷机主要由压缩机、冷凝器、膨胀阀和蒸发器四个关键性设备所组成，并用管道连接形成一个封闭系统，如图 3-25 所示。工作过程如下：压缩机将蒸发器内产生的低压低温制冷剂蒸气吸入气缸，经压缩后压力提高，排入冷凝器，在冷凝器内高压制冷剂蒸气在定压下把热量传给冷却水或空气，而凝结成液体。然后该高压液体经过澎胀阀节流减压进入蒸发器，在蒸发器内吸收冷媒的热量而气化，又被压缩机吸走。冷媒被冷却，重新具有吸收被冷却物体热量的能力。这样，制冷剂在系统中经历了压缩，冷凝，节流，气化四个过程。连续不断地进行四个过程叫做制冷循环，也就是制冷机的工作过程。

由此可见，制冷循环的结果是以消耗机械能为代价，经历了冷媒吸收被冷却物体的热量并传给制冷剂的传热过程，以及制冷剂再把热量传递给冷却水的传热过程。因冷却水（自来水，河水等）的温度比冷媒的温度要高得多，所以实现了热量从低温物传向高温物体的过程。

2. 蒸气压缩式制冷的主要设备

实际制冷系统除上述四大主要设备外，还应有一些辅助设备，如油分离器，贮液器及自控仪表，阀件等。对于氨制冷系统还应设集油器、空气分离器和紧急泄氨器；对于氟利昂制冷系统还应设热交换器和干燥过滤器等。

目前我国许多冷冻机厂供应氨压缩制冷与氟利昂冷凝制冷成套设备，可供空调选用。图 3-26 为一种简单的氨空调制冷系统，几种主要设备介绍如下：

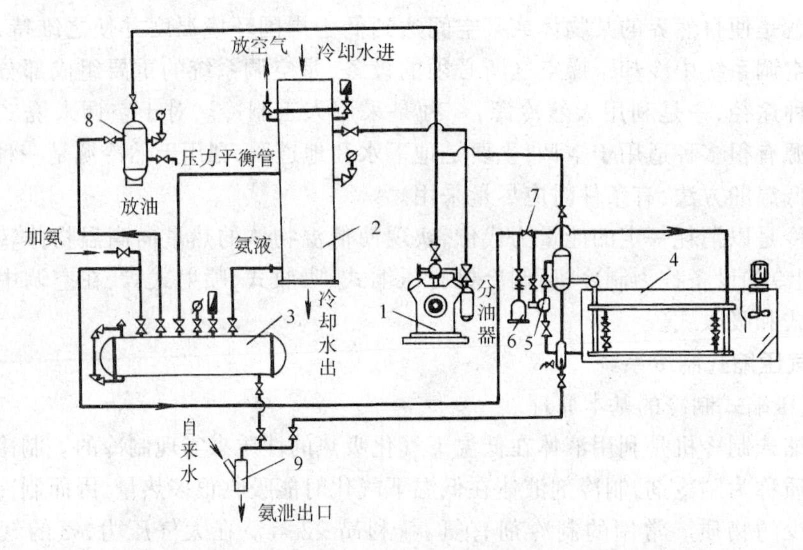

图 3-26 氨空调制冷系统

1—氨压缩机；2—立式冷凝器；3—氨贮液器；4—螺旋管式蒸发器；
5—氨浮球调节阀；6—滤氨器；7—手动调节阀；8—集油器；9—紧急泄氨器

（1）压缩机 压缩机是压缩和输送制冷剂蒸气的设备，一般称为主机，目前应用最广泛的是活塞式压缩机，按使用的制冷剂不同，有氨压缩机和氟利昂压缩机。压缩机气缸的布置方式有 Z 型（立式），V 型（气缸中心线夹角 90°），W 型（夹角 60°）和 S 型（夹角 45°）。

（2）冷凝器 利用水作为介质的冷凝器，常用的有立式壳管和卧式壳管两种形式。它们构造上的共同特点是在圆型金属外壳内装有许多根小直径的无缝钢管或铜管（适用于氟利昂），在外壳上有气、液连接管，放气管，安全阀，压力表等接头。冷却水在管内流动，制冷剂蒸气在管外表面间的空隙流动凝结。

（3）蒸发器 蒸发器也是一种热交换器，它使低压低温制冷剂液体吸收冷媒的热量而气化。有两种类型：一种是直接蒸发式，适用于氟利昂制冷系统，装于空气处理室中，直接冷却空气。另一种是用于冷却盐水或冷冻水的蒸发器,是螺旋管冷水箱式,多用于氨制冷系统。

二、热力吸收式制冷系统

吸收式制冷是以消耗热能来达到制冷的目的。它与蒸气压缩式制冷的主要区别是工质不同,完成制冷循环所消耗能量的形式不同。吸收式制冷机通常使用的工质是由两种工质(吸收剂和制冷剂)组成的混合溶液,如氨水溶液,水-溴化锂溶液等。其中沸点高的作为吸收剂,沸点低且易挥发的物质作制冷剂。氨水中氨是制冷剂,水是吸收剂;水-溴化锂中水是制冷剂,溴化锂是吸收剂。

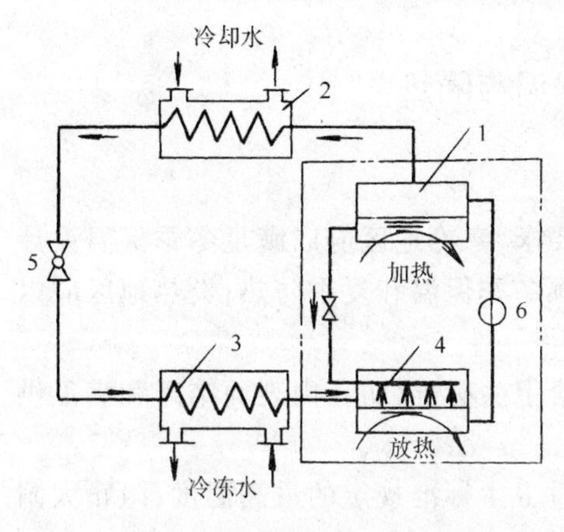

图 3-27　溴化锂吸收制冷工作原理图

1—发生器;2—冷凝器;3—蒸发器;4—吸收器;5—节流装置;6—泵

图 3-27 为溴化锂吸收式制冷的工作原理图,这种制冷机主要是由发生器、冷凝器、蒸发器、吸收器以及节流降压装置等部分所组成。

图中有两个工作循环。左半部为冷剂水蒸汽的制冷循环,它的工作原理是这样的:在发生器 1 内,由于外部热源的加热,溴化锂溶液中所含的水分汽化成冷剂水蒸汽,并进入冷凝器 2 中,冷凝水蒸汽把热量传递给冷却水后凝结为冷剂水,这部分冷剂水经过节流装置 5 降压后便进入蒸发器了。在这里,低压冷剂水夺取冷冻回水的热量而蒸发为水蒸汽,从而实现了制冷过程。冷冻回水失去热量后温度降低被送到用户(如空调机、生产工艺)使用。而低温的冷剂水蒸汽则进入吸收器 4,被其中溴化锂溶液所吸收,在吸收过程中放出的热量由冷却水带走(蒸发器内的真空是靠溴化锂溶液吸收蒸发产生的冷剂水蒸汽来维持的)。吸收了冷剂水蒸汽的溴化锂溶液变稀后,由泵 6 汲送到发生器 1。如果将这个循环过程同压缩式制冷加以比较的话,可以看出:吸收器内在较低压力下吸收水蒸汽,其作用类似于压缩机的吸气;发生器内在较高压力下释放出水蒸汽,其作用类似于压缩机的排气。可见,吸收剂的循环实际上起着压缩机的作用。

图中的右半部为吸收剂溶液的循环。变稀的溴化锂水溶液之所以被送到发生器内,是为了加热浓缩释放出冷剂水蒸汽,这是为保证系统连续工作所必需的。当发生器内溴化锂溶液浓度达到规定上限值时,便需要排入吸收器中进行吸收稀释。当吸收器内溴化锂溶液浓度达到规定的下限值时,又需要送到发生器内加热浓缩,这样便形成了吸收剂溶液的再生循环。当然,所谓浓溶液和稀溶液是相对而言的,它们之间的浓度差只有 4%左右。总之,由上面两个循环构成了吸收式制冷的整个工作循环。

三、蒸汽喷射式制冷循环

蒸汽喷射式制冷系统主要由锅炉,喷射器,冷凝器,节流阀,蒸发器和水泵等组成,如图 3-28 所示。其工作过程如下:由锅炉引来的工作蒸汽进入喷射器的喷管,

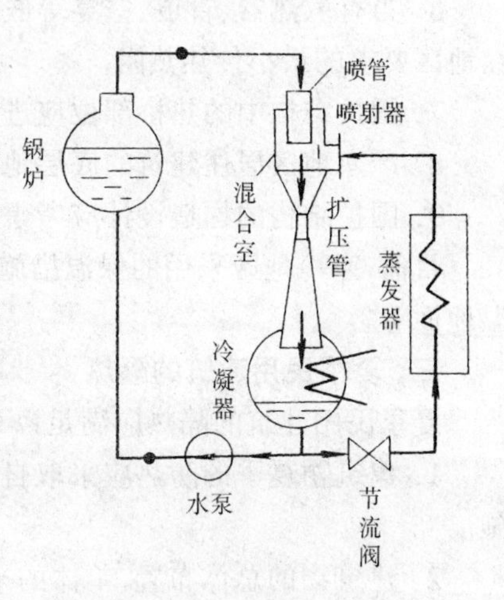

图 3-28　蒸汽喷射式制冷工作原理图

在喷管中，减压膨胀增速，在混合室内形成低压，将蒸发器内的低压制冷工质吸入混合室，混合后的气流进入扩压管减速增压，送入冷凝器冷凝。由冷凝器中出来的凝结液分成两路。一路经水泵增压送入锅炉，加热汽化后成为工作蒸汽；另一路作为制冷剂经节流阀降压降温后进入蒸发器吸收被冷却物的热量，汽化为低压制冷剂蒸汽，完成一个制冷循环。

第五节 民用建筑的保温与隔热

一、保温隔热的目的

严寒地区的建筑物应充分满足冬季保温设计的要求,寒冷地区应以满足冬季保温设计要求为主,适当兼顾夏季防热;温暖地区的建筑应兼顾冬季保温和夏季防热;炎热地区应以满足夏季防热设计为主,适当兼顾冬季保温。

冬季保温的目的是保证围护结构内表面温度符合卫生标准,防止内表面结露和满足供暖建筑所限制的能耗指标,节约能源。

夏季隔热的目的是保证建筑物工作区温度不超过卫生标准规定的最高温度,阻止太阳的辐射热。

二、冬季民用建筑的保温

冬季民用建筑的保温要满足以下要求:

1. 建筑物宜设在避风和向阳的地段。

2. 建筑物的形体设计宜减少外表面积,其平、立面的凹凸面不宜过多。

3. 居住建筑,在严寒地区不应设开敞式楼梯间和开敞式外廊;在寒冷地区不宜设开敞式楼梯间和开敞式外廊。

4. 建筑物外部窗户面积不宜过大,应减少窗缝隙长度,并采取密闭措施。

5. 外墙、屋顶、直接接触室外空气的楼板和不采暖楼梯间的隔墙等围护结构,应进行保温验算,其传热热阻应大于或等于建筑物所在地区要求的最小传热热阻。

6. 当有散热器、管道、壁龛等嵌入外墙时,该处外墙的传热热阻应大于或等于建筑物所在地区要求的最小传热热阻。

7. 围护结构中的热桥部位应进行保温验算,并采取保温措施。

8. 严寒地区居住建筑的底层地面,在其周边一定范围内应采取保温措施。

9. 围护结构的构造设计应考虑防潮要求。

目前,寒冷地区采用的保温措施有:夹层墙、双层窗、围护结构内表面贴保温材料、做保温地面等。

三、夏季民用建筑的隔热

夏季民用建筑的隔热应满足以下要求:

1. 建筑物夏季的防热应采取自然通风,窗户、围护结构的隔热和环境绿化等综合性措施。

2. 建筑物的总体布置,单体的平、剖面设计和门窗的设置,应利于自然通风,并尽量避免主要房间受东、西向的日晒。

3. 建筑物的向阳面,特别是东、西向窗户,应采取有效的遮阳措施。在建筑设计中,宜结合外廊、阳台、挑檐等处理方法达到遮阳的目的。

4. 屋顶和东、西向外墙的内表面温度,应满足隔热设计标准的要求。

5. 为防止潮霉季节湿空气在地面冷凝泛潮,居室、托幼圆等场所的地面下部宜采取保温措施或架空做法,地面面层宜采用微孔的吸湿材料。

太阳辐射是通过围护结构向室内传热的主要热源,一方面它可以从窗户直接射入室内,另一方面可以由墙体、屋顶吸收后再传入室内。屋顶接受的辐射时间长,强度大,从屋顶传入室内的太阳辐射热要比墙体大得多。因此下面介绍一下屋顶的隔热方法。

在我国南方地区,太阳辐射强烈,屋顶外表面温度经常在50℃以上,有时高达60~70℃,南方炎热地区的屋顶隔热是一个迫切需要解决的问题。用浅色屋面反射太阳辐射是一种很好的隔热方法,例如混凝土表面用石灰水刷白,对太阳辐射的吸收系数可以减少50%左右。但是由于它不能耐久,因此应用较少。目前常用的屋顶隔热方式有以下几种:

1. 通风屋顶

通风屋顶是在一般屋顶上架设通风间层而成。图3-29是通风屋顶的两个实例,它们通过间层内流动的空气把部分太阳辐射热带走。通过实测表明,通风屋顶的内表面温度要比实体屋顶低4~6℃。通风间层的高度为20~30cm。

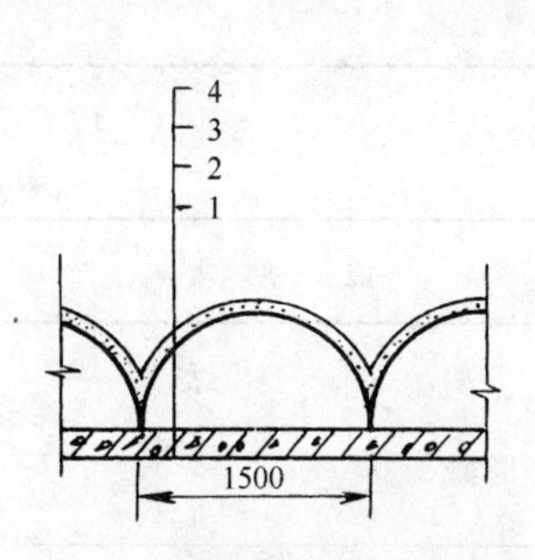

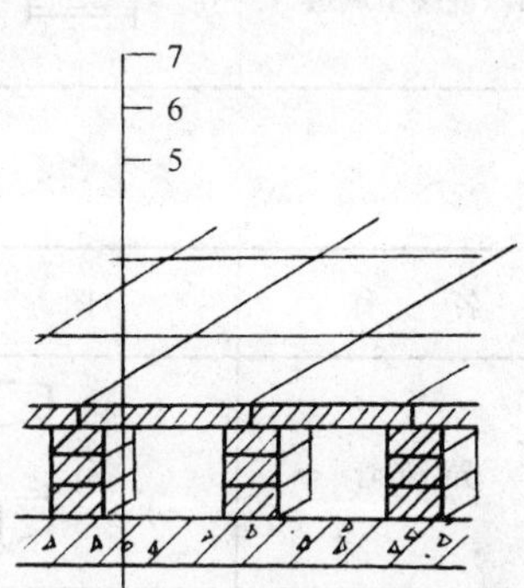

图3-29 通风屋顶

1—120mm钢筋混凝土板;2—空气间层;3—1/4砖半圆拱;4—25mm水泥砂浆;
5—100mm钢筋混凝土板;6—空气间层;7—25m厚粘土板

2. 屋顶淋水

屋顶淋水主要用于坡屋面,它通过屋脊上的多孔放水管向屋顶淋水,在屋面上形成一层薄的流水层。这个流水层并不能直接阻挡太阳辐射,太阳射线可以穿过水层传热给屋面,由屋面再把热量传给流水层。屋顶淋水的隔热效果与淋水量、室外风速有关。淋水量通常取30~50kg/m^2·h。淋水应在太阳达到高峰前开始,高峰过后停止。

第六节 通风空调施工图

一、图例

通风空调施工图中,除详图外,其它各类图示、管道、设备等,一般均采用统一图例来表示,常用图例见表3-2、表3-3、表3-4、表3-5和表3-6。

风 管 图 例 **表3-2**

序号	名称	图例	说明
1	风管		
2	送风管		上图为可见剖面 下图为不可见剖面
3	排风管		上图为可见剖面 下图为不可见剖面
4	砖、混凝土风道		

通 风 管 件 **表3-3**

序号	名称	图例	说明
1	异径管		
2	异形管 (天圆地方)		
3	带导流片弯头		
4	消声弯头		
5	风管检查孔		
6	风管测定孔		

续表

序号	名称	图例	说明
7	柔性接头		中间部分也适用于软风管
8	弯头		
9	圆形三通		
10	矩形三通		
11	伞形风帽		
12	筒形风帽		
13	锥形风帽		

风　口　　　**表3-4**

序号	名称	图例	说明
1	送风口		
2	回风口		
3	圆型散流器		上图为剖面 下图为平面
4	方型散流器		上图为剖面 下图为平面
5	百叶窗		

通风空调阀门 表3-5

序号	名称	图例	说明
1	插板阀	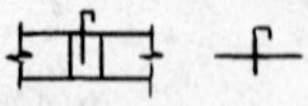	本图例也适用于斜插板
2	蝶阀	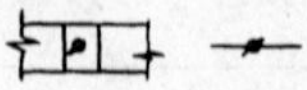	
3	对开式多叶调节阀	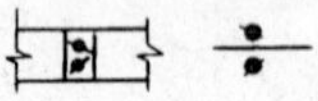	
4	光圈式启动调节阀	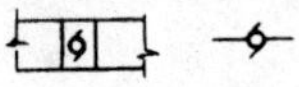	
5	风管止回阀	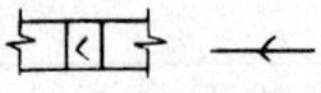	
6	防火阀	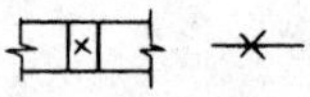	
7	三通调节阀	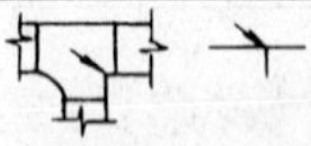	
8	电动对开多叶调节阀	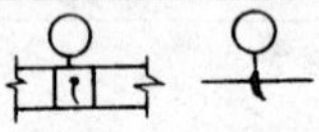	

通风空调设备 表3-6

序号	名称	图例	说明
1	通风空调设备	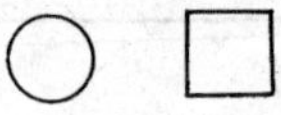	1. 本图例适用于一张图内只有序号2至9、11、13、14中的一种设备 2. 左图适用于带转动部分的设备，右图适用于不带转动部分的设备
2	空气过滤器		
3	加湿器		
4	电加热器		
5	消声器		
6	空气加热器		
7	空气冷却器		
8	风机盘管		
9	窗式空调器		

续表

序号	名称	图例	说明
10	风机		流向:自三角形的底边至顶点
11	压缩机		
12	减振器		
13	离心式通风机		
14	轴流式通风机		
15	喷嘴及喷雾排管		
16	挡水板		
17	喷雾室滤水器		

二、通风空调施工图的组成

通风空调施工图一般由设计说明、平面图、系统图、详图、设备及主材料表组成。

1. 设计说明

设计图纸无法表达的问题,一般采用设计说明表达。设计说明的主要内容有:建筑物总的通风空调面积,冷媒负荷,系统总冷负荷,总送风量,系统形式,送排风及水系统所需压力,管道敷设方式,防腐,保温,水压试验等

此外,还应说明需要参看的有关专业的施工图号或采用的标准图号,设计上对施工的特殊要求以及其它不易用图表达清楚的问题。

2. 平面图

如图 3-30,平面图上与空调通风有关的建筑部分用细实线画出。

平面图上应注明建筑物轴线号,指北针,冷媒进出口位置,风机盘管,新风机组,通风管道,冷媒管道等的位置。

由平面图可看出:

(1) 风道、风口、风机盘管、新风机组、调节阀门等设备和构件的位置及其与房屋有关结构的距离和各部分尺寸。

(2) 用图例符号注明送风口(或回风口)的空气流动方向。

(3) 风机、电机、新风机组等的形状轮廓及设备型号。

平面图的画法,由于通风管道截面较大,截面形状较多,转弯、分支及连接部件等无成品时,需按设计图纸制作。

3. 系统图

系统图是假想地把通风空调系统完整地由建筑物中取出来绘制而成的。从系统图上可以看到通风空调的全貌。

图 3-31 所示为风机盘管加新风系统的系统图。

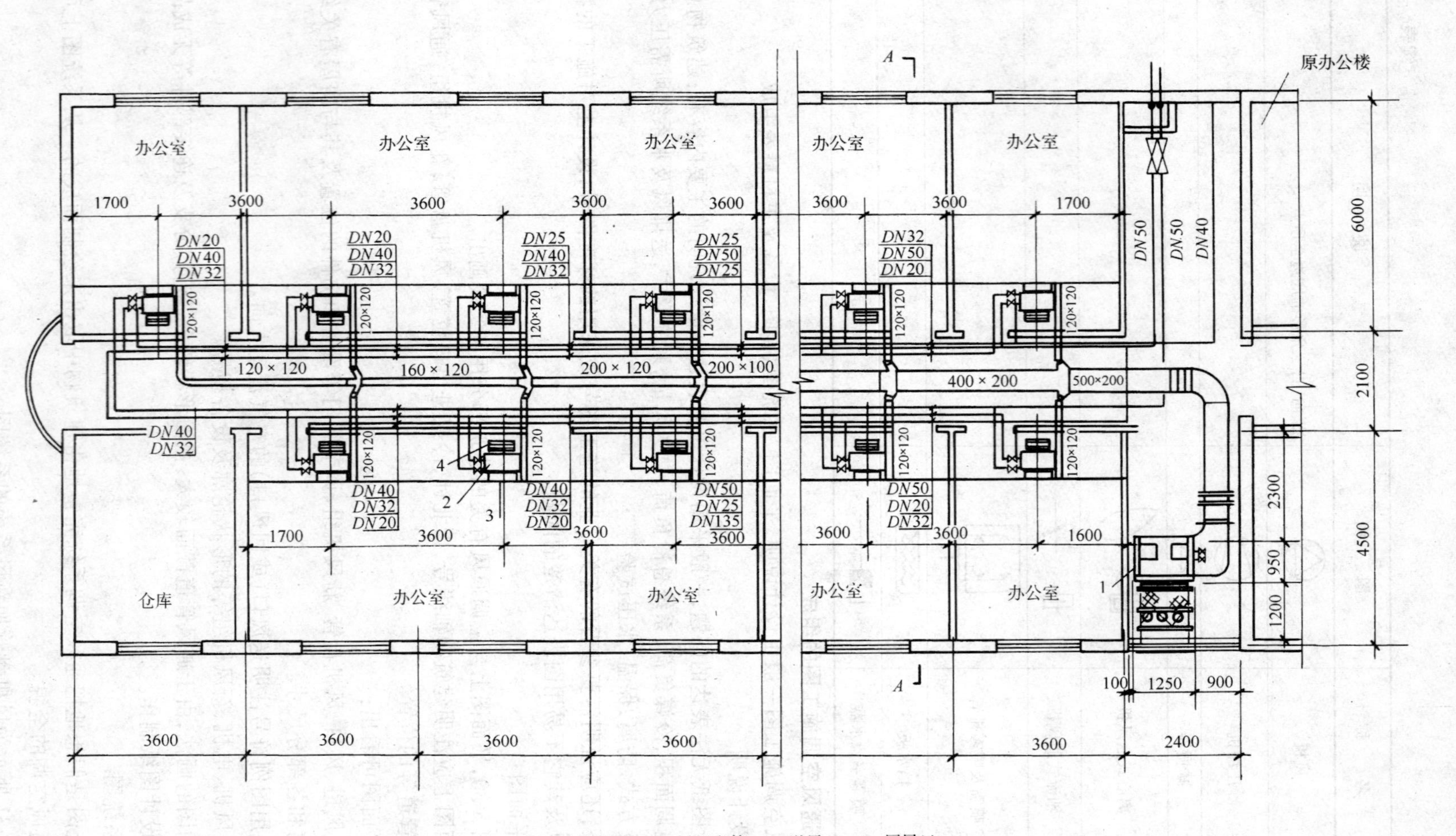

1—新风机组；2—风机盘管；3—送风口；4—回风口

图 3-30 空调平面图

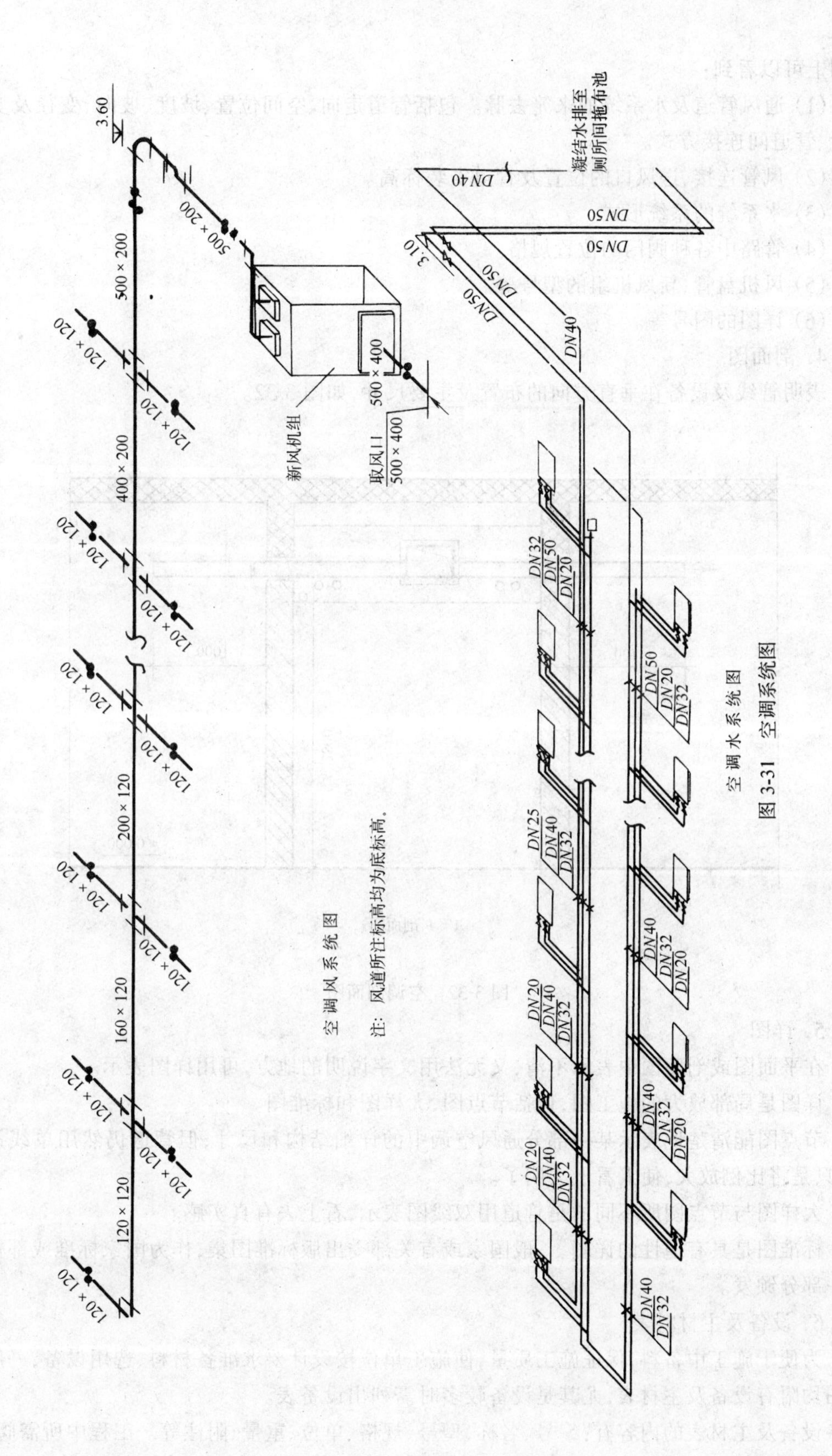

3.60
500×200
500×200
400×200
200×120
160×120
120×120
120×120
新风机组
取风口
500×400
500×400
空调风系统图
注：风道所注标高均为底标高。
凝结水排至厕所间拖布池
DN40
DN50
DN50
3.10
DN50
DN50
DN40
空调水系统图

图 3-31　空调系统图

从图上可以看到：

(1) 通风管道及水系统的来笼去脉。包括管道走向、空间位置、坡度、坡向、变径及变径位置、管道间连接方式。

(2) 风管连接、送风口的位置及管道安装标高。

(3) 水系统的系统形式。

(4) 管路中各种阀门的位置规格。

(5) 风机盘管、新风机组的型号等。

(6) 详图的图号等。

4．剖面图

表明管线及设备在垂直方向的布置及主要尺寸，如图 3-32。

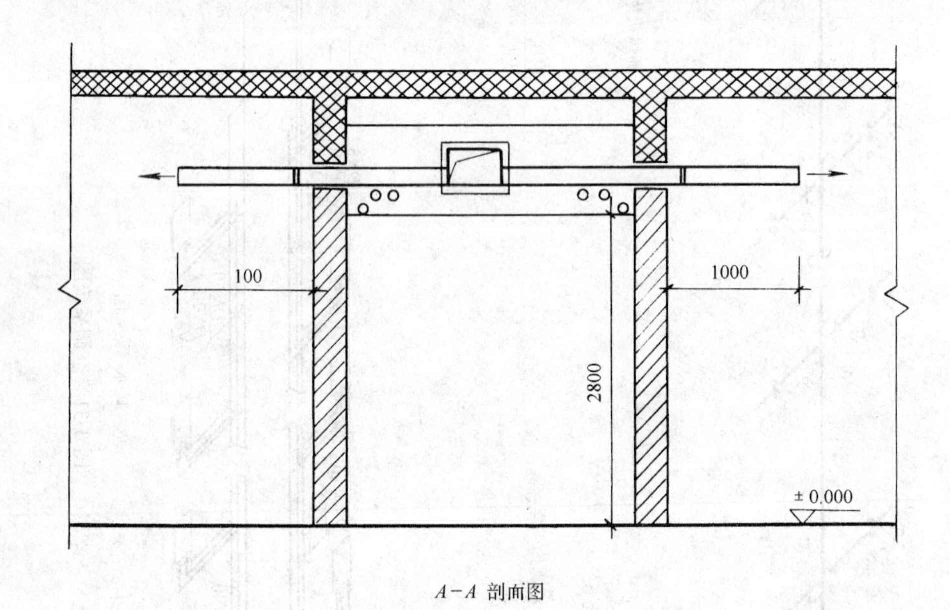

A－A 剖面图

图 3-32　空调剖面图

5．详图

在平面图或剖面图中表示不清，又无法用文字说明的地方，可用详图表示。

详图是局部放大的施工图，包括节点图，大样图和标准图。

节点图能清楚地表示某一部分通风空调中的详细结构和尺寸，但管道仍然用单线条表示，只是将比例放大，使人看上去明了。

大样图与节点图所不同的是管道用双线图表示，看上去有真实感。

标准图是具有通性的详图，一般国家或有关部委出版标准图集，作为国家标准或部标准的一部分颁发。

6．设备及主材料表

为便于施工中备料，保证施工质量，使施工单位按设计要求准备材料、选用设备，一般施工图均附有设备及主材表，尤其是设备较多时需列出设备表。

设备及主材表的内容有：编号、名称、型号、规格、单位、重量、附注等。工程中所需阀门、仪表、设备、管材均可列入表内,不重要或数量较少的可不列。

对设备或材料的生产厂家有明确说明的,应把厂家的名字写在备注中,便于施工单位按指定厂家订货。

三、看图

1. 先熟悉图纸的名称、比例、图号、张数、设计单位等问题。

2. 弄清图纸中的方向和该建筑在总平面图上的位置。

3. 看图时先看设计说明,明确设计要求。

4. 把平面图,系统图,剖面图对照起来看,看清风系统,水系统各部分之间的关系。

根据平面图、系统图所指出的节点图、标准图号,搞清各局部的构造和尺寸。

5. 看图时其顺序,风系统中送风系统由新风入口,回风口,空气处理室,送风管道到送风口。排风系统由排风口,排风管道,除尘设备,风机到出风口。

水系统由入口经干管、立管、支管到风机盘管、回水支管、立管、干管到总出口。

总之,各类图应把平面图、系统图、剖面图、详图对照起来看,弄清每条管道的方向、标高、管径、材料、阀门、集气罐等的种类、型号、规格、数量、位置、风机盘管、新风机组、风机等的型号、规格、安装方式等。

此外,结合设计说明,将设计对管道、设备的防腐、保温、水压试验等要求搞清楚。

第四章　燃　气　供　应

第一节　城市燃气的供应

一、燃气的种类和性质

工业生产和日常生活中所使用的燃料，按照燃料的形态可分为：固体燃料、液体燃料和气体燃料三类。气体燃料是以碳氢化合物为主的可燃气体及不可燃气体的混合物，并含有一些水蒸汽、焦油和灰尘等杂质。气体燃料热值高，卫生条件好，有利于环境保护。

燃气的种类有很多，根据其成因不同可分为天然气、人工燃气、液化石油气和沼气，各种气体燃料统称燃气。

1．天然气

天然气是指从钻井中开采出来的可燃气体，是理想的城市气源。一种是气井气，即自由喷出地面的燃气即纯天然气；另一种溶解于石油中，从开采出的石油中，分离而获得，称作石油伴生气；还有一种含石油轻质馏分的凝析气田气。

天然气的主要成份是甲烷，发热量约 33494～41868 kJ/Nm^3。天然气通常没有气味，使用时混入有臭味但无害的气体，以便在泄漏时及时发现，避免事故的发生。

2．液化石油气

液化石油气是在对石油进行加工处理中，所获得的副产品，主要组成成份是丙烷、正(异)丁烷、正丁烯、反丁烯等。标准状态下呈气相，在压力升高或温度降低至某一数值时变为液相，液化石油气的发热量通常为 83736～113044kJ/Nm^3。

3．人工燃气

人工燃气是将矿物燃料(煤、重油)通过加热加工得到的，按其制取方法的不同可分为干馏煤气、气化煤气、油制气和高炉煤气四种发热量一般在14654kJ/Nm^3以上。

人工燃气含有硫化氢、萘、苯、氨焦油等杂质，有强烈的气味和毒性，易腐蚀及堵塞管道，使用前应加以净化。

4．沼气

沼气是由各种有机物(如蛋白质、纤维素、脂肪、淀粉等)在隔绝空气条件下，在微生物的作用下，发酵分解而成。沼气的生产原料为粪便、垃圾、杂草、落叶等，发热量约为 20900 kJ/Nm^3。

由于用气设备是按确定的燃气组成设计的，城市燃气的组分必须维持稳定。我国城市燃气设计规范规定，作为城市的人工燃气，其低位发热值应大于 14700kJ/Nm^3。输送高发热值的燃气、输配系统较为经济。

各种燃气的组分及低位发热值见表 4-1。

燃气的组分及低发热值 **表 4-1**

序号	燃气类别	组分（体积%）									低发热值 (kJ/Nm^3)
		CH_4	C_3H_8	C_4H_{10}	C_mH_n	O	H_2	CO_2	O_2	N_2	
一	天然气										
1	纯天然气	98	0.3	0.3	0.4					1.0	36220
2	石油伴生气	81.7	6.2	4.86	4.94			0.3	0.2	1.8	45470
3	凝析气田气	74.3	6.75	1.87	14.91			1.62		0.55	48360
4	矿井气	52.4						4.6	7.0	36.0	18840
二	人工燃气										
（一）	固体燃料干馏煤气										
1	焦炉煤气	27			2	6	56	3	1	5	18250
2	连续式直立炭化炉煤气	18			1.7	17	56	5	0.3	2	16160
3	立箱炉煤气	25				9.5	55	6	0.5	4	16120
（二）	固体燃料气化煤气										
1	压力气化煤气	18			0.7	18	56	3	0.3	4	15410
2	水煤气	1.2				34.4	52.0	8.2	0.2	4.0	10380
3	发生炉煤气	1.8		0.4		30.4	8.4	2.4	0.2	56.4	5900
（三）	油制气										
1	重油蓄热热裂解气	28.5			32.17	2.68	31.51	2.13	0.62	2.39	42160
2	重油蓄热催化裂解气	16.6			5	17.2	46.5	7.0	1.0	6.7	17540
（四）	高炉煤气	0.3				28.0	2.7	10.5		58.5	3940
三	液化石油气（概略值）		50	50							108440
四	沼气（生化气）	60				少量	少量	35	少量		21770

二、城市燃气的供应系统

1. 燃气用户

城市燃气的用户有:居民生活用户、公共建筑用户、工业企业生产用户、建筑物采暖用户。

(1) 居民生活用户

主要供人们日常生活中炊事和加热生活热水用气。

(2) 公共建筑用户

包括职工食堂、饮食业、幼儿园、托儿所、医院、旅馆、理发店、洗衣房、机关、学校和科研院所等,燃气主要用于炊事和热水供应;对于学校和科研院所,燃气还用于实验室。

(3) 工业企业用户

燃气主要用于生产工艺改用燃气后,产品的产量及质量有很大提高的工业企业。

(4) 采暖用户

只有在技术经济论证合理时,才能将燃气用作采暖的燃料。

2. 城市燃气输配系统及组成

现代化的城市燃气输配系统是复杂的综合设施,输配系统的作用是保证不间断地、安全可靠地给用户供气,检测维修方便,在局部检修或故障时,不影响全系统的操作。城市的燃气供应系统主要由管网、调压站、储气站和控制系统组成。

(1) 燃气管网

燃气管网是燃气输配系统的主要部分,按其作用可分成,长距离输气管线,城市燃气分配管(将燃气分给不同的用户、街区,将燃气分配至庭院和各用户建筑)、用户引入管和室内燃气管道。按输气压力的大小分为低压燃气管道(压力小于 5kPa);中压燃气管道(压力 5kPa~0.15MPa);次高压燃气管道(压力为 0.15~0.3MPa);高压燃气管道(压力为 0.3~0.8MPa)和超高压燃气管道(压力大于 0.8MPa)。

(2) 调压计量站

调压室在城市燃气管网中用来调节稳定管网的压力。通常装有调压器、阀门、安全装置、旁通管及测量仪表等,有的还装有计量设备,除了调压之外,还起计量作用,通常称作调压站(或调压计量站)。

图 4-1 为一区域调压室布置示例。调压室的净高通常为 3.2~3.5m,主要通道的宽度及调压器之间的净距不小于 1.0m;调压室的屋顶应有泄压措施,房门应向外开;调压室应有自然通风和采光,通风换气次数不少于两次(每一小时);室内温度一般不低于 0℃,当燃气为气态液化石油气时,不得低于其露点温度。室内设备应采取防爆措施。

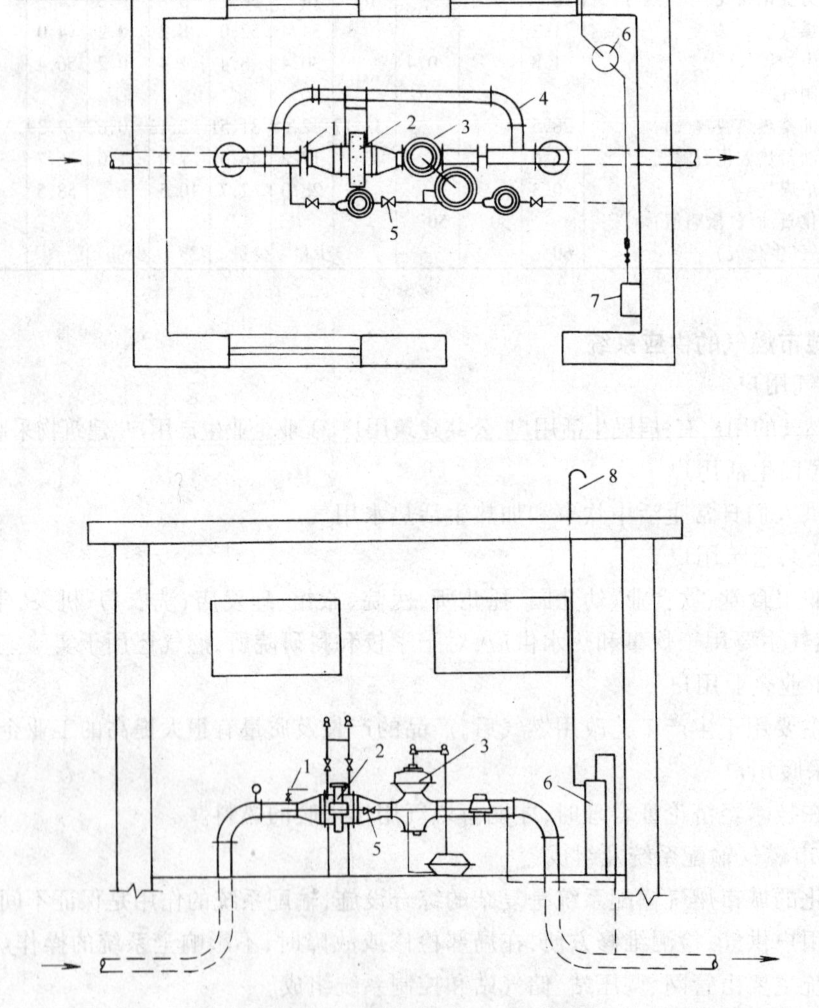

图 4-1 区域调压室平面和剖面图

1—蝶阀;2—过滤器;3—雷诺式调压器;4—旁通管;5—针形阀;6—安全水封;7—自记式压力计;8—放散管

调压站通常布置在特设的房屋里,在不产生冻结,堵塞和保证设备正常运行的前提下,调压器及附属设备(仪表除外)也可以设置在室外。由于地下调压站会给工人操作管理带来许多不便,且难于保证调压室内干燥和良好通风,发生中毒危险性大,所以只有地上条件难以布置时,才可以在地下构筑。调压室为二级防火建筑,与周围建筑物之间的安全距离,应符合表 4-2 的规定。

调压室与周围建筑物之间的安全距离

表 4-2

调压室燃气进口压力(MPa)	与周围建筑物净距(m)
$0.3<P_t<0.8$	≮12
$P_t\leqslant 0.3$	≮6
地下调压室	≮5

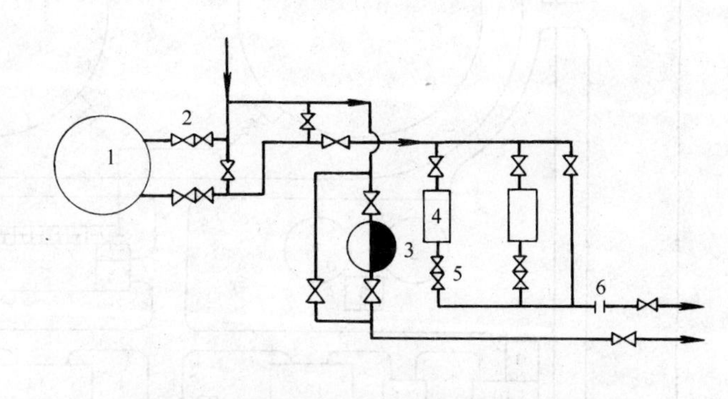

图 4-2　低压储存,中低压分路输送工艺流程

1—低压储气罐;2—水封阀;3—稳压器;
4—压缩机;5—逆止阀;6—出口计量器

(3) 储气站

城市采用低压气源,而且供气规模又不特别大时,燃气供应系统通常采用低压贮罐储气,并建设低压储配站。储配站的作用是,在低峰时将多余的燃气储存起来,在高峰时,通过储配站的压缩机将燃气从罐中抽出压送到中压管网中保证正常供气。低压储存,中低压分路输送的工艺流程如图 4-2。储配站的平面布置如图 4-3 所示。

储气站的数量及其位置的确定,应根据供气的规模、城市的特点确定。贮罐应设在站区主导风向的下风侧;两个贮罐的间距等于相邻最大罐的半径;贮罐的周围应有环形消防车道并要求有两个通常市区的通道。锅炉房、食堂和办公室等有火源的构筑物宜布置在站区的下风向或侧风向。站区的布置要紧凑,各构筑物之间距离应满足建筑设计防火规范的要求。

(4) 控制系统

城市燃气输配系统应设置控制中心,以便集中管理,统一指挥燃气的生产、输配、储存使用及维护管理,保证系统在所需工况下运行。控制中心的计算机系统把遥测网路与监控系统连在一起,对压缩机站、储气站、调压室以及输气网上特定部位的遥测数据进行监视,同时由信息传送系统将数据传递到控制中和调度室,使其了解系统的运行情况,借此作出调度指令。

3. 城市燃气供应管网

城市供气的管网是城市输配系统的主要部分,按其压力级制可分为一级、二级、三级和多级系统。

一级系统是仅用来分配和供给燃气的低压管网的系统,一般只适用于小城镇的供气系统;二级系统是指由低压和中压或低压和次高压两级管网组成的系统;三级系统是指包括低压、中压和高压的三级管网;多级系统由低压、中压、次高压和高压甚至更高压力组成的管网。

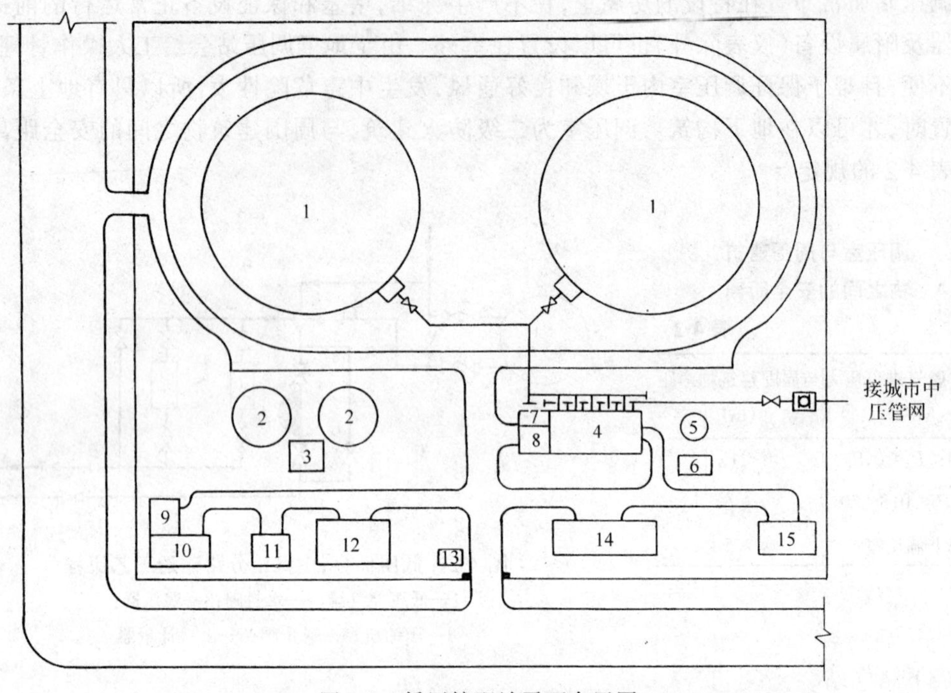

图 4-3　低压储配站平面布置图

1—低压储气罐;2—消防水池;3—消防水泵房;4—压缩机室;5—循环水池;
6—循环泵房;7—配电室;8—控制室;9—浴池;10—锅炉房;
11—食堂;12—办公楼;13—门卫;14—维修车间;15—变电室

图 4-4 为低压-次高压二级管网系统。天然气由长输管线从东西两方向经燃气分配站送入该城市,次高压管网连成环状,通过区域调压室(站)向低压管网供气,通过专门的调压室(站)向工业企业供气。低压管网根据地理条件(由铁路、河流分割)分成三个互不连通的区域管网,通过枝状管网送入用户。

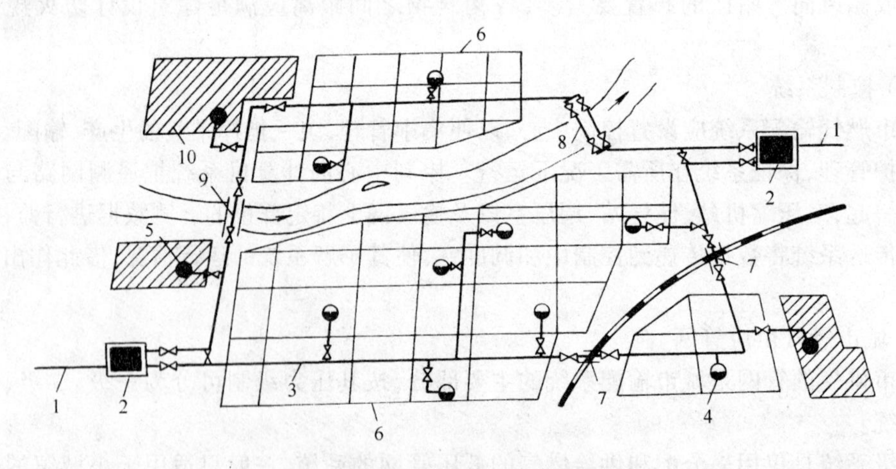

图 4-4　低压-次高压两级管网系统

1—长输管线;2—城市燃气分配站;3—次高压管网;4—区域调压室;5—工业企业专用调压室;
6—低压管网;7—穿过铁路的套管敷设;8—穿越河底的过河管;9—沿桥敷设的过河管;10—工业企业

三、城市燃气管线的布置

城市燃气管线的布线应综合考虑近期建设与长期规划的关系。城市地下燃气管道宜沿城市道路、人行道、便道敷设，或敷设在绿化带内。

1. 燃气管道的平面布置

(1) 高、中压管网的布置

高、中压管网的主要功能是输气，中压管网还具有向低压管网配气的作用。高压管道宜布置在城市边缘或市内有足够安全距离的地带，并应连接成环状网，以提高高压供气的可靠性；中压管道应布置在城市用气区且便于与低压环状管网连接的规划道路上，并尽量避开主要交通干线和闹市区；中压管网应布置成环状。管道应尽量避免穿越铁路、河流等大型障碍物，并考虑调压室的布点位置。

(2) 低压管网的平面布置

低压管网的主要功能是输气，是城市供气系统中最基本的管网。由于低压管网的输气压力低，管网成环的边长宜在300～600m之间，低压管道直接与用户相连，应尽可能兼作庭院管道，并允许有枝状管道存在。

为保证施工和检修互不影响，也为了避免由于漏出的燃气影响相邻管道的正常运行，甚至逸入建筑物内，地下燃气管道与建筑物、构筑物及其它各种管线之间应保持必要的水平净距，见表4-3。

地下燃气管道与建筑物、构筑物或相邻管道之间的最小水平净距(单位:m)　　表4-3

序号	项目		地下燃气管道			
			低压	中压	次高压	高压
1	建筑物的基础		2.0	3.0	4.0	6.0
2	热力管的管沟外壁、给水管或排水管		1.0	1.0	1.5	2.0
3	电力电缆		1.0	1.0	1.0	1.0
4	通信电缆	直埋	1.0	1.0	1.0	1.0
		在导管内	1.0	1.0	1.0	2.0
5	其它燃气管道	$d \leqslant 300mm$	0.4	0.4	0.4	0.4
		$d > 300mm$	0.5	0.5	0.5	0.5
6	铁路钢轨		5.0	5.0	5.0	5.0
7	有轨电车道的钢轨		2.0	2.0	2.0	2.0
8	电杆(塔)的基础	≤35kV	1.0	1.0	1.0	1.0
		＞35kV	5.0	5.0	5.0	5.0
9	通信、照明电杆(至电杆中心)		1.0	1.0	1.0	1.0
10	街树(至树中心)		1.2	1.2	1.2	1.2

2. 管道的纵断面布置

地下燃气管道的埋设深度，宜在土壤冰冻线以下，管顶的覆土厚度，在车行道下时，不得小于0.8m，在非行车道下时，不得小于0.6m。

燃气管道不得在地下穿越房屋和其它建筑物，不得与其它地下设施上下并置，燃气管道与其它各种构筑物及管道相交叉时，应保持一定的垂直净距，见表4-4。

地下燃气管道与构筑物以及相邻管道之间的垂直净距(单位:m)　　　表 4-4

序号	项　　目	地下燃气管道（当有套管时,以套管计）	序号	项　　目	地下燃气管道（当有套管时,以套管计）
1	给水管、排水管或其它燃气管道	0.15	4	铁路轨底	1.20
2	热力管的管沟底(或顶)	0.15	5	有轨电车轨底	1.00
3	电　缆　直埋	0.50			
	在导管内	0.15			

第二节　室内燃气供应

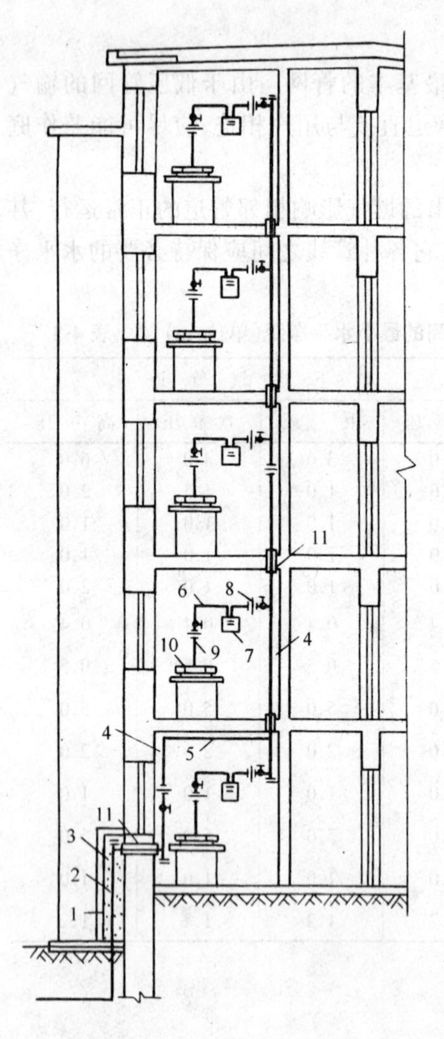

图 4-5　室内燃气系统

1—用户引入管;2—砖台;3—保温层;4—立管;5—水平干管;6—用户支管;7—燃气计量表;8—旋塞及活接头;9—用具连接管;10—燃气用具;11—套管

一、室内燃气管道系统的组成

室内燃气系统由用户引入管、干管、立管、用户支管、燃气计量表、用具连接管和燃气用具所组成,如图 4-5。

1．引入管

引入管是室内用户系统与城市庭院低压分配管相连的管段(一般特指从庭院管引至总阀门的管段)。燃气引入管不得敷设在卧室、浴室、厕所、易燃易爆品仓库、有腐蚀性介质的房间,变配电室、空调机房以及电缆沟、暖气沟、烟道、垃圾道、进风道等处。

输送湿燃气的引入管一般由地下室引入室内,当采取防冻措施时也可以由地下引入。引入管应有不小于 0.003 的坡度,坡向城市分配管(干燃气可不设坡度。)输送干燃气、管径不大于 75mm 或输送湿燃气采取防冻措施时,也可由地上引入室内。引入管穿过承重墙、基础或管沟时,均应设套管,并考虑沉降的影响,引入管的做法见图 4-6。

2．水平干管

引入管上可以连接一根立管,也可以连接若干根立管,引入管连接多根立管时,应设水平干管。

水平干管可沿楼梯间或辅助间的墙壁敷设,坡向引入管;不宜敷设在地下室或相当于地下室的密闭房间内,如使用燃气或必须通过时,应设浓度报警装置、熄火保护装置和送排风系统,其净高不低于 2.2m;民用建筑室内燃气水平干管,不得敷设在地下土层或地面混凝土层内;室内水平干管不宜穿过建筑物变形缝,必须穿越时,应加软管接头;室内水平干管原则上应明设,不低于 1.8m,距顶棚不小于 15cm;当建筑设计有特殊要求时也可设于吊顶内,但吊顶内管道应焊接。

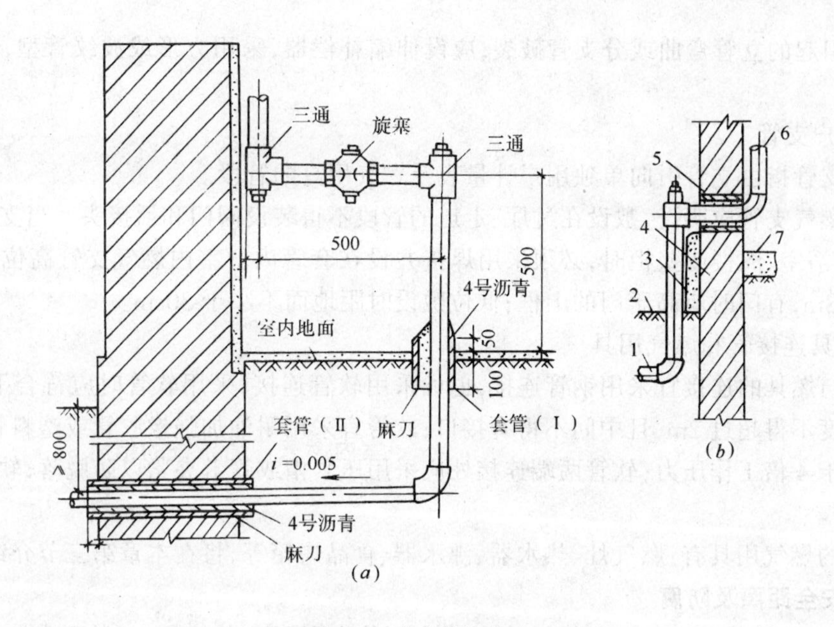

图 4-6　引入管装接法

(a)引入管自地下引入；(b)引入管自地面上引入

1—室外管道；2—室外地坪；3—护衬；4—砖墙；5—套管；6—立管；7—室内地坪

3. 供气立管

立管是指将燃气由引入管或水平干管分送到各层的管道。

室内燃气立管位置宜设在厨房、开水间、楼梯间、走廊等处；不得设置在卧室、浴室、厕所或电梯井、排烟道、垃圾道等内。室内立管应明设，也可设在便于安装和检修的管道竖井内，但应符合以下要求：不得与可能产生火花的电线、电气设备或排气管、排烟管、送回风管公用竖井；竖井内管道应采用焊接，尽量不设或少设阀门等附件；竖井墙体应为耐火极限不低于1.0h的非燃烧体。

立管的阀门一般设于室内，对重要的用户尚应在室外另设阀门。立管上下端应装清扫用丝堵，其直径一般不小于25mm。立管通过各层楼板处应设套管，套管高出地面30～50mm，套管与燃气管道之间的间隙用油麻填堵，4号沥青封口。套管的做法见图4-7。高层建筑的立管过长时，为防止

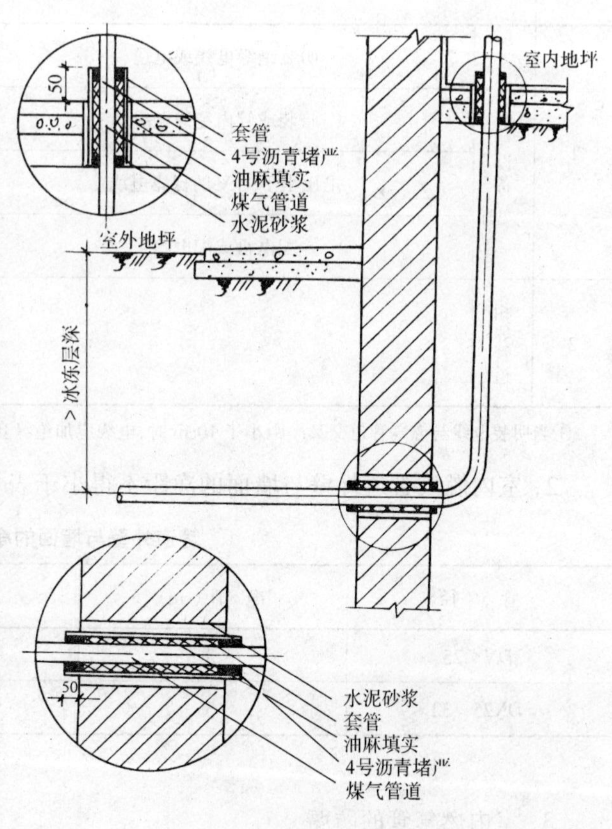

图 4-7　套管的做法

热胀冷缩引起的立管弯曲或分支管破裂，应设伸缩补偿器，采用方形或波纹管型，不得采用填料型。

4．用户支管

用户支管指由立管引向单独用户计量表及燃气用具的管段。

室内燃气支管应明设，敷设在过厅、走道的管段不得装设阀门和活接头。当支管不得已穿过卧室、浴室、阁楼或壁柜时，必须采用焊接并设在套管内。室内燃气支管高位敷设时不得低于1.8m，有门时应高于门的上框；低位敷设时距地面不小于30cm。

5．用具连接管和燃气用具

支管与燃具的连接宜采用钢管连接，也可采用软管连接，采用软管时应符合下列要求：软管的长度不得超过2m，且中间不得有接口；软管宜采用耐油加强橡胶管或塑料管，其耐压能力应大于4倍工作压力；软管两端连接处应采用压紧帽或管卡夹紧以防脱落；软管不得穿墙、门和窗。

常用的燃气用具有：燃气灶、热水器、沸水器、食品烤箱等，将在本章第三节介绍。

二、安全距离及防腐

1．室内燃气管道与电气设备、相邻管道之间的净距不应小于表4-5的要求。

燃气管道与电气设备、相邻管道之间的净距(cm) **表4-5**

序号	设备和管道		与燃气管道的净距	
			水平敷设	交叉敷设
1	电气设备	明装绝缘电线或电缆	25	10[①]
		暗装或管内绝缘电线	5	1
		电压小于1kV的裸露电线	100	100
		配电盘或配电箱	30	不允许
2	相邻管道		保证燃气管道和相邻管道的安装、维护和修理	2

①当明装电线与燃气管道交叉净距小于10cm时，电线应加绝缘套管。绝缘套管的两端应各伸出燃气管道10cm。

2．室内燃气管道外壁与墙面的净距不得小于表4-6的规定。

管道外壁与墙面的净距 **表4-6**

管径	净距(cm)	管径	净距(cm)
DN<25	3	*DN*40～50	7
*DN*25～32	5	*DN*>50	9

3．室内燃气管的防腐

埋地燃气管道应根据土壤的腐蚀性质和管道的重要性选择不同等级的沥青绝缘防腐或

聚乙烯塑料防腐。如无土壤腐蚀性资料或无特殊要求时，一般可采用沥青玻璃布加强防腐层或聚乙烯塑料加强防腐层。

室内管道采用水煤气管或无缝钢管时均应除锈后刷两道防锈漆，表面刷涂刷黄色油漆两道或按当地规定执行。

三、液化石油气供应

发展液化石油气投资少，设备简单，供应方式灵活，建设速度快。自生产厂家生产的液化石油气，可以通过铁路、公路（如图4-8，液化石油气槽车运输）、水路或管道运输至输配站，然后用压缩机或泵将液化石油气卸入贮罐，通过管道或灌瓶后供应用户（图4-9为气动控制自动灌装秤装罐示意图）。

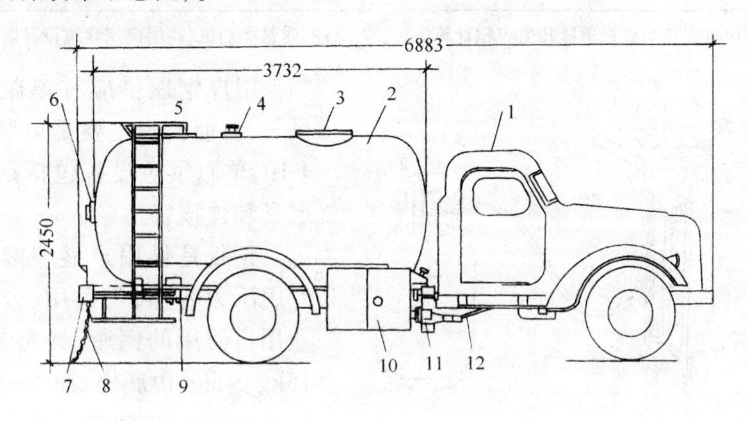

图4-8 汽车槽车的构造

1—驾驶室；2—罐体；3—人孔；4—安全阀；5—梯子及平台；
6—液面指示计；7—汽车底盘；8—接地链；9—支架；
10—阀门箱；11—泵；12—泵的传动机构

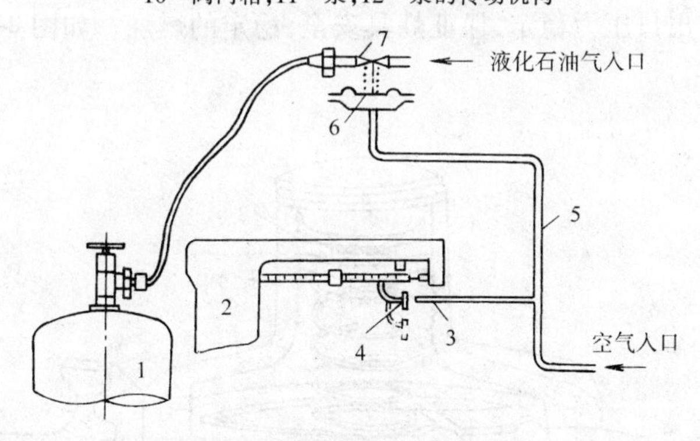

图4-9 气动控制自动灌装秤

1—气瓶；2—台秤；3—管嘴；4—挡板；
5—空气管；6—薄膜；7—气动阀

1．液化石油气瓶装供应

通过瓶装供应站供应，瓶装供应站宜设在供应区域中心，供应半径不宜超过1km，供应范围5000～10000户或液态总贮量不宜超过10m^3。瓶装供应站的四周应设置高度不低于2m的非燃烧体实体围墙，瓶装供应站与站外建、构筑物的防火间距应符合表4-7、4-8的规定。

瓶装供应站的瓶库与站外建、构筑物的防火间距(m)　　表 4-7

序号	项目	存瓶总容积(m^3)	
		≤10	>10
1	明火、散发火花地点	30	35
2	民用建筑	10	15
3	重要公共建筑	20	25
4	主要道路	10	10
5	次要道路	5	5

注:存瓶总容积应按实瓶个数乘单瓶几何容积计算。

瓶装供应站的瓶库与高层民用建筑的防火间距(m)　　表 4-8

高层民用建筑类别		存瓶总容积(m^3)	
		≤10	>10
一类	主体建筑	25	30
	裙　房	20	25
二类	主体建筑	20	25
	裙　房	15	20

注:建筑类别见《高层民用建筑设计防火规范》的规定。

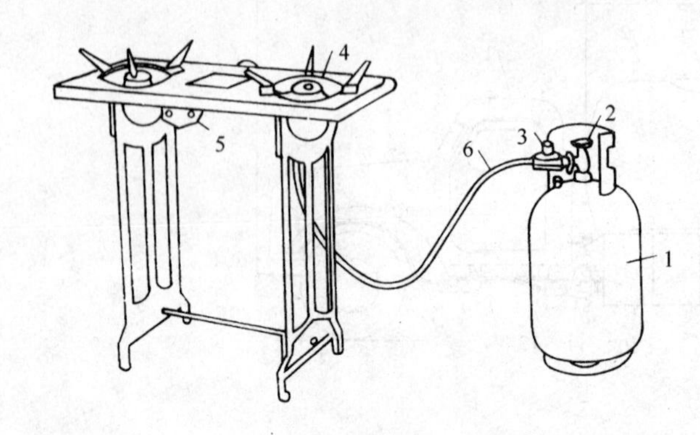

图 4-10　液化石油气单瓶供应

1—钢瓶;2—钢瓶角阀;3—调压器;4—燃具;5—开关;6—耐油胶管

用户钢瓶供应有单瓶供气和双瓶供气,目前我国主要是单瓶供应。如图 4-10,单瓶供应设备包括钢瓶、调压器、燃具和连接管。

钢瓶是供用户盛装液化石油气的专用压力容器,供民用、公用及小型工业用户使用的钢瓶,其充装量为 10kg、15kg、50kg,由底座、瓶体、瓶嘴、耳片和护罩组成。钢瓶的阀门有角阀和直阀两种,在充装、排放和关闭液化石油气时使用,目前主要使用角阀。

调压器直接连结在液化石油气钢瓶的角阀上,用以使出口压力稳定,保证灶具安全,稳定的燃烧。如图 4-11 为常用的 YJ-0.6

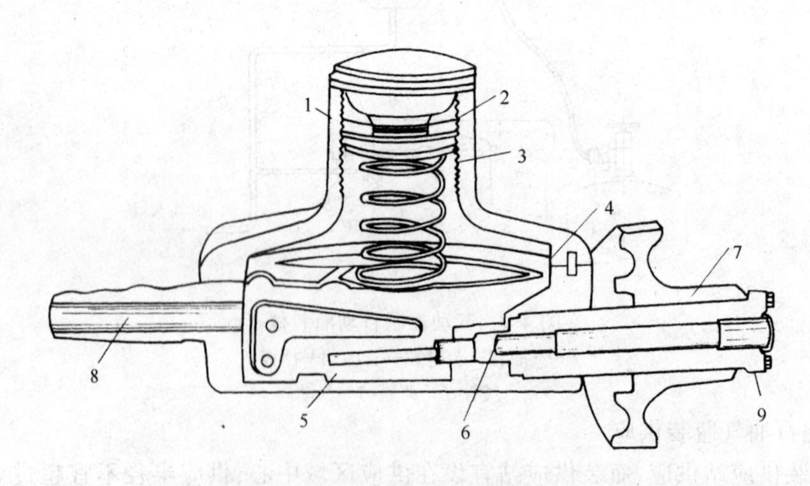

图 4-11　YJ-0.6 型液化石油气调压器

1—壳体;2—调节螺丝;3—调节弹簧;4—薄膜;5—横轴;6—阀口;7—手轮;8—出口;9—入口

型液化石油气调压器，用于家庭使用。图 4-12 为用户调压器，适用于集体食堂、饮食服务行业、用量不大的工业用户及居民点。

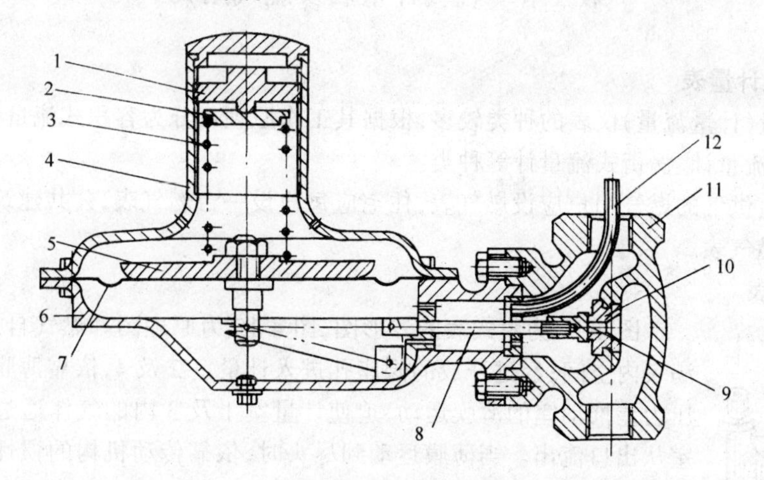

图 4-12　用户调压器

1—调节螺丝；2—定位压板；3—弹簧；4—上体；5—托盘；6—下体；7—薄膜；8—横轴；9—阀垫；10—阀座；11—阀体；12—导压管

2．液化石油气瓶组供气

对于用气量较大的用户，如公共福利事业用户、建筑群、小型工业用户，高峰平均用气量在 1～10m^3/h 时宜采用自然蒸发瓶组站供气方式。

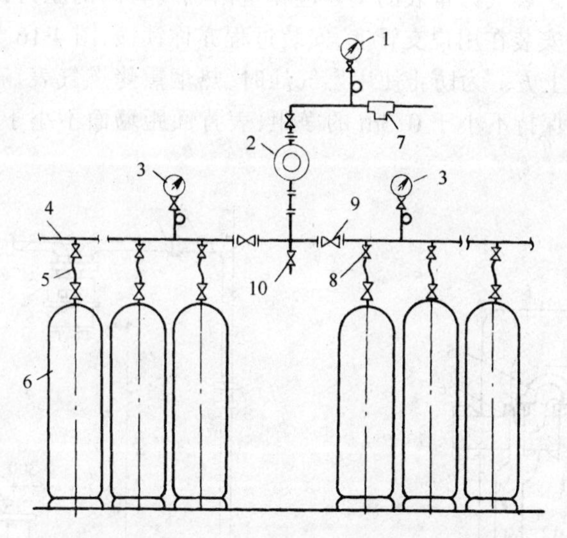

图 4-13　设置高低压调压器的系统

1—低压压力表；2—高低压调压器；3—高压压力表；4—集气管；5—高压软管；6—钢瓶；7—备用供给口；8—阀门；9—切换阀；10—泄液阀

如图 4-13 所示，为设置高低压调压器的系统，布置成两组，一组正常使用为使用侧，另一组待用，为待用侧。通过调压器减压后送往用户，对于用户多，输送距离远的系统，可以设置自动切换器。

第三节　燃气计量表及燃气用具

一、燃气计量表

燃气计量(计量流量)仪表的种类较多,根据其工作原理可分为容积式流量计、速度式流量计、差压式流量计、涡街式流量计等种类。

凡由管道供气的燃气用户应设燃气表,住宅应每户设一台燃气表,公共建筑应按每个计量单位设置燃气表。

1. 膜式表

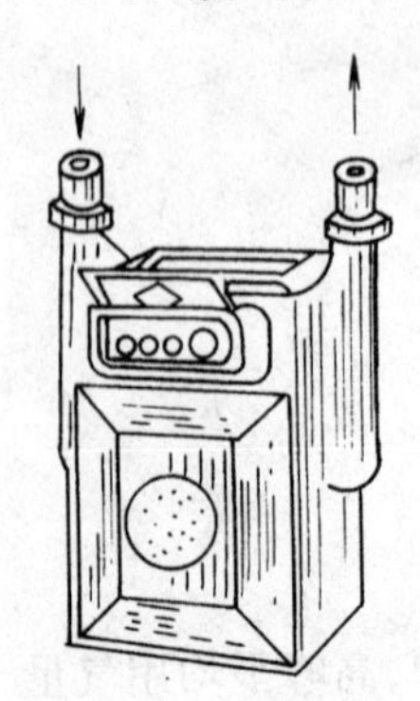

图 4-14　干式皮膜式燃气计量表

图 4-14 为膜式表的外形图,图 4-15 为原理图。燃气自入口进入,充满表内空间,经过开放的阀座孔进入计量室 2 及 4,依靠薄膜两面的气体压力差推动室的薄膜运动,迫使计量室 1 及 3 内的气体通过滑阀及分配室从出口流出。当薄膜运动到尽头时,依靠传动机构的惯性使滑阀盖相反运动。计量室 1、3 和入口相通,2、4 和出口相通,薄膜往返一次完成一个回转,这时表的读数值为表的一回转流量(即计量室的有效体积),膜式表的累计流量值为一次回转流量和回转数的乘积。

膜式表加工维修方便,可以计量各类燃气,适用于民用户计量,也能用于用气量不大的公共建筑用户和工业用户。

燃气计量表的安装应在室内燃气管网的压力试验合格后进行,民用表安装在用户支管上,安装过程亦称锁铼,图 4-16 为高锁表,即燃气表安装在燃气灶具一侧的上方。为防止使用燃气灶时,热烟熏烤燃气表,影响计量精确度,燃气表与燃气灶具之间应保持不小于 0.3m 的净距,表背面距墙面不小于 0.1m,表底一般设托架加以支撑。

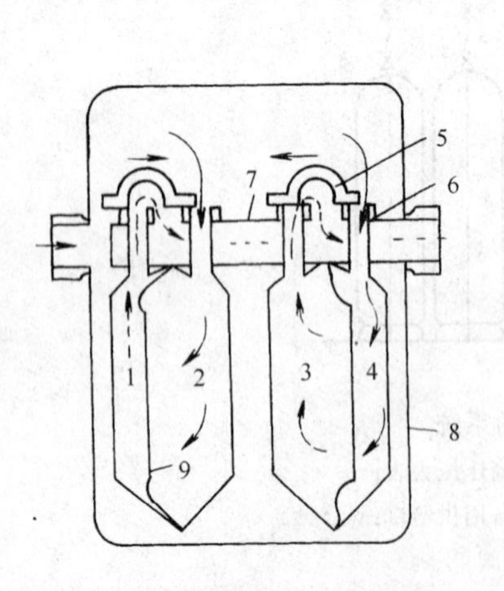

图 4-15　膜式表的工作原理

1、2、3、4—计量室;5—滑阀盖;6—滑阀座;7—分配室;8—外壳;9—薄膜

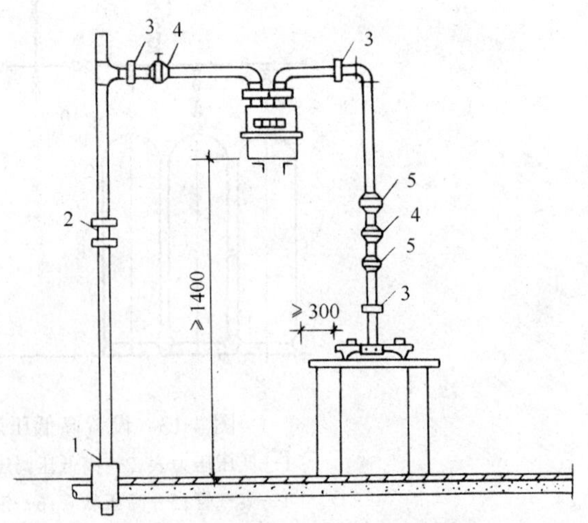

图 4-16　燃气表与燃具的相对位置示意

1—套管;2—总立管转心门;3—管箍;4—支管转心门;5—活接头

民用燃气计量表大多采用高位安装，靠主墙安装。表底距地面1.8m左右，以使抄表、检修、保养方便。如采用中位安装，应确保表壳强度或设在专用的表罩中，如图4-17。

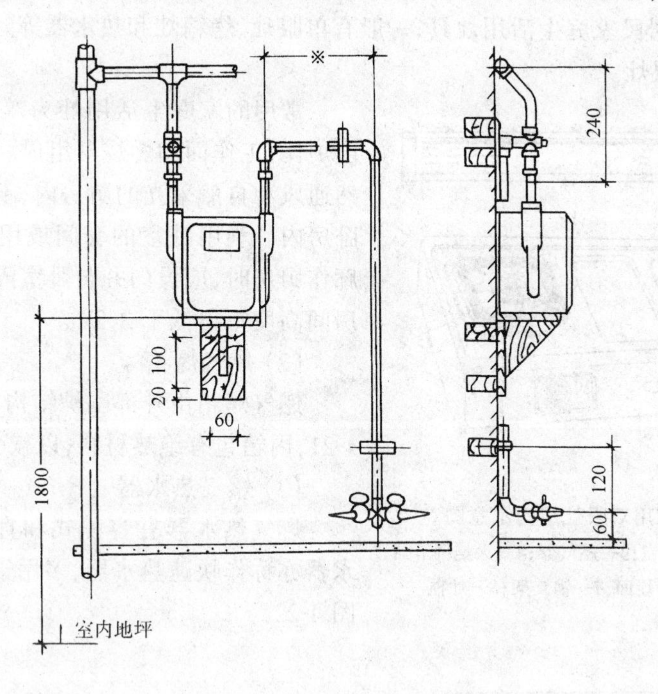

图4-17　燃气表中位安装

2．公用燃气计量表

公用燃气表应尽量安装在单独的房间内，房间内室温不低于5℃，安装位置应便于查表和检修；燃气表距烟囱、电器、燃气用具和热水锅炉等设备有一定的安全距离，禁止把燃气计量表装在锅炉房内，图4-18和4-19分别为公用膜式表和罗茨表的安装。

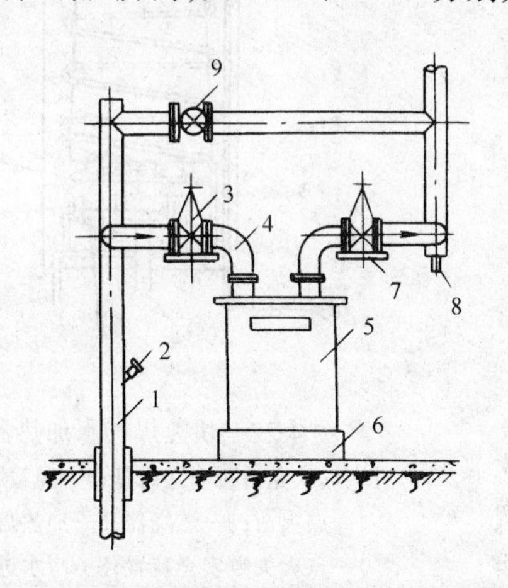

图4-18　$Q_g \geqslant 40m^3/h$ 的燃气表安装

1—引入管；2—清扫口丝堵；3—闸阀；4—弯管；5—燃气表；6—表座；7—支承架；8—泄水丝堵；9—旁通闸阀

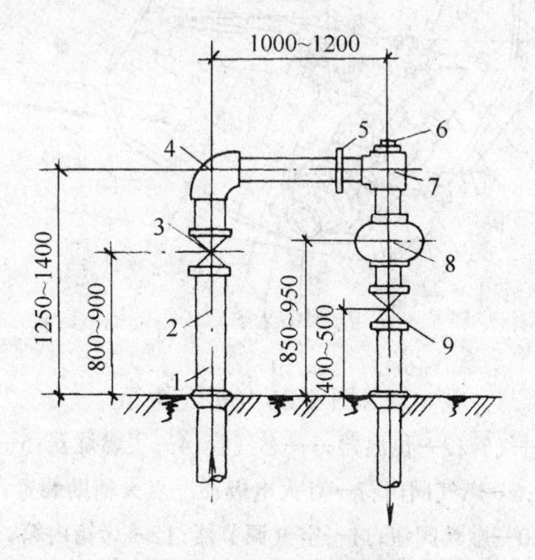

图4-19　罗茨表的安装

1—盘接短管；2—丝堵；3—闸阀；4—弯头；5—法兰；6—丝堵；7—三通；8—罗茨表

二、燃气灶具

1. 民用灶具

民用灶具指居民家庭生活用灶具,一般有单眼灶、烤箱灶和热水器等。

(1) 家用双眼灶

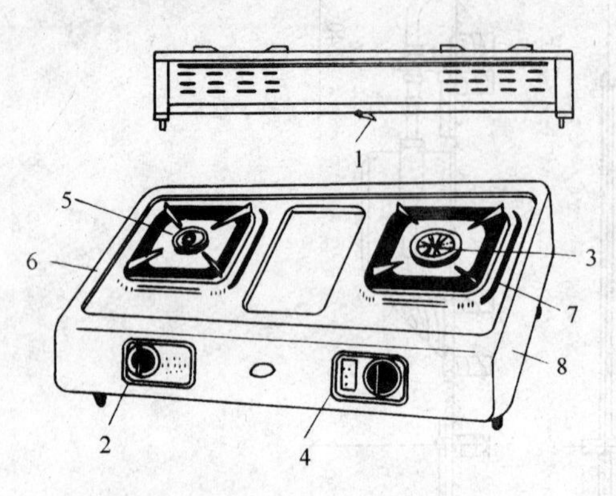

图 4-20 家用双眼灶结构示意图

1—进气管;2—开关钮;3—燃气器;4—火焰调节器;5—盛液盘;6—灶面;7—锅支架;8—灶框

常用的家庭生活用灶为双眼灶,如图 4-20,由炉体、工作面和燃烧器组成。燃具宜设在有自然通风和自然采光的厨房内,不得设在地下室或卧房内。利用卧室的套间或用户单独使用的走廊作厨房时,应设门并与卧室隔开。设置灶具的房间高度不得低于 2.2m。

(2) 燃气烤箱

燃气烤箱由外部围护结构和内箱组成,见图 4-21,内箱包有绝热材料,以减少热损失。

(3) 燃气热水器

燃气热水器有容积式和直流式。直流式热水器亦称作快速热水器,多用于局部热水供应见图 4-22。

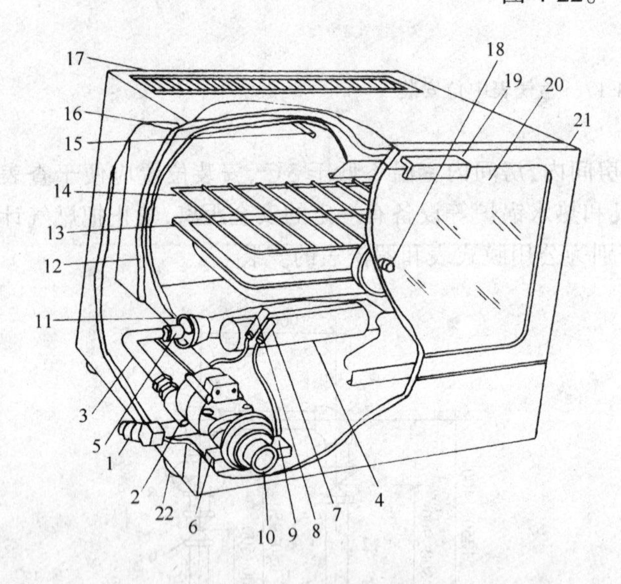

图 4-21 燃气烤箱

1—进气管;2—恒温器;3—燃气管;4—主燃烧器;5—主燃烧器喷嘴;6—燃气阀门;7—点火电极;8—点火辅助装置;9—压电陶瓷;10—燃具阀钮;11—空气调节器;12—烤箱内箱;13—托盘;14—托网;15—恒温器感温件;16—绝热材料;17—排烟口;18—温度指示器;19—拉手;20—烤箱玻璃;21—门;22—烤箱腿

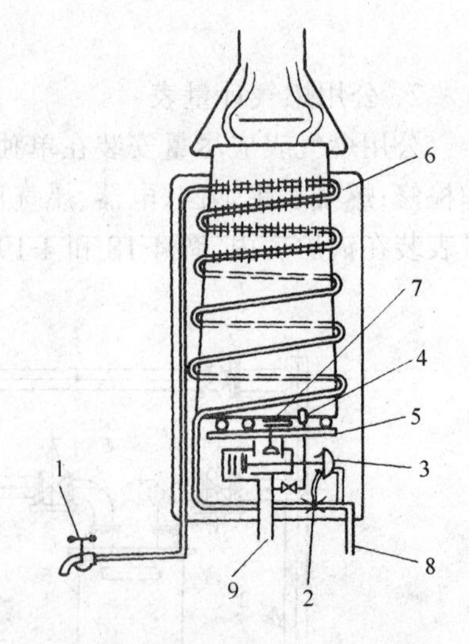

图 4-22 快速煤气水加热器

1—热水龙头;2—文氏管;3—弹簧膜片;4—点火苗;5—燃烧器;6—加热盘管;7—点火失败安全装置;8—冷水进口;9—煤气进口

灶具的安装应有室内燃气管道压力试验合格,主管、水平管、用户支管和灶具支管牢牢固定后进行,将灶具连接管与灶具支管接通,并使灶具牢牢固定(简称镇灶)。不带支架的灶具可放在灶台上,灶台可用金属柜面或其它难燃材料做面料。

热水器必须安装在通风良好的厨房或走廊里，高度不应低于2.4m，安装位置应便于操作和维修，并按有关火灾预防条例留出安全距离。热水器用膨胀螺栓普通螺栓或木螺丝固定悬挂在墙上，用金属可挠性软管与灶具支管接通。

2. 公用灶具

公用灶具是指理发厅、饭店、托儿所、幼儿园、食堂的炉灶、开火炉、烤箱等公共建筑的用气设备。除特殊情况使用中压燃气外，一般应采用低压燃气。根据灶体的材料结构，分为砌筑灶和钢结构炉灶。

(1) 砌筑灶

砌筑灶的灶体在现场砌筑，根据用途配燃烧器及管道，如炒菜灶(图4-23、4-24)由灶体、锅圈和燃烧器组成；普通型蒸锅灶由灶体、烟道、锅和燃烧器组成，见图4-25。灶体由踢脚、灶身和灶檐构成，可按图示用红机砖由下向上砌筑。踢脚高为二层砖缩进灶身约60mm，有利于操作，可用7.5～10的水泥砂浆砌筑；灶体的主体用粘土或耐火水泥浆进行砌筑，中心实体填筑粘土碎砖夯实；炉门顶用铸铁作过梁；灶檐为一层砖，伸出灶身约50mm，并用角钢加以围护；灶表面铺砌红缸砖，灶体周围贴白瓷砖。

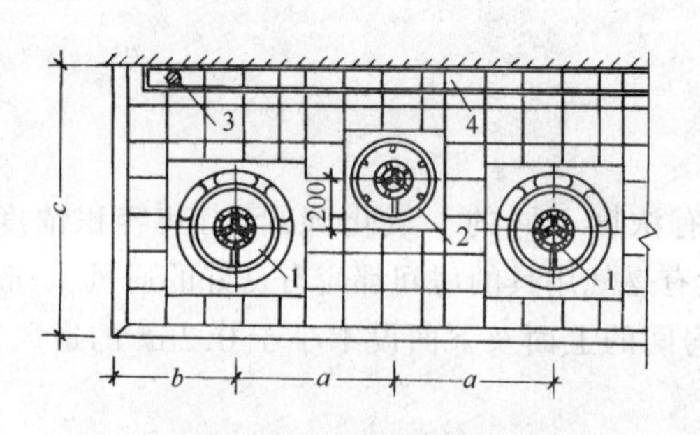

图4-23 品字型炒菜灶平面图

1—主火孔；2—次火孔；3—地漏；4—排水沟；

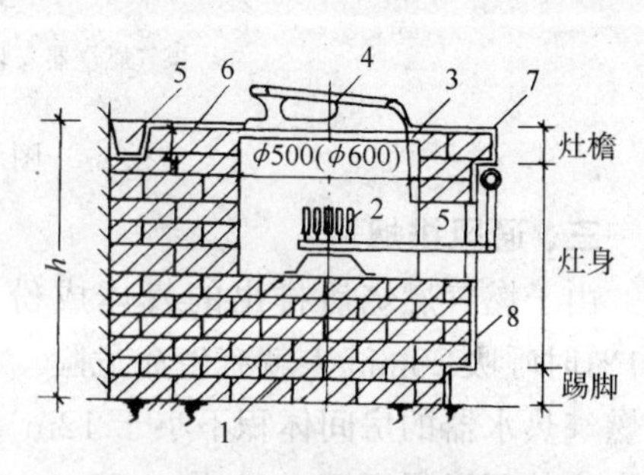

图4-24 炒菜灶横剖面图

1—灶体；2—燃烧器；3—铸铁炉口；4—炮台灶框；5—排水沟；6—红缸砖灶面；7—角钢边框；8—白瓷砖贴面

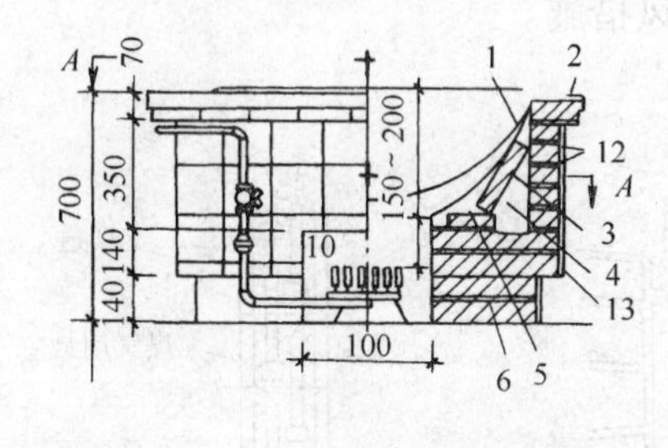

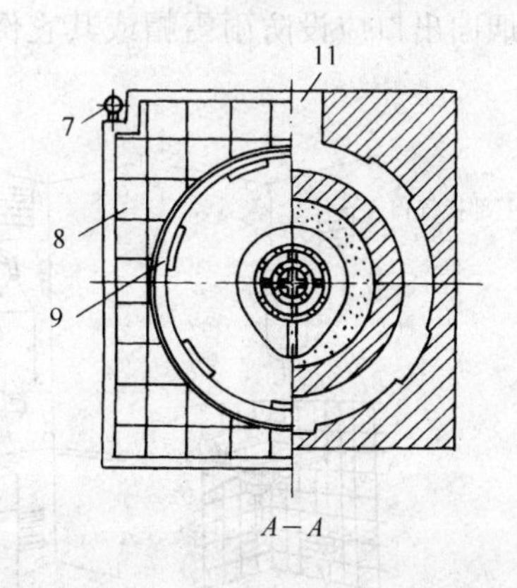

图4-25 普通型蒸锅灶

1—锅；2—角钢；3—耐火砖；4—环形烟道；5—耐火混凝土；6—红砖；7—燃气管；8—红缸砖；9—排烟孔；10—燃烧器；11—烟道；12—钢丝；13—白瓷砖

(2) 钢结构炉灶

钢结构炉灶的灶体、燃烧器、连接管应在出厂前装配齐全,图 4-26 为燃气开水炉。

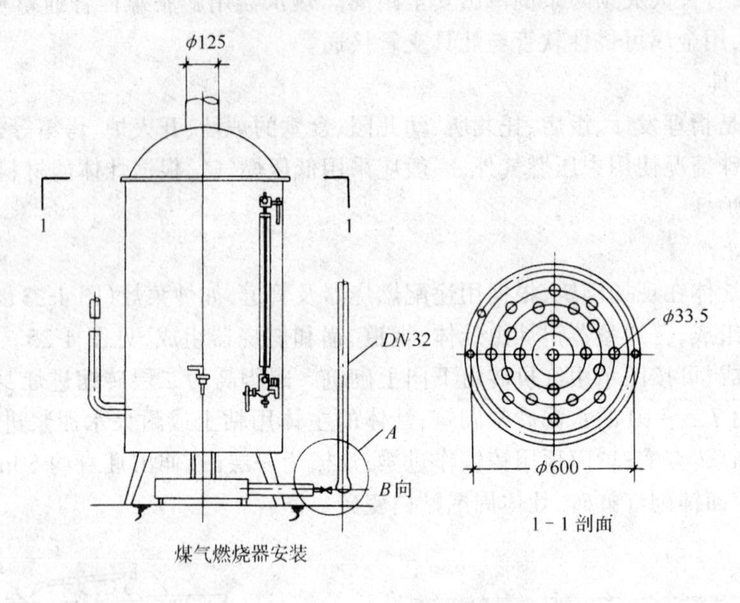

图 4-26　燃气开水炉

三、通风排烟

由于燃气燃烧后排出的气体成份中,含有浓度不同的一氧化碳,且当其容积浓度超 0.1%时呼吸 20min 人就有生命危险。风是设有燃气用具的房间都应有良好的通风,一般设有燃气热水器的房间体积不小于 12m^3,并在房间的上面及下面设不小于 0.2m^2 的通风窗,门扇应外开以保证安全,如图 4-27。

楼房内,为了排除烟气,层数少时应设置各自独立的烟囱,砖墙内烟道的断面不应小于 140mm×140mm,对于高层建筑每层设独立的烟道有困难时,可以设总烟道排除,但要防止下面房间的烟气窜入上层房间,图 4-28 为其中一种处理方式。烟囱的高度应高出平屋顶 0.5m 以上,烟囱出口应设防雨雪帽或其它倒风措施。

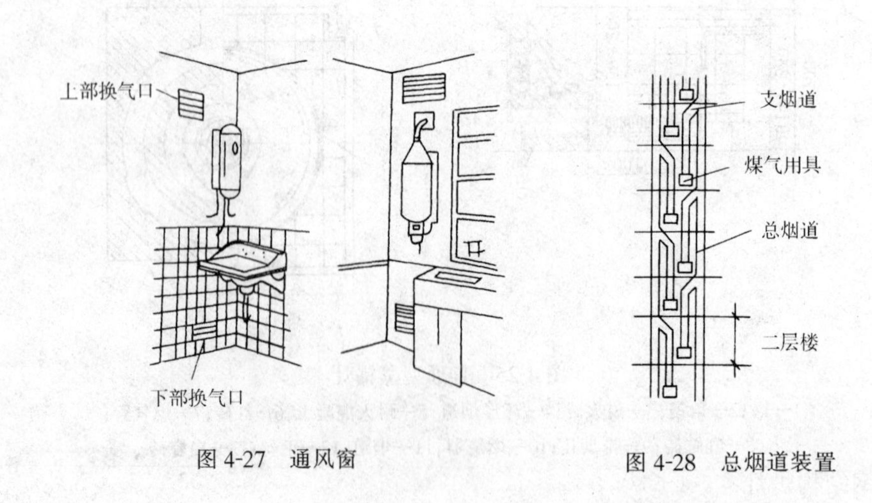

图 4-27　通风窗　　　图 4-28　总烟道装置

参 考 文 献

1. 建设部建筑设计院编著．民用建筑给水排水设计技术措施．北京:中国建筑工业出版社,1997
2. 工程建设标准规范分类汇编——建筑给水排水工程规范．北京:中国建筑工业出版社,1996
3. 钱维生．高层建筑给排水工程．上海:同济大学出版社,1996
4. 辽宁省建设厅．暖、卫、煤气、通风空调建筑设备分项工艺标准．北京:中国建筑工业出版社,1995
5. 贺平,李英才．供热工程．北京:中国建筑工业出版社,1985
6. 卜广林,李海琦．供热工程．北京:中国建筑工业出版社,1993
7. 顾兴鋆．民用建筑暖通空调设计技术措施．北京:中国建筑工业出版社,1996
8. 萧曰嵘等．民用供暖散热器．北京:清华大学出版社,1996
9. 夏喜英．锅炉与锅炉房设备．北京:中国建筑工业出版社,1995
10. 赵文田．民用建筑采暖设计与施工安装手册．北京:水利电力出版社,1991
11. 叶晓芹,林昌国．给水排水工程制图．北京:高等教育出版社,1993
12. 陆耀庆．供暖通风设计手册．北京:中国建筑工业出版社,1987
13. 范玉芬,王贵廉．房屋卫生设备．北京:中国建筑工业出版社,1987
14. 高明远．建筑设备工程．北京:中国建筑工业出版社,1997
15. 薛世达．燃气输配．北京:中国建筑工业出版社,1988
16. 黄国洪．燃气工程施工．北京:中国建筑工业出版社,1994
17. 中国建筑工业出版社汇编．暖通空调规范．北京:中国建筑工业出版社,1996